行 列 式

1 次の行列式　$|a|=a$

2 次の行列式　$\begin{vmatrix} a & b \\ c & d \end{vmatrix}=ad-bc$

3 次の行列式　$\begin{vmatrix} a_1 & a_2 & a_3 \\ b_1 & b_2 & b_3 \\ c_1 & c_2 & c_3 \end{vmatrix}=a_1b_2c_3+a_2b_3c_1+a_3b_1c_2$

$\qquad -a_3b_2c_1-a_2b_1c_3-a_1b_3c_2$　(サラスの公式)

行列式の展開

$$\begin{vmatrix} a_{11} & \cdots & a_{1j} & \cdots & a_{1n} \\ \vdots & & \vdots & & \vdots \\ a_{i1} & \cdots & a_{ij} & \cdots & a_{in} \\ \vdots & & \vdots & & \vdots \\ a_{n1} & \cdots & a_{nj} & \cdots & a_{nn} \end{vmatrix}=\begin{cases} a_{i1}\tilde{a}_{i1}+\cdots+a_{in}\tilde{a}_{in} & \text{(第 } i \text{ 行による展開)} \\ a_{1j}\tilde{a}_{1j}+\cdots+a_{nj}\tilde{a}_{nj} & \text{(第 } j \text{ 列による展開)} \end{cases}$$

ただし　$\tilde{a}_{ij}=(-1)^{i+j}\begin{vmatrix} & \vert & \\ \hline & a_{ij} & \\ & \vert & \end{vmatrix}$ トル　(i,j) **余因子**

トル

行列式の性質(列についても成立)

$$\begin{vmatrix} \vdots & & \vdots \\ ka_{i1} & \cdots & ka_{in} \\ \vdots & & \vdots \end{vmatrix}=k\begin{vmatrix} \vdots & & \vdots \\ a_{i1} & \cdots & a_{in} \\ \vdots & & \vdots \end{vmatrix}$$

$$\begin{vmatrix} \vdots & & \vdots \\ a_{i1} & \cdots & a_{in} \\ \vdots & & \vdots \\ a_{j1} & \cdots & a_{jn} \\ \vdots & & \vdots \end{vmatrix}\overset{ⓘ\leftrightarrow ⓙ}{=}-\begin{vmatrix} \vdots & & \vdots \\ a_{j1} & \cdots & a_{jn} \\ \vdots & & \vdots \\ a_{i1} & \cdots & a_{in} \\ \vdots & & \vdots \end{vmatrix}$$

$$\begin{vmatrix} \vdots & & \vdots \\ a_{i1} & \cdots & a_{in} \\ \vdots & & \vdots \\ a_{j1} & \cdots & a_{jn} \\ \vdots & & \vdots \end{vmatrix}\overset{ⓘ+ⓙ\times k}{=}\begin{vmatrix} a_{i1} \end{vmatrix}$$

逆行列　A^{-1} ($|A|\neq 0$ のとき存在)

$$[A \mid E] \xrightarrow{\text{行基本変形}} [E \mid A^{-1}]$$

やさしく学べる線形代数

石村園子［著］

共立出版株式会社

まえがき

社会が激動している中，大学も例外ではありません。

大学，短大への進学率が 50% に達しようとしており，またすでに社会に出て働いている人が，再び勉強をしたいという要望も増えています。必然的に大学における教育内容もこの状況に合わせて変えなければならなくなってきました。このような背景の下で書かれたのが，本書です。

本書を学ぶにあたっては，ほとんど何の知識も要りません。

第 1 章で学ぶ行列，行列式，連立 1 次方程式は，計算だけに注目すれば四則演算の延長に過ぎず，練習さえすれば誰でもできるようになります。

第 2 章の線形空間の勉強には少し数学的思考が必要ですが，初めに空間ベクトル(幾何ベクトル)を勉強して具体的なイメージを作っておくと理解しやすいでしょう。

日常生活においては線形代数の知識を直接使うことは皆無です。また，数学以外の分野で線形代数を使うときも，ほんの断片だけでしょう。

しかし，数学の勉強は直接使うためにだけあるのではありません。その大きな効用の一つは論理的思考のトレーニングです。数学の学習が他の専門分野における論理的思考の養成に役立つことはもちろんですが，さらに人生のさまざまな場面で困難にぶつかったとき，その状況を分析し，何とか解決方法を見出そうとするときにもこのトレーニングの成果が発揮されるのです。どんな勉強も絶対に損をすることはありません。勉強はノーリスク・ハイリターン，つまり絶対安全高利回りな自分への投資なのです。

最後に，本書を書く機会を下さいました共立出版株式会社の寿日出男室長と，編集で大変お世話になりました吉村修司さんに深く感謝いたします。また，体調を崩した著者の代わりに解答のチェックをしてくれた石村光資郎とイラストを描いてくれた石村多賀子にもお礼を言います。

2000年　処暑

石村園子

目　　次

第1章

行列と行列式

§1 行　　列

1.1 行列の定義

定義

$m\times n$ 個の実数を長方形に並べた

$$\begin{bmatrix} a_{11} & a_{12} & \cdots & a_{1n} \\ a_{21} & a_{22} & \cdots & a_{2n} \\ \vdots & \vdots & & \vdots \\ a_{m1} & a_{m2} & \cdots & a_{mn} \end{bmatrix}$$

を

$m\times n$ 行列,　**(m, n)型行列**,　**m 行 n 列の行列**

または単に

行列

という。

《説明》 いくつかの数を並べて，ひとかたまりとしたものが行列である。たとえば

$$\begin{bmatrix} 1 & 0 & -1 \\ -2 & 4 & 1 \end{bmatrix}$$ は　2×3 行列，(2, 3)型行列，2 行 3 列の行列

$$\begin{bmatrix} -2 & 0 \\ 1 & -1 \\ 0 & 2 \end{bmatrix}$$ は　3×2 行列，(3, 2)型行列，3 行 2 列の行列

となる。行列は通常 $A, B, C, \cdots$ などの記号で表わす。

一般に，上から i 番目の行を**第 i 行**，左から j 番目の列を**第 j 列**といい，行列の各数字をその行列の**成分**という．また第 i 行目かつ第 j 列目にある成分を**(i, j)成分**といい，a_{ij} などで表わす。

本書では行列の成分はすべて実数とする。　　　　（説明終）

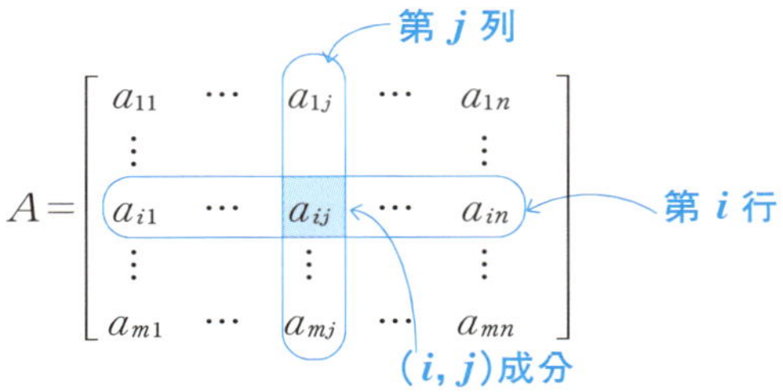

$$A=\begin{bmatrix} a_{11} & \cdots & a_{1j} & \cdots & a_{1n} \\ \vdots & & & & \vdots \\ a_{i1} & \cdots & a_{ij} & \cdots & a_{in} \\ \vdots & & \vdots & & \vdots \\ a_{m1} & \cdots & a_{mj} & \cdots & a_{mn} \end{bmatrix}$$

例題 1

右の行列 A について

（1）　何行何列の行列だろう。

（2）　第 3 行と第 2 列を囲ってみよう。

（3）　(1, 3) 成分と (3, 2) 成分は何だろう。

（4）「2」は何成分だろう。

$$A=\begin{bmatrix} 1 & -4 & 6 & -3 \\ 2 & -5 & 5 & -2 \\ 3 & -6 & 4 & -1 \end{bmatrix}$$

解　（1）　行の数は 3，列の数は 4 なので 3 行 4 列の行列。

（2）　第 3 行＝上から 3 行目なので右の通り。

　　第 2 列＝左から 2 列目なので右の通り。

（3）　(1, 3) 成分＝第 1 行かつ第 3 列の成分＝6。

　　(3, 2) 成分＝第 3 行かつ第 2 列の成分＝-6。

（4）「2」＝第 2 行かつ第 1 列の成分＝(2, 1) 成分。

第 2 列

$$A=\begin{bmatrix} 1 & -4 & 6 & -3 \\ 2 & -5 & 5 & -2 \\ 3 & -6 & 4 & -1 \end{bmatrix}$$

第 3 行

（解終）

練習問題 1　解答は p. 164

右の行列 B について次の問に答えなさい。

（1）　何行何列の行列か。

（2）　(2, 3) 成分はどれか。

（3）「4」は何成分か。

$$B=\begin{bmatrix} 0 & -1 & 2 \\ -5 & 4 & -3 \\ 6 & -7 & 8 \\ -2 & 0 & -9 \end{bmatrix}$$

1.2 行列の演算

行列どうしにも次のように演算を定義することができる。

定義

2つの (m, n) 型行列

$$A=\begin{bmatrix} a_{11} & \cdots & a_{1j} & \cdots & a_{1n} \\ \vdots & & \vdots & & \vdots \\ a_{i1} & \cdots & a_{ij} & \cdots & a_{in} \\ \vdots & & \vdots & & \vdots \\ a_{m1} & \cdots & a_{mj} & \cdots & a_{mn} \end{bmatrix}, \quad B=\begin{bmatrix} b_{11} & \cdots & b_{1j} & \cdots & b_{1n} \\ \vdots & & \vdots & & \vdots \\ b_{i1} & \cdots & b_{ij} & \cdots & b_{in} \\ \vdots & & \vdots & & \vdots \\ b_{m1} & \cdots & b_{mj} & \cdots & b_{mn} \end{bmatrix}$$

に対して，行列の相等，和と差，スカラー倍を次のように定義する。

（1）　行列の**相等**

$$A=B \overset{\text{定義}}{\Longleftrightarrow} a_{ij}=b_{ij} \quad (i=1, 2, \cdots, m\ ;\ j=1, 2, \cdots, n)$$

（2）　行列の**和**と**差**

$$A\pm B \overset{\text{定義}}{=} \begin{bmatrix} a_{11}\pm b_{11} & \cdots & a_{1j}\pm b_{1j} & \cdots & a_{1n}\pm b_{1n} \\ \vdots & & \vdots & & \vdots \\ a_{i1}\pm b_{i1} & \cdots & a_{ij}\pm b_{ij} & \cdots & a_{in}\pm b_{in} \\ \vdots & & \vdots & & \vdots \\ a_{m1}\pm b_{m1} & \cdots & a_{mj}\pm b_{mj} & \cdots & a_{mn}\pm b_{mn} \end{bmatrix} \quad \text{（複号同順）}$$

（3）　行列の**スカラー倍**

$$kA \overset{\text{定義}}{=} \begin{bmatrix} ka_{11} & \cdots & ka_{1j} & \cdots & ka_{1n} \\ \vdots & & \vdots & & \vdots \\ ka_{i1} & \cdots & ka_{ij} & \cdots & ka_{in} \\ \vdots & & \vdots & & \vdots \\ ka_{m1} & \cdots & ka_{mj} & \cdots & ka_{mn} \end{bmatrix} \quad (k\text{ は実数})$$

《説明》　このような演算を定義することにより，行列をある程度まで普通の数と同じように取り扱うことができるし，また数よりもっと広い世界を考えることもできるようになる。

(3) におけるスカラーとは数（本書では実数）と思ってよい。　（説明終）

例題 2

行列　$A=\begin{bmatrix} 0 & -1 & 4 \\ 5 & 2 & -2 \end{bmatrix}$，$B=\begin{bmatrix} -2 & 0 & -1 \\ 1 & -3 & 2 \end{bmatrix}$ について次の計算をしてみよう。

（1）$A+B$　　（2）$2B$　　（3）$A-B$

解　（1）行列の和は対応する成分どうしを加えればよいので

$$A+B=\begin{bmatrix} 0 & -1 & 4 \\ 5 & 2 & -2 \end{bmatrix}+\begin{bmatrix} -2 & 0 & -1 \\ 1 & -3 & 2 \end{bmatrix}$$

$$=\begin{bmatrix} 0+(-2) & -1+0 & 4+(-1) \\ 5+1 & 2+(-3) & -2+2 \end{bmatrix}=\begin{bmatrix} -2 & -1 & 3 \\ 6 & -1 & 0 \end{bmatrix}$$

（2）行列のスカラー倍は，各成分を全部スカラー倍すればよいので

$$2B=2\begin{bmatrix} -2 & 0 & -1 \\ 1 & -3 & 2 \end{bmatrix}=\begin{bmatrix} 2\cdot(-2) & 2\cdot 0 & 2\cdot(-1) \\ 2\cdot 1 & 2\cdot(-3) & 2\cdot 2 \end{bmatrix}$$

$$=\begin{bmatrix} -4 & 0 & -2 \\ 2 & -6 & 4 \end{bmatrix}$$

（3）行列の差は対応する成分どうしを引けばよいので

$$A-B=\begin{bmatrix} 0 & -1 & 4 \\ 5 & 2 & -2 \end{bmatrix}-\begin{bmatrix} -2 & 0 & -1 \\ 1 & -3 & 2 \end{bmatrix}$$

$$=\begin{bmatrix} 0-(-2) & -1-0 & 4-(-1) \\ 5-1 & 2-(-3) & -2-2 \end{bmatrix}=\begin{bmatrix} 2 & -1 & 5 \\ 4 & 5 & -4 \end{bmatrix}$$

（解終）

練習問題 2　解答は p. 164

$\begin{bmatrix} 2 & 6 \\ -4 & 1 \end{bmatrix}-5\begin{bmatrix} 1 & 3 \\ -2 & 0 \end{bmatrix}$ を計算しなさい。

いま定義した演算には，数に似た次の性質が成立する。

定理 1.1

A，B，C をすべて同じ型の行列とするとき，次の式が成立する。

（i） 和に関する性質

$$(A+B)+C=A+(B+C) \qquad \text{（結合法則）}$$

$$A+B=B+A \qquad \text{（交換法則）}$$

（ii） スカラー倍に関する性質

$$(a+b)A=aA+bA \qquad \text{（分配法則）}$$

$$a(A+B)=aA+aB \qquad \text{（分配法則）}$$

$$(ab)A=a(bA) \qquad \text{（結合法則）}$$

定義

特に成分がすべて 0 の $m\times n$ 行列

$$O=\begin{bmatrix} 0 & \cdots & 0 \\ \vdots & & \vdots \\ 0 & \cdots & 0 \end{bmatrix}$$

を**(m, n)型ゼロ行列**または単に**ゼロ行列**という。

定理 1.2

(m, n)型行列 A と (m, n)型ゼロ行列 O について次の式が成立する。

$$A+O=O+A=A$$

$$A+(-A)=(-A)+A=O$$

《説明》 $-A$ は $(-1)A$ のことである。

この定理よりゼロ行列 O は，行列の世界において，数の 0 と同じ働きをもっていることがわかる。 （説明終）

例題 3

（1） (3, 2)型のゼロ行列 O をかいてみよう。

（2） $A=\begin{bmatrix} -1 & 2 \\ 0 & 1 \\ -2 & 3 \end{bmatrix}$ に対して $A+X_A=O$ となる行列 X_A を求めてみよう。

解 （1） 3行と2列に0をかくと (3, 2)型ゼロ行列 O のでき上り。

$$O=\begin{bmatrix} 0 & 0 \\ 0 & 0 \\ 0 & 0 \end{bmatrix}$$

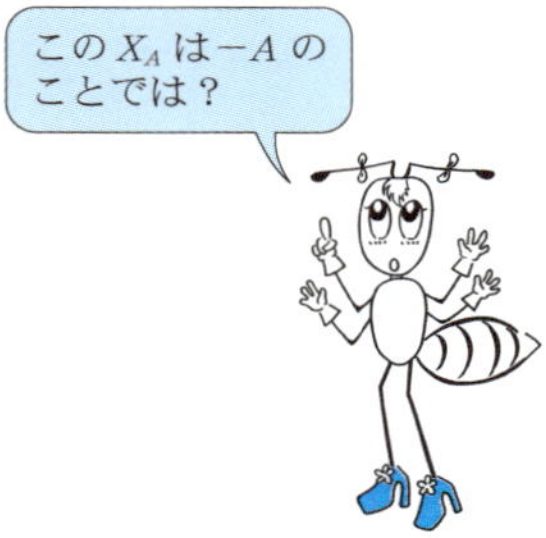

（2） $X_A=\begin{bmatrix} a & b \\ c & d \\ e & f \end{bmatrix}$ とおくと

$$A+X_A=\begin{bmatrix} -1 & 2 \\ 0 & 1 \\ -2 & 3 \end{bmatrix}+\begin{bmatrix} a & b \\ c & d \\ e & f \end{bmatrix}=\begin{bmatrix} -1+a & 2+b \\ 0+c & 1+d \\ -2+e & 3+f \end{bmatrix}$$

これがゼロ行列 O になるためには，行列の相等の定義を使って

$$\left.\begin{matrix} -1+a=0 & 2+b=0 \\ 0+c=0 & 1+d=0 \\ -2+e=0 & 3+f=0 \end{matrix}\right\} \text{となる。これより} \left\{\begin{matrix} a=1, & b=-2 \\ c=0, & d=-1 \\ e=2, & f=-3 \end{matrix}\right.$$

$$\therefore \quad X_A=\begin{bmatrix} 1 & -2 \\ 0 & -1 \\ 2 & -3 \end{bmatrix}(=-A)$$

（解終）

練習問題 3 解答は p. 164

（1） (2, 3)型のゼロ行列 O をかきなさい。

（2） $B=\begin{bmatrix} 1 & -2 & 3 \\ -4 & 5 & -6 \end{bmatrix}$ に対して $X_B+B=O$ となる X_B を求めなさい。

定義

(l, m) 型行列 A と (m, n) 型行列 B

$$A=\begin{bmatrix} a_{11} & \cdots & a_{1m} \\ \vdots & & \vdots \\ a_{l1} & \cdots & a_{lm} \end{bmatrix}, \qquad B=\begin{bmatrix} b_{11} & \cdots & b_{1n} \\ \vdots & & \vdots \\ b_{m1} & \cdots & b_{mn} \end{bmatrix}$$

に対して，**積** AB を次のように定義する。

$$AB=\begin{bmatrix} c_{11} & \cdots & c_{1n} \\ \vdots & & \vdots \\ c_{l1} & \cdots & c_{ln} \end{bmatrix}$$

ここで　$c_{ij}=a_{i1}b_{1j}+a_{i2}b_{2j}+\cdots+a_{im}b_{mj}$　$(i=1, 2, \cdots, l\ ;\ j=1, 2, \cdots, n)$

《説明》　行列の積は少しむずかしい。

まず，行列の型からみてみよう。

$$\begin{matrix} A & & B & & AB \\ (l, m)\text{型} & \times & (m, n)\text{型} & = & (l, n)\text{型} \end{matrix}$$

となっているので，行列 A の列の数と行列 B の行の数が一致していないと積を定義することはできない。そして，積 AB の各成分は A の行と B の列の成分を順に

積　和　積　和　……　和　積

することにより求める。

$$\begin{bmatrix} a_{11} & \cdots & \cdots & a_{1m} \\ \vdots & & & \vdots \\ a_{i1} & a_{i2} & \cdots & a_{im} \\ \vdots & & & \vdots \\ a_{l1} & \cdots & \cdots & a_{lm} \end{bmatrix}\begin{bmatrix} b_{11} & \cdots & b_{1j} & \cdots & b_{1n} \\ \vdots & & b_{2j} & & \vdots \\ \vdots & & \vdots & & \vdots \\ b_{m1} & \cdots & b_{mj} & \cdots & b_{mn} \end{bmatrix}=\begin{bmatrix} c_{11} & \cdots & c_{1j} & \cdots & c_{1n} \\ \vdots & & \vdots & & \vdots \\ c_{i1} & \cdots & c_{ij} & \cdots & c_{in} \\ \vdots & & \vdots & & \vdots \\ c_{l1} & \cdots & c_{lj} & \cdots & c_{ln} \end{bmatrix}$$

A の第 i 行　　　B の第 j 列　　　AB の (i, j) 成分

$$c_{ij}=a_{i1}b_{1j}+a_{i2}b_{2j}+\cdots+a_{im}b_{mj}$$

積　和　積　和…和　積

（説明終）

例題 4

$A=\begin{bmatrix} -1 & 2 \\ 2 & 1 \\ 1 & -1 \end{bmatrix}$, $B=\begin{bmatrix} 4 & 0 \\ -3 & 1 \end{bmatrix}$ のとき積 AB を求めてみよう。

解　まず型を調べて，積が定義されるかどうか確認しよう。

$$\overset{A}{(3,\ 2)\text{型}} \times \overset{B}{(2,\ 2)\text{型}} = (3,2)\text{型}$$

これより積 AB は定義され，結果は$(3,2)$型となる。そこで

$$AB=\begin{bmatrix} -1 & 2 \\ 2 & 1 \\ 1 & -1 \end{bmatrix}\begin{bmatrix} 4 & 0 \\ -3 & 1 \end{bmatrix}=\begin{bmatrix} (1,1)\text{ 成分} & (1,2)\text{ 成分} \\ (2,1)\text{ 成分} & (2,2)\text{ 成分} \\ (3,1)\text{ 成分} & (3,2)\text{ 成分} \end{bmatrix}$$

とおく。

$$(i,j)\text{ 成分} = (A\text{ の第 } i\text{ 行}) \text{ と } (B\text{ の第 } j\text{ 列}) \text{ との積和}$$

なので各成分を計算すると

$(1,1)$ 成分$=-1\cdot4+2\cdot(-3)=-10$　　$(1,2)$ 成分$=-1\cdot0+2\cdot1=2$

$(2,1)$ 成分$=2\cdot4+1\cdot(-3)=5$　　$(2,2)$ 成分$=2\cdot0+1\cdot1=1$

$(3,1)$ 成分$=1\cdot4+(-1)\cdot(-3)=7$　　$(3,2)$ 成分$=1\cdot0+(-1)\cdot1=-1$

$$\therefore\quad AB=\begin{bmatrix} -10 & 2 \\ 5 & 1 \\ 7 & -1 \end{bmatrix}$$

（解終）

練習問題 4　解答は p. 165

次の行列 C と D について積 CD と DC について，定義されれば求めなさい。

$$C=\begin{bmatrix} 6 & 1 \\ 0 & -5 \end{bmatrix},\quad D=\begin{bmatrix} 8 & -1 & 5 \\ -7 & 3 & 0 \end{bmatrix}$$

行列の積には次の性質がある。

定理 1.3

積が定義されている行列について次の式が成立する。

（i）　積に関する性質

$$(AB)C = A(BC) \qquad \text{（結合法則）}$$

$$A(B+C) = AB+AC \qquad \text{（分配法則）}$$

$$(A+B)C = AC+BC \qquad \text{（分配法則）}$$

（ii）　スカラー倍に関する性質

$$(aA)B = A(aB) = a(AB)$$

《説明》　数の計算と異なり行列の積については

$$AB = BA \qquad \text{（交換法則）}$$

は成立しないので気をつけよう（例題5）。

また，

$$X \neq O,\quad Y \neq O \text{ でも } XY = O$$

となる場合もある（練習問題5）。　（説明終）

例題 5

$$A = \begin{bmatrix} 0 & 1 \\ 0 & 1 \end{bmatrix},\qquad B = \begin{bmatrix} 1 & 0 \\ 1 & 0 \end{bmatrix},\qquad C = \begin{bmatrix} 1 & 1 \\ 1 & 1 \end{bmatrix}$$

について

（1）　交換法則 $AB = BA$ が成り立つかどうか調べてみよう。

（2）　分配法則 $A(B+C) = AB+AC$ が成り立つことを確かめてみよう。

解 (1) AもBも$(2,2)$型の行列なので積AB, BAともに定義され，結果は$(2,2)$型の行列となる。定義に従って計算すると

$$AB=\begin{bmatrix}0&1\\0&1\end{bmatrix}\begin{bmatrix}1&0\\1&0\end{bmatrix}=\begin{bmatrix}0\cdot1+1\cdot1&0\cdot0+1\cdot0\\0\cdot1+1\cdot1&0\cdot0+1\cdot0\end{bmatrix}=\begin{bmatrix}1&0\\1&0\end{bmatrix}$$

$$BA=\begin{bmatrix}1&0\\1&0\end{bmatrix}\begin{bmatrix}0&1\\0&1\end{bmatrix}=\begin{bmatrix}1\cdot0+0\cdot0&1\cdot1+0\cdot1\\1\cdot0+0\cdot0&1\cdot1+0\cdot1\end{bmatrix}=\begin{bmatrix}0&1\\0&1\end{bmatrix}$$

$$\therefore\quad AB\neq BA$$

したがって，交換法則は成立しない。

(2) 左辺と右辺を別々に計算して等しくなることを確認しよう。

$$A(B+C)=\begin{bmatrix}0&1\\0&1\end{bmatrix}\left(\begin{bmatrix}1&0\\1&0\end{bmatrix}+\begin{bmatrix}1&1\\1&1\end{bmatrix}\right)=\begin{bmatrix}0&1\\0&1\end{bmatrix}\begin{bmatrix}1+1&0+1\\1+1&0+1\end{bmatrix}$$

$$=\begin{bmatrix}0&1\\0&1\end{bmatrix}\begin{bmatrix}2&1\\2&1\end{bmatrix}=\begin{bmatrix}0\cdot2+1\cdot2&0\cdot1+1\cdot1\\0\cdot2+1\cdot2&0\cdot1+1\cdot1\end{bmatrix}=\begin{bmatrix}2&1\\2&1\end{bmatrix}$$

$$AB+AC=\begin{bmatrix}0&1\\0&1\end{bmatrix}\begin{bmatrix}1&0\\1&0\end{bmatrix}+\begin{bmatrix}0&1\\0&1\end{bmatrix}\begin{bmatrix}1&1\\1&1\end{bmatrix}$$

$$=\begin{bmatrix}0\cdot1+1\cdot1&0\cdot0+1\cdot0\\0\cdot1+1\cdot1&0\cdot0+1\cdot0\end{bmatrix}+\begin{bmatrix}0\cdot1+1\cdot1&0\cdot1+1\cdot1\\0\cdot1+1\cdot1&0\cdot1+1\cdot1\end{bmatrix}$$

$$=\begin{bmatrix}1&0\\1&0\end{bmatrix}+\begin{bmatrix}1&1\\1&1\end{bmatrix}=\begin{bmatrix}1+1&0+1\\1+1&0+1\end{bmatrix}=\begin{bmatrix}2&1\\2&1\end{bmatrix}$$

$$\therefore\quad A(B+C)=AB+AC$$

（解終）

練習問題 5 解答は p. 165

(1) 例題 5 の行列 A, B, C について

$$(A+B)C=AC+BC \qquad \text{(分配法則)}$$

が成立すること確かめなさい。

(2) $X\neq O$, $Y\neq O$ でかつ $XY=O$ となる$(2,2)$型行列 X, Y を見つけなさい。

1.3　正方行列と逆行列

定義

(n, n)型の行列を n 次の**正方行列**という。

《説明》　行の数と列の数が同じで，数が正方形に並んでいる行列を正方行列という。たとえば

$$[3] \quad : \quad 1\text{ 次の正方行列}$$

$$\begin{bmatrix} 1 & 2 \\ 3 & 4 \end{bmatrix} \quad : \quad 2\text{ 次の正方行列}$$

$$\begin{bmatrix} 1 & 2 & 3 \\ 4 & 5 & 6 \\ 7 & 8 & 9 \end{bmatrix} \quad : \quad 3\text{ 次の正方行列}$$

などとなる。　（説明終）

定義

$$E = \begin{bmatrix} 1 & 0 & \cdots & 0 \\ 0 & 1 & & \vdots \\ \vdots & & \ddots & 0 \\ 0 & \cdots & 0 & 1 \end{bmatrix}$$

を n 次の**単位行列**という。

定理 1.4

n 次の単位行列 E と正方行列 A について

$$AE = EA = A$$

が成立する。

《説明》　単位行列 E は，積について数の「1」と同じ働きをする。

単位行列の次数をはっきりさせたいときは E_n とかく。　（説明終）

例題 6

$$A=\begin{bmatrix} 1 & -2 & 3 \\ 2 & 0 & -2 \\ -1 & 3 & -1 \end{bmatrix}$$ と 3 次の単位行列 $$E=\begin{bmatrix} 1 & 0 & 0 \\ 0 & 1 & 0 \\ 0 & 0 & 1 \end{bmatrix}$$ について，

$AE=A$ を確認してみよう。

解　A, E ともに $(3,3)$ 型の行列なので積 AE も $(3,3)$ 型の行列となる。定義に従って計算すると

$$AE=\begin{bmatrix} 1 & -2 & 3 \\ 2 & 0 & -2 \\ -1 & 3 & -1 \end{bmatrix}\begin{bmatrix} 1 & 0 & 0 \\ 0 & 1 & 0 \\ 0 & 0 & 1 \end{bmatrix}$$

$$=\begin{bmatrix} 1\cdot1+(-2)\cdot0+3\cdot0 & 1\cdot0+(-2)\cdot1+3\cdot0 & 1\cdot0+(-2)\cdot0+3\cdot1 \\ 2\cdot1+0\cdot0+(-2)\cdot0 & 2\cdot0+0\cdot1+(-2)\cdot0 & 2\cdot0+0\cdot0+(-2)\cdot1 \\ -1\cdot1+3\cdot0+(-1)\cdot0 & (-1)\cdot0+3\cdot1+(-1)\cdot0 & (-1)\cdot0+3\cdot0+(-1)\cdot1 \end{bmatrix}$$

$$=\begin{bmatrix} 1 & -2 & 3 \\ 2 & 0 & -2 \\ -1 & 3 & -1 \end{bmatrix}=A$$

$\therefore\quad AE=A$　　　　（解終）

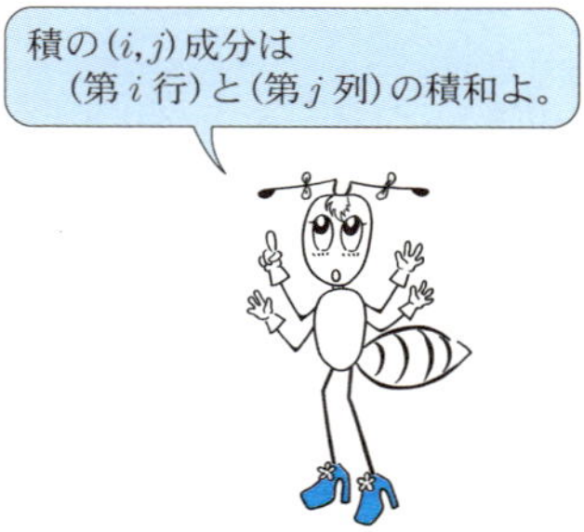

練習問題 6　解答は p. 166

例題 6 の A と E について $EA=A$ を確めなさい。

定義

n 次正方行列 A に対して

$$AX=XA=E$$

となる n 次正方行列 X が存在するとき，行列 A は**正則**であるという。

また A が正則のとき，上の式をみたす X を A の**逆行列**といい

A^{-1}　（エー・**インヴァース**と読む）

で表わす。

《説明》　実数の場合と比較してみるとわかりやすい。

・5 に対して　$5\times x=x\times 5=1$　となる x は存在するので，
　5 は正則である。

・0 に対して　$0\times x=x\times 0=1$　となる x は存在しないので，
　0 は正則でない。

この数字を行列に置き換えたのが上の定義である。

実数の場合は正則でない数は「0 だけ」だが，行列の場合は正則でないものはたくさんある。

A が正則の場合，A の逆行列 A^{-1} も実数と対比させてみよう。

・$5\times x=x\times 5=1$　をみたす x を 5^{-1} とかく。

・$AX=XA=E$　をみたす X を A^{-1} とかく。

数の場合，指数については

$$5^{-1}=\frac{1}{5}$$

と決めてあった。しかし，この分数の表わし方は数だけに通用する記号で，行列には使えないので注意しよう。　（説明終）

定理 1.5

正則な行列 A の逆行列はただ 1 つ存在する。

【証明】 正則な行列 A に逆行列が 2 つあると仮定して矛盾を導く。

X_1, X_2 $(X_1 \neq X_2)$ がともに A の逆行列だとすると，逆行列の定義より X_1, X_2 について

$$AX_1 = X_1A = E \quad \cdots\cdots①$$

$$AX_2 = X_2A = E \quad \cdots\cdots②$$

が成立している。したがって，

$$\begin{aligned} X_1 &= X_1E & &(\text{単位行列の性質}) \\ &= X_1(AX_2) & &(②) \\ &= (X_1A)X_2 & &(\text{積の結合法則}) \\ &= EX_2 & &(①) \\ &= X_2 & &(\text{単位行列の性質}) \end{aligned}$$

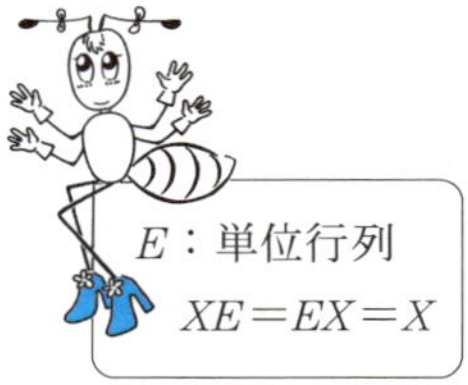

このことは $X_1 \neq X_2$ と矛盾する。

ゆえに正則な行列 A の逆行列はただ 1 つ存在する。　（証明終）

例題 7

$A = \begin{bmatrix} 3 & 5 \\ 1 & 2 \end{bmatrix}$, $X = \begin{bmatrix} 2 & -5 \\ -1 & 3 \end{bmatrix}$ について $AX = E$ を確めてみよう。

解　$$AX = \begin{bmatrix} 3 & 5 \\ 1 & 2 \end{bmatrix} \begin{bmatrix} 2 & -5 \\ -1 & 3 \end{bmatrix} = \begin{bmatrix} 3\cdot 2 + 5\cdot(-1) & 3\cdot(-5) + 5\cdot 3 \\ 1\cdot 2 + 2\cdot(-1) & 1\cdot(-5) + 2\cdot 3 \end{bmatrix}$$

$$= \begin{bmatrix} 1 & 0 \\ 0 & 1 \end{bmatrix} = E$$

（解終）

練習問題 7　解答は p. 166

例題 7 の A と X について $XA = E$ を確め，$X = A^{-1}$ であることを示しなさい。

定理 1.6

正則な n 次正方行列 A，B に対して

$$(AB)^{-1}=B^{-1}A^{-1}$$

が成立する。

《**説明**》 $(AB)^{-1}$ は積 AB の逆行列，$B^{-1}A^{-1}$ は B^{-1} と A^{-1} の積。

行列の積は交換法則が成立しないので，積の逆行列を考えるときは気をつけよう。 （説明終）

【**証明**】 $C=AB$，$X=B^{-1}A^{-1}$ とおくとき

$$CX=XC=E$$

が示せれば，逆行列の定義より $X=C^{-1}$ が示せる。

結合法則と単位行列の性質を使って計算すると

$$\begin{aligned} CX &= (AB)(B^{-1}A^{-1}) \\ &= A(BB^{-1})A^{-1} \\ &= AEA^{-1} \\ &= AA^{-1} \\ &= E \end{aligned} \qquad \begin{aligned} XC &= (B^{-1}A^{-1})(AB) \\ &= B^{-1}(A^{-1}A)B \\ &= B^{-1}EB \\ &= B^{-1}B \\ &= E \end{aligned}$$

ゆえに　$CX=XC=E$　なので　$X=C^{-1}$。

$$\therefore \quad B^{-1}A^{-1}=(AB)^{-1}$$

（証明終）

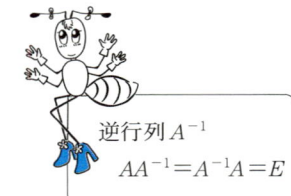

単位行列 E
$AE=EA=A$

逆行列 A^{-1}
$AA^{-1}=A^{-1}A=E$

結合法則
$(AB)C=A(BC)$

総合練習 1-1

1. $A=\begin{bmatrix} 3 & -4 \\ -5 & 1 \\ 2 & -2 \end{bmatrix}$, $B=\begin{bmatrix} -4 & 0 \\ 1 & 5 \\ 2 & -1 \end{bmatrix}$, $C=\begin{bmatrix} -3 & 1 \\ 5 & -2 \end{bmatrix}$ のとき，次の行列を計算をしなさい。

(1)　$5A-2B$　　(2)　AC　　(3)　$(A+3B)C$

2. $X=\begin{bmatrix} 1 \\ -2 \\ 3 \end{bmatrix}$, $Y=[-4 \quad 5 \quad -6]$, $Z=\begin{bmatrix} 1 & 0 & 1 \\ 0 & 1 & 0 \\ 1 & 0 & 1 \end{bmatrix}$ のとき，次の行列を計算しなさい。

(1)　XY　　(2)　YX　　(3)　XYZ

3. $A=\begin{bmatrix} 1 & 2 \\ 3 & 4 \end{bmatrix}$ に対して $AX=E$ となる 2 次の正方行列 X を求めなさい。

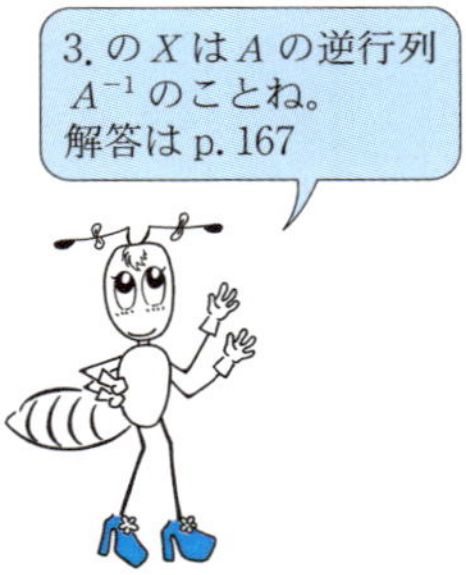
3. の X は A の逆行列
A^{-1} のことね。
解答は p. 167

§2　連立1次方程式

2.1　連立1次方程式

次の3種類の連立1次方程式をみてみよう。

(i) $\begin{cases} x+\ \ y=2 \\ 3x-2y=1 \end{cases}$　(ii) $\begin{cases} x+\ \ y=2 \\ 2x+2y=4 \end{cases}$　(iii) $\begin{cases} x+\ \ y=2 \\ 2x+2y=0 \end{cases}$

(i)はすぐ計算できる通り，ただ1組の解 $x=y=1$ をもつ。

(ii)は第1式と第2式が同じ内容を示していて，解となる x，y の組は無数に存在する。

(iii)は第1式と第2式は矛盾した式なので，解となる x，y は存在しない。

このように，連立1次方程式の解にはいろいろなタイプがある。

一般に，n 個の未知数と m 本の式からなる次の**連立1次方程式**

$$★\quad \begin{cases} a_{11}x_1+\ a_{12}x_2+\cdots+\ a_{1n}x_n=b_1 \\ a_{21}x_1+\ a_{22}x_2+\cdots+\ a_{2n}x_n=b_2 \\ \qquad\cdots\cdots \qquad\qquad\qquad \vdots \\ a_{m1}x_1+a_{m2}x_2+\cdots+a_{mn}x_n=b_m \end{cases}$$

を考えよう。これは行列を使って次のように書き直すことができる。

$$\begin{bmatrix} a_{11} & a_{12} & \cdots & a_{1n} \\ a_{21} & a_{22} & \cdots & a_{2n} \\ \vdots & \vdots & & \vdots \\ a_{m1} & a_{m2} & \cdots & a_{mn} \end{bmatrix} \begin{bmatrix} x_1 \\ x_2 \\ \vdots \\ x_n \end{bmatrix} = \begin{bmatrix} b_1 \\ b_2 \\ \vdots \\ b_m \end{bmatrix}$$

ここで　$A=\begin{bmatrix} a_{11} & \cdots & a_{1n} \\ \vdots & & \vdots \\ a_{m1} & \cdots & a_{mn} \end{bmatrix}$，　$X=\begin{bmatrix} x_1 \\ \vdots \\ x_n \end{bmatrix}$，　$B=\begin{bmatrix} b_1 \\ \vdots \\ b_m \end{bmatrix}$

とおけば上の連立1次方程式 ★ は

$$AX=B$$

と表わせる。A を**係数行列**，$[A \,\vdots\, B]$ を**拡大係数行列**という。

例題 8

次の連立1次方程式を行列を使って表わし，係数行列と拡大係数行列を求めてみよう。

(1) $\begin{cases} x+\ y=2 \\ 3x-2y=1 \end{cases}$　　(2) $\begin{cases} 3x-\ y+2z=-1 \\ -x+4y-5z=3 \end{cases}$

解　(1)　未知数は x，y の2つ，式の数は2本の連立1次方程式。行列を使って表わすと

$$\begin{bmatrix} 1 & 1 \\ 3 & -2 \end{bmatrix}\begin{bmatrix} x \\ y \end{bmatrix}=\begin{bmatrix} 2 \\ 1 \end{bmatrix}$$

したがって，係数行列と拡大係数行列は次のとおり。

$$\begin{bmatrix} 1 & 1 \\ 3 & -2 \end{bmatrix},\qquad \left[\begin{array}{cc:c} 1 & 1 & 2 \\ 3 & -2 & 1 \end{array}\right]$$

(2)　未知数は x，y，z の3つ，式の数は2本の連立1次方程式。行列を使って表わすと

$$\begin{bmatrix} 3 & -1 & 2 \\ -1 & 4 & -5 \end{bmatrix}\begin{bmatrix} x \\ y \\ z \end{bmatrix}=\begin{bmatrix} -1 \\ 3 \end{bmatrix}$$

係数行列と拡大係数行列は次のとおり。

$$\begin{bmatrix} 3 & -1 & 2 \\ -1 & 4 & -5 \end{bmatrix},\qquad \left[\begin{array}{ccc:c} 3 & -1 & 2 & -1 \\ -1 & 4 & -5 & 3 \end{array}\right]$$

（解終）

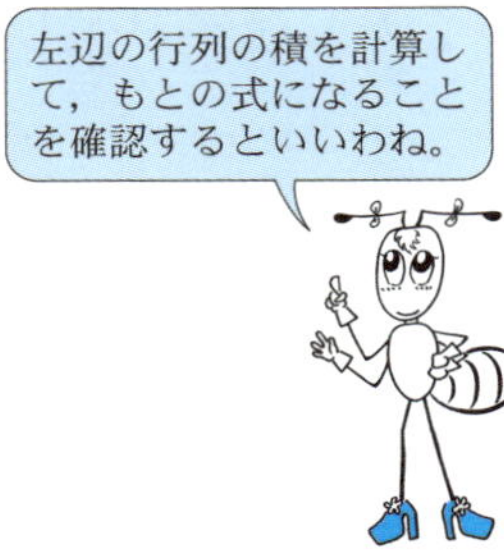

左辺の行列の積を計算して，もとの式になることを確認するといいわね。

練習問題 8　解答は p. 169

次の連立1次方程式を行列を使って表わし，係数行列と拡大係数行列を求めなさい。

(1) $\begin{cases} 5x+2y=-4 \\ x-\ y=0 \end{cases}$　　(2) $\begin{cases} 2x+\ y=5 \\ -3x+2y=-1 \\ 6x-5y=-2 \end{cases}$

2.2　行基本変形

連立1次方程式を普通に解く場合，各式の係数を見ながら式を変形し試行錯誤で未知数を消去して解を求めていた。この過程をもう少し系統立てて考えてみよう。

解を求める過程を，一組の連立1次方程式の“同値な式の変形”ととらえてみる。ここで“同値な変形”とは“可逆な変形”のことである。

たとえば次の連立1次方程式を考えてみよう。

$$\begin{cases} 2x+y=3 \\ 3x-y=7 \end{cases}$$

この2つの式を加えると次のように y を消去することができる。

$$\begin{cases} 2x+y=3 & \cdots\text{①} \\ 3x-y=7 & \cdots\text{②} \end{cases} \quad \underset{\not\leftarrow}{\overset{\text{①}+\text{②}}{\longrightarrow}} \quad 5x=10$$

しかし，右の式から左の2つの式①と②は導けない。つまりこの変形は“同値な変形ではない”。

同値な変形にするには①+②を行った後も①か②を残しておかなければいけない。たとえば①を残しておくと

$$\begin{cases} 2x+y=3 & \cdots\text{①} \\ 3x-y=7 & \cdots\text{②} \end{cases} \quad \underset{\text{②}'-\text{①}}{\overset{\text{①}+\text{②}}{\rightleftarrows}} \quad \begin{cases} 2x+y=3 & \cdots\text{①} \\ 5x \quad\ =10 & \cdots\text{①}+\text{②}=\text{②}' \end{cases}$$

となり，左の2本の式から右の2本の式への変形は“同値な変形”となる。

それではどんな変形が同値な変形になるのだろう。上の連立1次方程式を“代入”という方法を使わずに“同値な変形”($\rightleftharpoons$で示す)によって解いてみよう。

$$
ⓐ\begin{cases}2x+y=3\\3x-y=7\end{cases}\rightleftharpoons ⓑ\begin{cases}2x+y=3\\5x\quad\ =10\end{cases}\rightleftharpoons ⓒ\begin{cases}2x+y=3\\x\quad\ =2\end{cases}
$$

$$
\rightleftharpoons ⓓ\begin{cases}2x+y=3\\2x\quad\ =4\end{cases}\rightleftharpoons ⓔ\begin{cases}y=-1\\2x\quad\ =4\end{cases}
$$

$$
\rightleftharpoons ⓕ\begin{cases}y=-1\\x\quad\ =2\end{cases}\rightleftharpoons ⓖ\begin{cases}x\quad\ =2\\y=-1\end{cases}
$$

ここで使われている変形は

I．　ある式を k 倍 $(k\neq 0)$ する。

II′．　ある式に他の式を加えたり引いたりする。

III．　2つの式を入れかえる。

の3つである。しかし，ⓒでせっかく x の値が出ているのに $2x$ を消去するためにⓓ，ⓔではそれを2倍した式が書かれてしまっている。そこで，II′の代わりにIとII′をいっぺんに行う変形を

II．　ある式に他の式を k 倍して加える。

としておくと，同値な変形

$$
ⓒ\begin{cases}2x+y=3 & \cdots①\\x\quad\ =2 & \cdots②\end{cases}\ \underset{①'+②\times 2}{\overset{①+②\times(-2)}{\rightleftharpoons}}\ ⓕ\begin{cases}y=-1 & \cdots①'\\x\quad\ =2 & \cdots②\end{cases}
$$

が得られる。

これで連立1次方程式の“同値な変形”が得られた。

連立1次方程式の同値変形

I．　ある式を k 倍 $(k\neq 0)$ する。

II．　ある式に他の式を k 倍して加える。

III．　2つの式を入れかえる。

今度は，この同値変形を各方程式の拡大係数行列の変形としてみてみよう。すると

$$ⓐ\left[\begin{array}{cc:c} 2 & 1 & 3 \\ 3 & -1 & 7 \end{array}\right] \rightleftharpoons ⓑ\left[\begin{array}{cc:c} 2 & 1 & 3 \\ 5 & 0 & 10 \end{array}\right] \rightleftharpoons ⓒ\left[\begin{array}{cc:c} 2 & 1 & 3 \\ 1 & 0 & 2 \end{array}\right]$$

$$\rightleftharpoons ⓕ\left[\begin{array}{cc:c} 0 & 1 & -1 \\ 1 & 0 & 2 \end{array}\right] \rightleftharpoons ⓖ\left[\begin{array}{cc:c} 1 & 0 & 2 \\ 0 & 1 & -1 \end{array}\right]$$

となる。ここでは式の変形が行列の“行”の変形となっている。

そこで前頁の“式の同値変形”を行列の言葉で書き直してみると

Ⅰ．ある行を k 倍$(k \neq 0)$する。

Ⅱ．ある行に他の行を k 倍して加える。

Ⅲ．2つの行を入れかえる。

となる。これを行列の**行基本変形**という。

行列の行基本変形

Ⅰ．ある行を k 倍$(k \neq 0)$する。

Ⅱ．ある行に他の行を k 倍して加える。

Ⅲ．2つの行を入れかえる。

今度は**行列**の
行基本変形ね。

例題 9

次の行列に(1)(2)(3)の行基本変形を順に行ってみよう。

$$\begin{bmatrix} -2 & 1 & -1 \\ 6 & -4 & 0 \end{bmatrix}$$

（1）　第2行を $\frac{1}{2}$ 倍する(変形Ⅰ)。

（2）　第2行に第1行を2倍して加える(変形Ⅱ)。

（3）　第1行と第2行を入れかえる(変形Ⅲ)。

解　これからたびたび行基本変形が出てくるので，本書では各変形を次のようにかくことにする。

Ⅰ．　第 i 行を k 倍$(k \neq 0)$する。　$\Longleftrightarrow$　ⓘ$\times k$

Ⅱ．　第 i 行に第 j 行を k 倍して加える。　$\Longleftrightarrow$　ⓘ$+$ⓙ$\times k$

Ⅲ．　第 i 行と第 j 行を入れかえる。　$\Longleftrightarrow$　ⓘ$\leftrightarrow$ⓙ

さらに，変形前の行列と変形後の行列は異なった行列なので「→」を使って変形してゆく。「＝」の箇所は行列の成分の計算で，行列として等しいことを示している。

$$\begin{bmatrix} -2 & 1 & -1 \\ 6 & -4 & 0 \end{bmatrix}$$

$$\xrightarrow{(1)\ ②\times\frac{1}{2}} \begin{bmatrix} -2 & 1 & -1 \\ 6\times\frac{1}{2} & -4\times\frac{1}{2} & 0\times\frac{1}{2} \end{bmatrix} = \begin{bmatrix} -2 & 1 & -1 \\ 3 & -2 & 0 \end{bmatrix}$$

$$\xrightarrow{(2)\ ②+①\times 2} \begin{bmatrix} -2 & 1 & -1 \\ 3+(-2)\times 2 & -2+1\times 2 & 0+(-1)\times 2 \end{bmatrix} = \begin{bmatrix} -2 & 1 & -1 \\ -1 & 0 & -2 \end{bmatrix}$$

$$\xrightarrow{(3)\ ①\leftrightarrow②} \begin{bmatrix} -1 & 0 & -2 \\ -2 & 1 & -1 \end{bmatrix}$$

（解終）

練習問題 9　解答は p. 169

次の行列に(1)(2)(3)の行基本変形を順に行いなさい。

$$\begin{bmatrix} -3 & -9 & 3 \\ -5 & 0 & 1 \\ 2 & 4 & 1 \end{bmatrix}$$

（1）　第1行を $\left(-\frac{1}{3}\right)$ 倍する(変形Ⅰ)。

（2）　第2行に第1行を5倍して加える(変形Ⅱ)。

（3）　第1行と第3行を入れかえる(変形Ⅲ)。

例題 10

拡大係数行列に(1)〜(4)の行基本変形を行うことにより，次の連立1次方程式を解いてみよう。

$$\begin{cases} 2x-\ y=0 \\ \ x+2y=5 \end{cases}$$

（1）　第1行に第2行を(−2)倍して加える(変形II)。

（2）　第1行を$\left(-\dfrac{1}{5}\right)$倍する(変形I)。

（3）　第2行に第1行を(−2)倍して加える(変形II)。

（4）　第1行と第2行を入れかえる(変形III)。

解　連立1次方程式の係数の数字だけを取り出せば次の拡大係数行列が求まる。

$$\left[\begin{array}{cc:c} 2 & -1 & 0 \\ 1 & 2 & 5 \end{array}\right]$$

この行列に(1)〜(4)の変形を順次行ってゆくと

$$\left[\begin{array}{cc:c} 2 & -1 & 0 \\ 1 & 2 & 5 \end{array}\right] \xrightarrow{(1)\ ①+②\times(-2)} \left[\begin{array}{cc:c} 2+1\times(-2) & -1+2\times(-2) & 0+5\times(-2) \\ 1 & 2 & 5 \end{array}\right]$$

$$=\left[\begin{array}{cc:c} 0 & -5 & -10 \\ 1 & 2 & 5 \end{array}\right]$$

$$\xrightarrow{(2)\ ①\times\left(-\frac{1}{5}\right)} \left[\begin{array}{cc:c} 0\times\left(-\dfrac{1}{5}\right) & -5\times\left(-\dfrac{1}{5}\right) & -10\times\left(-\dfrac{1}{5}\right) \\ 1 & 2 & 5 \end{array}\right]$$

$$=\left[\begin{array}{cc:c} 0 & 1 & 2 \\ 1 & 2 & 5 \end{array}\right]$$

$$\xrightarrow{(3)\ ②+①\times(-2)} \left[\begin{array}{cc:c} 0 & 1 & 2 \\ 1+0\times(-2) & 2+1\times(-2) & 5+2\times(-2) \end{array}\right]$$

$$=\left[\begin{array}{cc:c} 0 & 1 & 2 \\ 1 & 0 & 1 \end{array}\right]$$

$$\xrightarrow{(4)\ ①\leftrightarrow②} \left[\begin{array}{cc:c} 1 & 0 & 1 \\ 0 & 1 & 2 \end{array}\right]$$

変形の最後に得られた行列を再び連立１次方程式にもどすと解が求まる。

$$\begin{cases} 1x+0y=1 \\ 0x+1y=2 \end{cases} \quad \text{つまり} \quad \boxed{\begin{cases} x=1 \\ y=2 \end{cases}}$$
（解終）

３つの変形の中で一番計算しずらいのは“変形II”である。この変形が暗算でできるようになったら，行基本変形を次のように表でかくとすっきりする。

拡大係数行列			行基本変形
2 1	−1 2	0 5	
0 1	−5 2	−10 5	①＋②×(−2)
0 1	1 2	2 5	①×$\left(-\frac{1}{5}\right)$
0 1	1 0	2 1	 ②＋①×(−2)
1 0	0 1	1 2	①↔②

最後の結果より解が求まる。

$$\begin{cases} x=1 \\ y=2 \end{cases}$$

練習問題 10　解答は p. 170

拡大係数行列に(1)～(4)の変形を行って次の連立１次方程式を解きなさい。

$$\begin{cases} 3x+5y=1 \\ x+2y=1 \end{cases}$$

（１）　第１行に第２行を(−3)倍して加える(変形II)。

（２）　第１行を(−1)倍する(変形Ｉ)。

（３）　第２行に第１行を(−2)倍して加える(変形II)。

（４）　第１行と第２行を入れかえる(変形III)。

2.3 行列の階数

ここでは，連立1次方程式の中から本質的な式だけを取り出すために必要な“行列の階数”について勉強しよう。階数は行列の特性を表わす重要な考え方である。

定義

行列の中で，ある行までは行番号が増すに従い左端から連続して並ぶ0の数が増え，その行より下は成分がすべて0である行列を**階段行列**という。

《説明》　つまり，次のような行列が階段行列である。

$$\begin{bmatrix} 1 & 2 & 3 \\ 0 & 4 & 5 \\ 0 & 0 & 6 \end{bmatrix} \qquad \begin{bmatrix} 0 & 1 & 2 & 3 \\ 0 & 0 & 4 & 5 \\ 0 & 0 & 0 & 0 \end{bmatrix} \qquad \begin{bmatrix} 0 & 0 & 2 \\ 0 & 0 & 0 \\ 0 & 0 & 0 \end{bmatrix}$$

（説明終）

例題 11

次の行列の中から階段行列であるものを選んでみよう。

$$A=\begin{bmatrix} 3 & 4 \\ 2 & 1 \end{bmatrix}, \quad B=\begin{bmatrix} 3 & 2 & 1 \\ 0 & 0 & 4 \end{bmatrix}, \quad C=\begin{bmatrix} 0 & 2 & 1 \\ 0 & 4 & 3 \\ 0 & 0 & 5 \end{bmatrix}$$

解　左端から並ぶ0の数に注目。行が増えるごとに0が増えているのは B だけ。したがって B は階段行列，A，C は階段行列ではない。　（解終）

練習問題 11　解答は p. 170

次の行列の中から階段行列であるものを選びなさい。

$$X=\begin{bmatrix} 5 & 4 & 3 \\ 2 & 0 & 1 \\ 0 & 0 & 6 \end{bmatrix}, \quad Y=\begin{bmatrix} 5 & 0 \\ 0 & 0 \end{bmatrix}, \quad Z=\begin{bmatrix} 1 & 2 \\ 0 & 0 \\ 0 & 3 \end{bmatrix}$$

定義

行列 A を行基本変形により階段行列へと変形したとき，0 でない成分が残っている行の数を行列 A の**階数**といい $\mathrm{rank}\,A$ で表わす。

行基本変形

I．ⓘ×k ($k \neq 0$)

II．ⓘ＋ⓙ×k

III．ⓘ↔ⓙ

《説明》 どの行列も行基本変形で変形することにより，必ず階段行列に直すことができる。また，変形の仕方により異なった階段行列が求まっても，0 でない成分が残っている行の数は行列により，ただ1つに定まることがわかっている。

行列を階段行列に変形するとき，試行錯誤で行変形を行うとせっかく作った0が次の変形で0でなくなってしまったりする。そこで，掃き出し法と呼ばれる系統だった方法を下に紹介しておこう。**掃き出し法**は，第1列から順に0を作って階段行列に変形する方法である。（説明終）

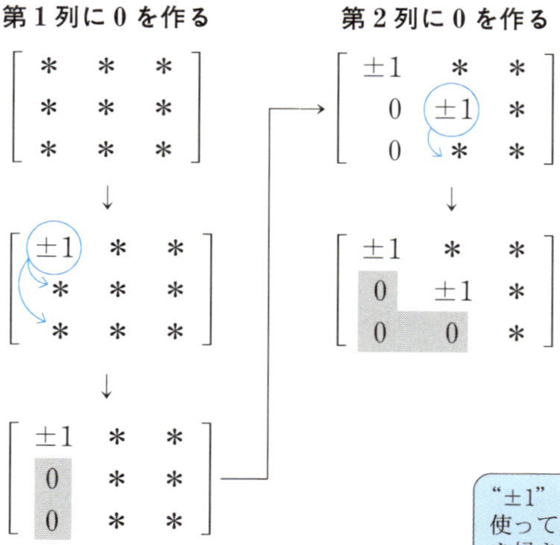

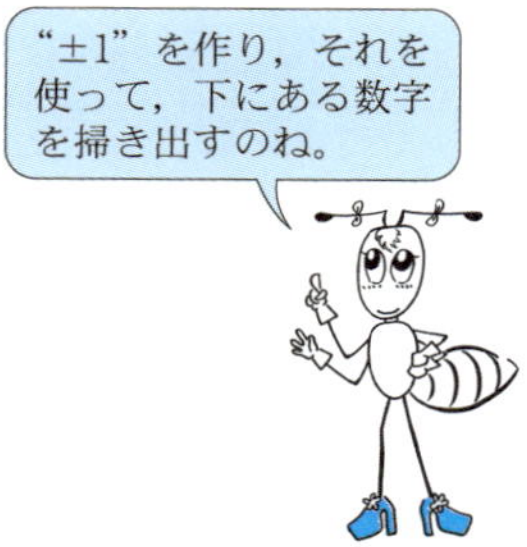

"±1" を作り，それを使って，下にある数字を掃き出すのね。

例題 12

$$A=\begin{bmatrix} 0 & -2 & 4 \\ 1 & 0 & -1 \\ -2 & 1 & 1 \end{bmatrix}$$

左の行列 A に行基本変形を行い，階段行列に直してみよう。

また A の階数 rank A も求めよう。

解　前頁の"掃き出し法"に従って変形してゆく。

A	行基本変形	
$0 \quad -2 \quad 4$ $1 \quad 0 \quad -1$ $-2 \quad 1 \quad 1$		数字の並びをよく見る。 (1, 1)成分に「±1」をもってくるか，または作る。
$1 \quad 0 \quad -1$ $0 \quad -2 \quad 4$ $-2 \quad 1 \quad 1$	①↔②	「1」を使って下の数字を掃き出す。 (3, 1)成分だけ掃き出せばよい。
$1 \quad 0 \quad -1$ $0 \quad -2 \quad 4$ $0 \quad 1 \quad -1$	③＋①×2	(2, 2)成分に「±1」をもってくるか，または作る。その際，1行目はもう使わない。
$1 \quad 0 \quad -1$ $0 \quad 1 \quad -1$ $0 \quad -2 \quad 4$	②↔③	「1」を使って下の数字を掃き出す。
$1 \quad 0 \quad -1$ $0 \quad 1 \quad -1$ $0 \quad 0 \quad 2$	③＋②×2	階段行列の出来上がり。

行基本変形

Ⅰ．ⓘ×k ($k \neq 0$)

Ⅱ．ⓘ＋ⓙ×k

Ⅲ．ⓘ↔ⓙ

左頁の変形により

$$A \xrightarrow{\text{行基本変形}} \begin{bmatrix} 1 & 0 & -1 \\ 0 & 1 & -1 \\ 0 & 0 & 2 \end{bmatrix}$$

と階段行列に変形された。

階数

rank A＝rank(階段行列)
＝0 でない成分が
残っている行の数

すべての行で0でない成分が残っているので

$$\text{rank}\,A = 0 \text{ でない成分が残っている行の数} = 3$$

つまり

$$\text{rank}\,A = \boxed{3}$$

である。(異なる行基本変形を行えば異なる階段行列が得られるが，0でない成分が残っている行の数は必ず同じとなる。)　(解終)

練習問題 12　解答はp. 171

次の各行列に行基本変形を行い，階段行列に直しなさい。また，それぞれの階数も求めなさい。

(1)　$B = \begin{bmatrix} 2 & -1 & -3 \\ -1 & 2 & 1 \\ 1 & 1 & 2 \end{bmatrix}$　　(2)　$C = \begin{bmatrix} 3 & 6 & -3 \\ -2 & 1 & 2 \\ -2 & 4 & 2 \end{bmatrix}$

例題 13

$$A=\begin{bmatrix} 3 & -3 & 1 \\ -5 & 0 & 2 \\ 2 & 1 & -3 \\ 4 & -1 & 0 \end{bmatrix}$$

左の行列 A を行基本変形により階段行列に変形し，rank A を求めてみよう。

解　今まで掃き出すときに「±1」を使ってきたが，この A は第1列に1がなく，また，ある行を何倍かして「±1」を作ろうとすると分数が出てきてしまう。そんなとき，次のように，変形IIを使って「±1」を作ろう。

A			行基本変形	
3	−3	1		第1列の数字をよく見て「±1」を作る工夫をする。
−5	0	2		たとえば「3」+「2」×(−1),
2	1	−3		「4」+「−5」×1　　など
4	−1	0		
1	−4	4	①+③×(−1)	「1」を使って下の数字を全部掃き出す。
−5	0	2		
2	1	−3		
4	−1	0		
1	−4	4		第1行以外を使って(2,2)成分に「±1」を作る工夫をする。
0	−20	22	②+①×5	とりあえず第2行の成分は全部2の倍数なので…。
0	9	−11	③+①×(−2)	
0	15	−16	④+①×(−4)	
1	−4	4		第2列の第1行以外の数字
0	10	−11	②×$\left(-\frac{1}{2}\right)$	「10」,「9」,「15」を使って「±1」を作る。
0	9	−11		「10」+「9」×(−1) が一番簡単。
0	15	−16		
1	−4	4		「1」を使って下の数字を全部掃き出す。
0	1	0	②+③×(−1)	
0	9	−11		
0	15	−16		

右頁へつづく

左頁より	行基本変形	
$\begin{matrix} 1 & -4 & 4 \\ 0 & 1 & 0 \\ 0 & 0 & -11 \\ 0 & 0 & -16 \end{matrix}$	 ③＋②×(−9) ④＋②×(−15)	第3行は「−11」以外の成分は全部0なので$\left(-\frac{1}{11}\right)$倍しても他の成分が分数になる心配はない。
$\begin{matrix} 1 & -4 & 4 \\ 0 & 1 & 0 \\ 0 & 0 & 1 \\ 0 & 0 & -16 \end{matrix}$	③$\times\left(-\frac{1}{11}\right)$	「1」を使って下の数字を掃き出す。
$\begin{matrix} 1 & -4 & 4 \\ 0 & 1 & 0 \\ 0 & 0 & 1 \\ 0 & 0 & 0 \end{matrix}$	 ④＋③×16	階段行列の出来上がり。

行基本変形により

$$A \longrightarrow \begin{bmatrix} 1 & -4 & 4 \\ 0 & 1 & 0 \\ 0 & 0 & 1 \\ 0 & 0 & 0 \end{bmatrix}$$

と変形されたので

$$\mathrm{rank}\, A = \boxed{3}$$

となる。(「±1」を作らなくても他を「0」にすることができれば，無理に「±1」を作らなくてもよい。)　　(解終)

練習問題 13　解答はp. 172

$$B = \begin{bmatrix} 8 & -4 & -3 & 5 \\ 3 & 0 & -2 & 3 \\ -5 & 4 & 1 & -2 \end{bmatrix}$$

左の行列 B を行基本変形により階段行列に変形し，rank B を求めなさい。

2.4 連立1次方程式の解

連立1次方程式の解の種類は，係数行列と拡大係数行列の階数を調べることによりわかる。このことをこれから調べてゆこう。

未知数の数 n 個，式の数 m 本の連立1次方程式

$$
\bigstar \quad \begin{cases} a_{11}x_1 + a_{12}x_2 + \cdots + a_{1n}x_n = b_1 \\ a_{21}x_1 + a_{22}x_2 + \cdots + a_{2n}x_n = b_2 \\ \qquad\qquad \cdots\cdots \\ a_{m1}x_1 + a_{m2}x_2 + \cdots + a_{mn}x_n = b_m \end{cases}
$$

において，x_1 の係数 $a_{11}, a_{21}, \cdots, a_{m1}$ のうち少なくとも1つは0でないとしておく。この連立1次方程式は

$$
A = \begin{bmatrix} a_{11} & \cdots & a_{1n} \\ \vdots & & \vdots \\ a_{m1} & \cdots & a_{mn} \end{bmatrix}, \quad X = \begin{bmatrix} x_1 \\ \vdots \\ x_n \end{bmatrix}, \quad B = \begin{bmatrix} b_1 \\ \vdots \\ b_m \end{bmatrix}
$$

とおくと

$$
AX = B
$$

と表わされ，★ の同値な変形は ★ の拡大係数行列 $[A \,\vdots\, B]$ の行基本変形と対応していた。

そこで，$[A \,\vdots\, B]$ が行基本変形により次のような階段行列 $[C \,\vdots\, D]$ に変形できたとしよう。

$$
[A \,\vdots\, B] \longrightarrow \left[\begin{array}{ccccccccc:c} c_{11} & & & & \cdots\cdots & & & & c_{1n} & d_1 \\ 0 & \cdots & 0 & c_{2l_2} & \cdots\cdots & & & & c_{2n} & d_2 \\ \vdots & & & & \ddots & & & & \vdots & \vdots \\ 0 & & & \cdots\cdots & & 0 & c_{rl_r} & \cdots & c_{rn} & d_r \\ 0 & & & & \cdots\cdots & & \ddots & & 0 & d_{r+1} \\ \vdots & & & & \cdots\cdots & & & \ddots & \vdots & \vdots \\ 0 & & & & \cdots\cdots & & & & 0 & d_m \end{array}\right] = [C \,\vdots\, D]
$$

係数行列だけをみると，

$$A \longrightarrow C$$

と変形され，C は階段行列なので

$$\mathrm{rank}\, A = r$$

となる。

階　数

$A \longrightarrow$ [階段行列]

rank A＝階段行列の 0 でない成分が残っている行の数

階段行列 $[C \,\vdots\, D]$ を再び連立方程式にもどしてみよう。

$$❊\left\{\begin{array}{l} c_{11}x_1 + \cdots\cdots \qquad\qquad \cdots\cdots + c_{1n}x_n = d_1 \\ \qquad c_{2l_2}x_{l_2} + \cdots\cdots \qquad \cdots\cdots + c_{2n}x_n = d_2 \\ \qquad\qquad \cdots\cdots \qquad \cdots\cdots \qquad \vdots \\ \qquad\qquad\qquad c_{rl_r}x_{l_r} + \cdots \ + c_{rn}x_n = d_r \\ \qquad\qquad\qquad\qquad \left.\begin{array}{r} 0 = d_{r+1} \\ \vdots \\ 0 = d_m \end{array}\right\} * \end{array}\right.$$

連立方程式❊の右辺の定数項において，もし

$$d_{r+1} \neq 0,\ \ d_{r+2} \neq 0, \cdots,\ \ d_{r+s} \neq 0,\ \ d_{r+s+1} = 0, \cdots,\ \ d_m = 0$$

だったらどうなるだろう。このとき

$$\mathrm{rank}[A \,\vdots\, B] \geqq r+1 > r = \mathrm{rank}\, A$$

である。そして❊は矛盾を含んだ式となり，❊と同時に★をみたす $x_1, x_2, \cdots, x_n$ は存在しないことになる。つまり★は

解なし

となる。

それでは

$$d_{r+1} = 0,\ \ d_{r+2} = 0,\ \ \cdots,\ \ d_m = 0$$

のときはどうだろう。このときは

$$\mathrm{rank}[A \,\vdots\, B] = \mathrm{rank}\, A = r$$

である。

❋ の自明となる式 ＊ 省略して

$$
❋\quad \begin{cases} c_{11}x_1 + \cdots\cdots & + c_{1n}x_n = d_1 \\ \qquad c_{2l_2}x_{l_2} + \cdots\cdots & + c_{2n}x_n = d_2 \\ \qquad\qquad \cdots\cdots & \quad \cdots\cdots \\ \qquad\qquad\quad c_{rl_r}x_{l_r} + \cdots & + c_{rn}x_n = d_r \end{cases}
$$

としておくと，$[C \mid D]$ は階段行列なので，❋ にどんな同値変形を行っても，もうこれ以上方程式の本数を減らすことはできない。つまり，はじめの方程式 ★ の m 本の式の中で本質的な式は ❋ の r 本で，あとの $(m-r)$ 本は ❋ の r 本から導ける式である。

連立1次方程式 ❋ は未知数 x_1，x_2，$\cdots$，x_n を含むので

未知数の数 n 個，　式の数 r 本

となる。したがって，n 個の未知数のうち

$(n-r)$ 個

の未知数に値を与えれば，

未知数の数 r 個，　式の数 r 本

となり，r 本の式はこれ以上減らすことはできないので，残りの r 個の未知数は方程式 ❋ から連立方程式の同値な変形(p. 29)によって全部求まってしまう。$(n-r)$ 個の未知数にはどんな数を与えてもよい。それらを仮に

$$x_1,\ \cdots,\ x_{n-r}$$

とすると，残りの

$$x_{n-r+1},\ x_{n-r+2},\ \cdots,\ x_n$$

は方程式❋により，自動的に決定されてしまう。

$$
\overbrace{\underbrace{x_1, x_2, \cdots, x_{n-r}}_{\text{任意の数でよい}},\ \underbrace{x_{n-r+1}, x_{n-r+2}, \cdots, x_n}_{\text{自動的に決定される}}}^{\text{❋ の未知数}}
$$

これで $\mathrm{rank}[A \mid B] = \mathrm{rank}\, A$ のとき，方程式 ★ に解が存在することがわかった。

以上のことより，次のことが導けた。

定理 1.7

連立1次方程式 $AX=B$ について

（1）　$\mathrm{rank}\,A=\mathrm{rank}[A \mid B]$ ならば，解が存在する。

（2）　$\mathrm{rank}\,A\neq\mathrm{rank}[A \mid B]$ ならば，解は存在しない。

定義

未知数の数が n 個の連立1次方程式 $AX=B$ において

$$\mathrm{rank}\,A=\mathrm{rank}[A \mid B]=r$$

とする。このとき，自由に決める未知数の数

$$n-r$$

を方程式の**自由度**という。

《説明》　今までみてきたように，連立1次方程式の解の種類はその係数行列と拡大係数行列の階数ですべて決まってしまうことになる。

方程式の解が存在して

$$\text{自由度}=n-r>0$$

のとき，どの未知数を任意定数にするかは方程式※を見て決めることになる。

（説明終）

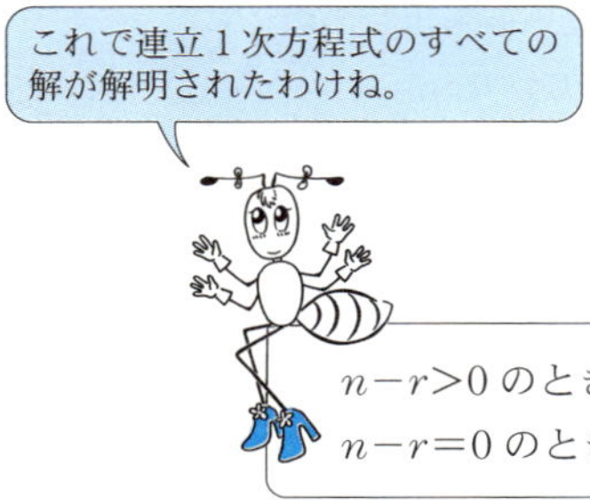
これで連立1次方程式のすべての解が解明されたわけね。

$n-r>0$ のとき　無数の解

$n-r=0$ のとき　ただ1組の解

例題 14

次の連立1次方程式を解いてみよう。

(1) $\begin{cases} x-2y=0 \\ 3x-6y=0 \end{cases}$　(2) $\begin{cases} 3x-6y=0 \\ 2x-4y=1 \end{cases}$

$AX=B$ の解

$\mathrm{rank}\,A=\mathrm{rank}[A \mid B]$

$\iff$ 解有り

《**説明**》 (1)のように右辺の定数がすべて0のとき，**同次連立1次方程式**という。同次連立1次方程式は，すべての解が0であるような解(**自明な解**)を必ずもつ。これに対し，(2)のように右辺の定数に1つでも0でないものがあるとき，**非同次連立1次方程式**という。この方程式は自明な解はもたない。

(説明終)

解 (1) まず方程式の拡大係数行列を行基本変形により階段行列に直そう。

右の計算より

$$\mathrm{rank}\,A=\mathrm{rank}[A \mid B]=1$$

なので，この方程式には解が存在する。

次に自由度を調べる。

$$\text{自由度}=\text{未知数の数}-\mathrm{rank}\,A$$
$$=2-1=1$$

なので，2つの未知数 x，y のうち1つは自由における。

A		B	変　形
1	−2	0	
3	−6	0	
1	−2	0	
0	0	0	②＋①×(−3)

自由度

自由度＝自由に決める未知数の数
　＝未知数の数－$\mathrm{rank}\,A$

行基本変形

I．$(i)\times k$　$(k\neq 0)$

II．$(i)+(j)\times k$

III．$(i)\leftrightarrow(j)$

得られた階段行列を方程式に直すと（第2の式は自明なので省略）

$$❊\quad x-2y=0$$

ここで，y の方を自由に

$$y=k \quad (k\text{ は任意の実数})$$

とおいて❊に代入すると

$$x=2k$$

となる。以上より，解は無数に存在し

$$\begin{cases} x=2k \\ y=k \end{cases} \quad (k\text{ は任意の実数})$$

とかける。

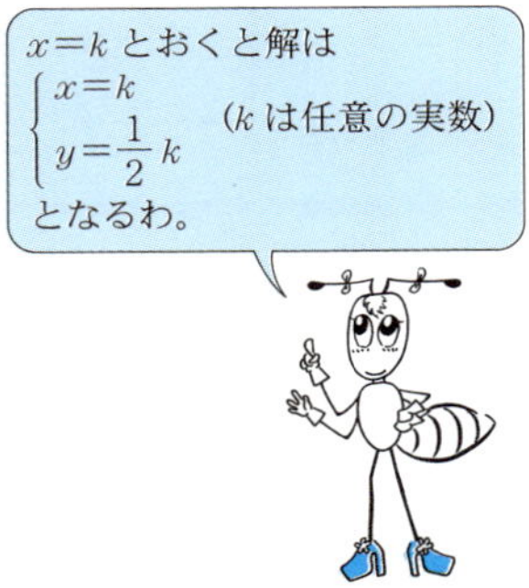
$x=k$ とおくと解は
$\begin{cases} x=k \\ y=\frac{1}{2}k \end{cases}$ （k は任意の実数）
となるわ。

（2）　拡大係数行列を階段行列に変形すると，右のようになる。これより

$$\text{rank}\, A=1$$

$$\text{rank}[A \mid B]=2$$

なので

$$\text{rank}\, A \neq \text{rank}[A \mid B]$$

となり，

解なし

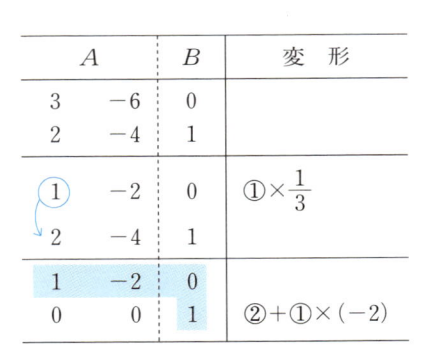

（解終）

A		B	変　形
3	−6	0	
2	−4	1	
①	−2	0	①×$\frac{1}{3}$
2	−4	1	
1	−2	0	
0	0	1	②＋①×(−2)

練習問題 14

解答は p. 172

次の連立1次方程式を解きなさい。

(1)　$\begin{cases} 2x-6y=1 \\ -x+3y=2 \end{cases}$　　(2)　$\begin{cases} 6x+4y=0 \\ 9x+6y=0 \end{cases}$

例題 15

次の連立1次方程式を解いてみよう。

（1）$\begin{cases} x-y-4z=0 \\ 2x-2y-8z=0 \end{cases}$　　（2）$\begin{cases} x+2y+z=0 \\ -3x-4y+5z=4 \\ 2x-2y-5z=5 \end{cases}$

解　まず拡大係数行列を階段行列に直そう。

得られた階段行列から再び連立方程式を作るので，行基本変形でなるべく簡単な階段行列に変形しておいたほうが後の計算が楽である。また以下の変形は一例にすぎない。

（1）　右の行基本変形の結果

$$\text{rank}\,A=\text{rank}\,[A \vdots B]=1$$

なので，解が存在する。

A			B	行基本変形
①	−1	−4	0	
2	−2	−8	0	
1	−1	−4	0	
0	0	0	0	②＋①×(−2)

階段行列を方程式に直すと

$$※\quad x-y-4z=0$$

自由度を求めると

$$自由度=3-1=2$$

なので，

$$y=k_1,\quad z=k_2$$

とおいて※に代入すると

$$x=k_1+4k_2$$

以上より

$$\begin{cases} x=k_1+4k_2 \\ y=k_1 \\ z=k_2 \end{cases}\quad (k_1,\ k_2 は任意の実数)$$

（x，y，zのうち，どの2つをk_1またはk_2とおいてもよい。）

$Ax=B$ の解
rank A＝rank $[A \vdots B]$
⟺　解有り

自由度＝未知数の数−rank A

（2）　行列の階数だけを求めるときは階段行列になったら変形をやめてよいが，方程式を解くときはなるべく数字が簡単になるまで変形しておこう。

右の変形結果より

$$\text{rank}\,A=\text{rank}\,[A\,\vdots\,B]=3$$

なので，解が存在する。

階段行列を方程式に直すと

$$\begin{cases} x \qquad = 3 \\ \quad y \quad = -2 \\ \qquad z = 1 \end{cases}$$

これで解は求まっているが，自由度を調べると

$$\text{自由度}=3-3=0$$

つまり自由に決められる未知数はなく，上の解だけとなる。

以上より解はただ1組で

$$\begin{cases} x=3 \\ y=-2 \\ z=1 \end{cases}$$

（解終）

A			B	行基本変形
①	2	1	0	
−3	−4	5	4	
2	−2	−5	5	
1	2	1	0	
0	2	8	4	②+①×3
0	−6	−7	5	③+①×(−2)
1	2	1	0	
0	①	4	2	②×$\frac{1}{2}$
0	−6	−7	5	
1	0	−7	−4	①+②×(−2)
0	1	4	2	
0	0	17	17	③+②×6
1	0	−7	−4	
0	1	4	2	
0	0	①	1	③×$\frac{1}{17}$
1	0	0	3	①+③×7
0	1	0	−2	②+③×(−4)
0	0	1	1	

練習問題 15　解答は p. 173

次の連立1次方程式を解きなさい。

（1）$\begin{cases} 3x+2y+4z=7 \\ x+2y \qquad =5 \\ 2x+\ \ y+5z=8 \end{cases}$　　（2）$\begin{cases} 2x+\ \ y=0 \\ 5x-2y=3 \\ 4x-\ \ y=1 \end{cases}$

（3）$\begin{cases} 2a-b-3c+d=2 \\ -2a \quad +4c \qquad =2 \\ 3a-b-5c+d=1 \end{cases}$

2.5 逆行列の求め方

§1で逆行列について勉強した。つまり

n 次正方行列 A に対し，$AX=XA=E$ となる n 次正方行列 X が存在するとき，行列 A を正則といい，X を A^{-1} とかく

ということであった。

ここでは正則行列の逆行列を“掃き出し法”によって求める方法を紹介しよう。簡単のために3次の正方行列を用いて説明するが，一般の n 次正方行列にもそのまま拡張して考えることができる。

3次の正則な正方行列 A とその逆行列 A^{-1} について

$$AA^{-1}=A^{-1}A=E$$

が成立する。そこで

$$A=\begin{bmatrix} a_{11} & a_{12} & a_{13} \\ a_{21} & a_{22} & a_{23} \\ a_{31} & a_{32} & a_{33} \end{bmatrix}, \quad A^{-1}=\begin{bmatrix} x_1 & x_2 & x_3 \\ y_1 & y_2 & y_3 \\ z_1 & z_2 & z_3 \end{bmatrix}$$

とおくと，$AA^{-1}=E$ より次の式が成立する。

$$\begin{bmatrix} a_{11} & a_{12} & a_{13} \\ a_{21} & a_{22} & a_{23} \\ a_{31} & a_{32} & a_{33} \end{bmatrix}\begin{bmatrix} x_1 & x_2 & x_3 \\ y_1 & y_2 & y_3 \\ z_1 & z_2 & z_3 \end{bmatrix}=\begin{bmatrix} 1 & 0 & 0 \\ 0 & 1 & 0 \\ 0 & 0 & 1 \end{bmatrix}$$

左辺の行列の積を計算して左辺と右辺の成分を比較すると，次の3組の連立1次方程式が得られる。

$$\begin{cases} a_{11}x_1+a_{12}y_1+a_{13}z_1=1 \\ a_{21}x_1+a_{22}y_1+a_{23}z_1=0 \\ a_{31}x_1+a_{32}y_1+a_{33}z_1=0 \end{cases}$$

$$\begin{cases} a_{11}x_2+a_{12}y_2+a_{13}z_2=0 \\ a_{21}x_2+a_{22}y_2+a_{23}z_2=1 \\ a_{31}x_2+a_{32}y_2+a_{33}z_2=0 \end{cases}$$

$$\begin{cases} a_{11}x_3+a_{12}y_3+a_{13}z_3=0 \\ a_{21}x_3+a_{22}y_3+a_{23}z_3=0 \\ a_{31}x_3+a_{32}y_3+a_{33}z_3=1 \end{cases}$$

これらをよく見ると，左辺の係数は3つの組とも同じで右辺の定数のみ異なっている。したがって，係数を次のように並べて，“掃き出し法”によりいっぺんに解くことができる。

A			B_1	B_2	B_3
a_{11}	a_{12}	a_{13}	1	0	0
a_{21}	a_{22}	a_{23}	0	1	0
a_{31}	a_{32}	a_{33}	0	0	1

ここで定数項を並べた B_1，B_2，B_3 の箇所は単位行列 E になっていることに注意しよう。定理1.5(p. 15)より正則行列 A の逆行列はただ1つ存在するので，上の3組の連立1次方程式は必ず1組ずつの解をもつ。

このことは，上の行列全体を行基本変形した結果が次の形になることを意味している。

1	0	0	p_1	p_2	p_3
0	1	0	q_1	q_2	q_3
0	0	1	r_1	r_2	r_3

ここでは左側の係数行列 A が単位行列 E に変形されていることに注意しよう。これで3組の方程式がいっぺんに解け，解はそれぞれ

$$\begin{cases} x_1=p_1 \\ y_1=q_1 \\ z_1=r_1 \end{cases} \quad \begin{cases} x_2=p_2 \\ y_2=q_2 \\ z_2=r_2 \end{cases} \quad \begin{cases} x_3=p_3 \\ y_3=q_3 \\ z_3=r_3 \end{cases}$$

となった。

もう一方の条件 $A^{-1}A=E$ からも同じ結果を得ることができる。

これらの解より A^{-1} が次のように求まる。

$$A^{-1}=\begin{bmatrix} p_1 & p_2 & p_3 \\ q_1 & q_2 & q_3 \\ r_1 & r_2 & r_3 \end{bmatrix}$$

以上のことより，正則行列 A の逆行列 A^{-1} は次の行基本変形で求まることがわかった。

$$[A \,\vdots\, E] \xrightarrow{\text{行基本変形}} [E \,\vdots\, A^{-1}]$$

例題 16

正則行列 $A=\begin{bmatrix} 1 & 3 \\ 2 & 5 \end{bmatrix}$ の逆行列 A^{-1} を掃き出し法で求めてみよう。

解　まず A と単位行列 E を並べてかき，A の方が単位行列 E となるよう変形していく。

右の結果より

$$A^{-1}=\begin{bmatrix} -5 & 3 \\ 2 & -1 \end{bmatrix}$$ （解終）

A		E		行基本変形
① 1	3	1	0	
2	5	0	1	
1	3	1	0	
0	−1	−2	1	②＋①×(−2)
1	3	1	0	
0	① 1	2	−1	②×(−1)
1	0	−5	3	①＋②×(−3)
0	1	2	−1	
E		A^{-1}		

練習問題 16　解答は p. 175

次の正則行列の逆行列を掃き出し法で求めなさい。

(1)　$B=\begin{bmatrix} -3 & 7 \\ 2 & -5 \end{bmatrix}$　　(2)　$C=\begin{bmatrix} 3 & 2 \\ 2 & 2 \end{bmatrix}$

例題 17

正則行列 $A=\begin{bmatrix} 1 & 2 & 1 \\ 2 & 7 & 4 \\ 2 & 2 & 1 \end{bmatrix}$ の逆行列 A^{-1} を求めてみよう。

解　目標

$[A \mid E] \longrightarrow [E \mid A^{-1}]$

をしっかりもって変形しよう。

右の結果より

$$A^{-1}=\begin{bmatrix} -1 & 0 & 1 \\ 6 & -1 & -2 \\ -10 & 2 & 3 \end{bmatrix}$$

（解終）

A			E			行基本変形
1	2	1	1	0	0	
2	7	4	0	1	0	
2	2	1	0	0	1	
1	2	1	1	0	0	
0	3	2	−2	1	0	②＋①×(−2)
0	−2	−1	−2	0	1	③＋①×(−2)
1	2	1	1	0	0	
0	1	1	−4	1	1	②＋③×1
0	−2	−1	−2	0	1	
1	0	−1	9	−2	−2	①＋②×(−2)
0	1	1	−4	1	1	
0	0	1	−10	2	3	③＋②×2
1	0	0	−1	0	1	①＋③×1
0	1	0	6	−1	−2	②＋③×(−1)
0	0	1	−10	2	3	
E			A^{-1}			

練習問題 17

解答は p. 175

次の行列の逆行列を求めなさい。

(1)　$B=\begin{bmatrix} 2 & -1 & 5 \\ 1 & 0 & 2 \\ 1 & 5 & -4 \end{bmatrix}$　　(2)　$C=\begin{bmatrix} 2 & 2 & 3 \\ 3 & 3 & 2 \\ 1 & 0 & 2 \end{bmatrix}$

総合練習 1-2

1． 次の連立1次方程式を掃き出し法で解きなさい。

(1) $\begin{cases} 2s+t-5u+3v=0 \\ s+t-3u+2v=0 \end{cases}$　　(2) $\begin{cases} 2x-3y+2z=4 \\ x+y+z=2 \\ 4x-5y+3z=1 \end{cases}$

(3) $\begin{cases} 2x+y-5z=2 \\ 2x+8y-2z=8 \\ 3x+5y-6z=7 \end{cases}$　　(4) $\begin{cases} a+b+c-d=-1 \\ 2a+2b+c+d=0 \\ a-3b-2c=1 \\ a+5b+3c+d=-1 \end{cases}$

2． 次の正則行列の逆行列を掃き出し法で求めなさい。

(1) $A=\begin{bmatrix} 1 & 1 & 2 \\ 2 & 1 & 4 \\ 3 & 2 & 4 \end{bmatrix}$　　(2) $B=\begin{bmatrix} 0 & 1 & 1 & 1 \\ 1 & 0 & 1 & 1 \\ 1 & 1 & 0 & 1 \\ 1 & 1 & 1 & 0 \end{bmatrix}$

§3 行 列 式

3.1 行列式の定義

行列式の定義はなかなか難しい。n 次の正方行列は $n\times n$ 個の数字の配列であった。この n 次正方行列の数字を“ある規則”に従って計算した結果をその行列の

行列式　または　**行列式の値**

という。つまり行列式とは“数”である。

正方行列 A に対し，A の行列式を

$$|A|, \qquad \det A$$

などで表わす。また A が n 次の正方行列で

$$A=\begin{bmatrix} a_{11} & \cdots & a_{1n} \\ \vdots & & \vdots \\ a_{n1} & \cdots & a_{nn} \end{bmatrix}$$

のとき

$$|A|=\begin{vmatrix} a_{11} & \cdots & a_{1n} \\ \vdots & & \vdots \\ a_{n1} & \cdots & a_{nn} \end{vmatrix}$$

とかき，**n 次の行列式**という。

それでは行列式の値を求める“ある規則”を定義しよう。本書では帰納的に行列式の定義を行う。

1 1次，2次の行列式

定義

$$|a| = a$$

$$\begin{vmatrix} a & b \\ c & d \end{vmatrix} = ad - bc$$

《説明》 1次の行列式の値は，式の中の数字そのものである。2次の行列式の値は

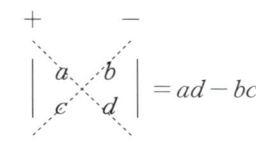

$$\overset{+\qquad -}{\begin{vmatrix} a & b \\ c & d \end{vmatrix}} = ad - bc$$

と“たすきがけ”で覚えよう。　（説明終）

例題 18

次の行列式の値を求めてみよう。

(1) $|3|$　(2) $|-5|$　(3) $\begin{vmatrix} 1 & 2 \\ 3 & 4 \end{vmatrix}$　(4) $\begin{vmatrix} 5 & -6 \\ 7 & -8 \end{vmatrix}$

解　定義通り計算すればよい。特に(2)に注意。

(1) $|3| = 3$　(2) $|-5| = -5$

(3) $\begin{vmatrix} 1 & 2 \\ 3 & 4 \end{vmatrix} = 1\cdot 4 - 2\cdot 3 = -2$　(4) $\begin{vmatrix} 5 & -6 \\ 7 & -8 \end{vmatrix} = 5\cdot(-8) - (-6)\cdot 7 = 2$

（解終）

練習問題 18　解答は p. 181

次の行列式の値を求めなさい。

(1) $|-7|$　(2) $\begin{vmatrix} 3 & 2 \\ 4 & 1 \end{vmatrix}$　(3) $\begin{vmatrix} -2 & 0 \\ 1 & 5 \end{vmatrix}$

2 3次の行列式

定義

$$\begin{vmatrix} a_{11} & a_{12} & a_{13} \\ a_{21} & a_{22} & a_{23} \\ a_{31} & a_{32} & a_{33} \end{vmatrix} = a_{11}a_{22}a_{33}+a_{12}a_{23}a_{31}+a_{13}a_{21}a_{32} \\ -a_{13}a_{22}a_{31}-a_{12}a_{21}a_{33}-a_{11}a_{23}a_{32}$$

《説明》 この式は**サラスの公式**とよばれる。下のようにして覚えよう。

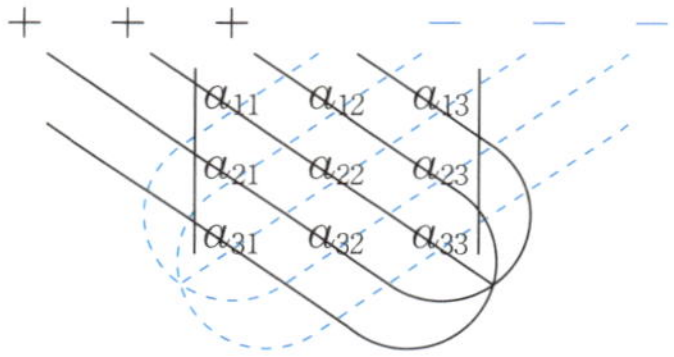

（説明終）

例題 19

$$A=\begin{bmatrix} 2 & -3 & 2 \\ -1 & 0 & 1 \\ 3 & -2 & 3 \end{bmatrix}$$

左の行列 A の行列式 $|A|$ の値をサラスの公式を使って求めてみよう。

解　規則性を覚えよう。まず＋の方，次に－の方を作る。

$$|A|=2\cdot0\cdot3+(-3)\cdot1\cdot3+2\cdot(-1)\cdot(-2)$$
$$-2\cdot0\cdot3-(-3)\cdot(-1)\cdot3-2\cdot1\cdot(-2)=-10$$

（解終）

練習問題 19 解答は p. 181

次の行列の行列式の値をサラスの公式で求めなさい。

(1) $C=\begin{bmatrix} 1 & 3 & 2 \\ 2 & -2 & 3 \\ -3 & 1 & -1 \end{bmatrix}$　　(2) $D=\begin{bmatrix} -4 & 7 & -2 \\ 0 & 5 & 0 \\ 3 & 4 & 1 \end{bmatrix}$

3 n 次の行列式

ここでは n 次の行列式の値を，$(n-1)$ 次の行列式を使って帰納的に定義するが，その前に少し準備がいる。

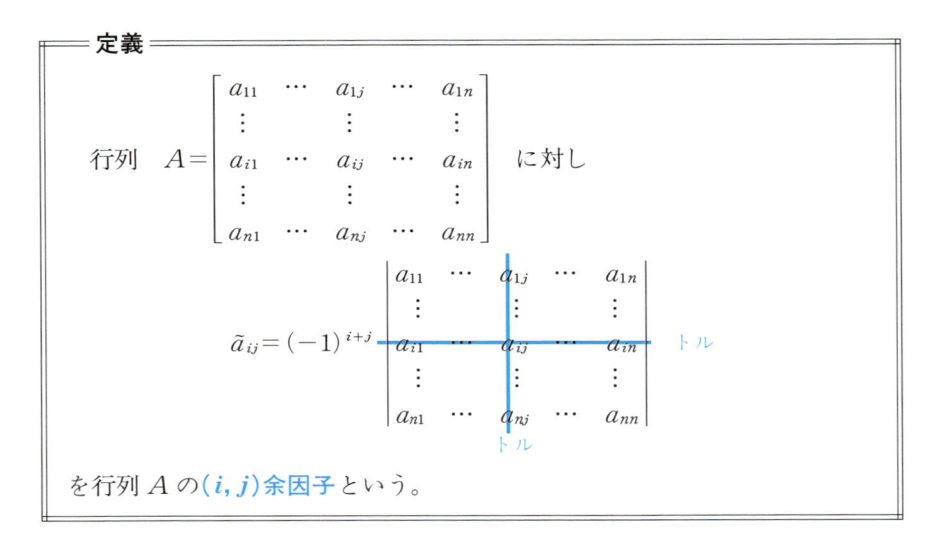

定義

行列 $A=\begin{bmatrix} a_{11} & \cdots & a_{1j} & \cdots & a_{1n} \\ \vdots & & \vdots & & \vdots \\ a_{i1} & \cdots & a_{ij} & \cdots & a_{in} \\ \vdots & & \vdots & & \vdots \\ a_{n1} & \cdots & a_{nj} & \cdots & a_{nn} \end{bmatrix}$ に対し

$$\tilde{a}_{ij}=(-1)^{i+j}\begin{vmatrix} a_{11} & \cdots & a_{1j} & \cdots & a_{1n} \\ \vdots & & \vdots & & \vdots \\ a_{i1} & \cdots & a_{ij} & \cdots & a_{in} \\ \vdots & & \vdots & & \vdots \\ a_{n1} & \cdots & a_{nj} & \cdots & a_{nn} \end{vmatrix}$$

（第 i 行：トル，第 j 列：トル）

を行列 A の**(i, j) 余因子**という。

《説明》　n 次の行列 A において，(i, j) 成分 a_{ij} を中心にヨコ（第 i 行）とタテ（第 j 列）を取り除いて行列式を考えると $(n-1)$ 次の行列式になる。この値に符号 $(-1)^{i+j}$ をつけた値が (i, j) 余因子。　　（説明終）

a_{ij} を中心にタテとヨコを取ってしまうのね。

例題 20

$$A=\begin{bmatrix}1&2&3\\4&5&6\\7&8&9\end{bmatrix}$$

左の行列 A の次の余因子を求めてみよう。

（1） $(2,2)$余因子 $\tilde{a}_{22}$

（2） $(1,2)$余因子 $\tilde{a}_{12}$

解 （1） $(2,2)$成分$=5$ なので「5」を中心にタテ，ヨコを取り除いて行列式を作る。符号を忘れないように。

$$\tilde{a}_{22}=(-1)^{2+2}\underset{\text{トル}}{\begin{vmatrix}1&2&3\\4&5&6\\7&8&9\end{vmatrix}}\begin{matrix}\\ \text{トル}\\ \\ \end{matrix}=(+1)\begin{vmatrix}1&3\\7&9\end{vmatrix}$$

$$=1\cdot9-3\cdot7=\boxed{-12}$$

2 次の行列式

$$\begin{vmatrix}a&b\\c&d\end{vmatrix}=ad-bc$$

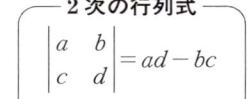

（2） $(1,2)$成分$=2$ なので

$$\tilde{a}_{12}=(-1)^{1+2}\underset{\text{トル}}{\begin{vmatrix}1&2&3\\4&5&6\\7&8&9\end{vmatrix}}\begin{matrix}\text{トル}\\ \\ \\ \end{matrix}=(-1)\begin{vmatrix}4&6\\7&9\end{vmatrix}$$

$$=(-1)(4\cdot9-6\cdot7)=\boxed{6}$$

（解終）

練習問題 20

解答は p. 181

$$B=\begin{bmatrix}-1&2\\3&4\end{bmatrix}$$

$$C=\begin{bmatrix}2&-3&2\\-1&0&1\\3&-2&3\end{bmatrix}$$

（1） 行列 B の $(2,1)$余因子 $\tilde{b}_{21}$ と $(2,2)$余因子 $\tilde{b}_{22}$ を求めなさい。

（2） 行列 C の $(2,2)$余因子 $\tilde{c}_{22}$ と $(3,2)$余因子 $\tilde{c}_{32}$ を求めなさい。

定義

n 次正方行列 A に対し，行列式 $|A|$ を次のように定義する。

（i）　$n=1$ のとき

1 次正方行列 $A=[a]$ に対し，$|A|=a$ とする。

（ii）　$n\geqq 2$ のとき

$(n-1)$ 次の行列に対し，行列式が定義されていると仮定する。

（iii）　n 次正方行列 A に対して

$$|A|=a_{1j}\tilde{a}_{1j}+a_{2j}\tilde{a}_{2j}+\cdots+a_{nj}\tilde{a}_{nj}\quad(1\leqq j\leqq n)$$

とする。

《説明》　$n=2$，3 の場合，つまり 2 次と 3 次の行列式の定義はすでに紹介してあったが，実は上の定義があれば $n=1$ の場合だけ定義をしておけばよく，2 次，3 次の行列式はこの定義より求めることができる。

わかりづらいのは（iii）である。A が n 次の正方行列のとき，A のどんな余因子 $\tilde{a}_{ij}$ も $(n-1)$ 次の行列式である。したがって（iii）は，

n 次の行列式を $(n-1)$ 次の行列式を使って定義

していることになる。このことより 1 次の行列式が求まれば 2 次の行列式が求まり，2 次の行列式が求まれば 3 次の行列式が求まり，……，と順次計算できるようになっている。

このような定義の仕方を“帰納的な定義”という。

また（iii）の番号 j は $1\sim n$ のどれでもよい。本書では証明しないが，どんな j でも行列式 $|A|$ の値はすべて一致することがわかっている。　　　　（説明終）

定義

n 次の行列式 $|A|$ について

$$|A| = a_{1j}\tilde{a}_{1j} + a_{2j}\tilde{a}_{2j} + \cdots + a_{nj}\tilde{a}_{nj} \quad (1 \leqq j \leqq n)$$

を**第 j 列による展開**

$$|A| = a_{i1}\tilde{a}_{i1} + a_{i2}\tilde{a}_{i2} + \cdots + a_{in}\tilde{a}_{in} \quad (1 \leqq i \leqq n)$$

を**第 i 行による展開**という。

《説明》 第 j 列による展開の式は左頁の定義の(iii)に出てきた式である。実はこの(iii)の式は行についての展開式でも $|A|$ の値に一致することがわかっている。これらの展開は，実際の行列式計算，特に簡単な公式のない 4 次以上の行列式計算にはどうしても必要なものである。 (説明終)

例題 21

$\begin{vmatrix} -1 & 2 \\ 3 & -4 \end{vmatrix}$ の値を第 1 列で展開して求めてみよう。

解 第 1 列の成分を上から順に取り出して展開してゆく。余因子の作り方を思い出しながら計算すると

$$\begin{vmatrix} -1 & 2 \\ 3 & -4 \end{vmatrix} = (-1)\cdot(-1)^{1+1}\begin{vmatrix} -1 & 2 \\ 3 & -4 \end{vmatrix} + 3\cdot(-1)^{2+1}\begin{vmatrix} -1 & 2 \\ 3 & -4 \end{vmatrix}$$

$$= (-1)\cdot(+1)|-4| + 3\cdot(-1)|2|$$

$$= 4 - 6 = -2$$

(解終)

余因子

$$\tilde{a}_{ij} = (-1)^{i+j}\begin{vmatrix} & & \\ & a_{ij} & \\ & & \end{vmatrix}$$

練習問題 21 解答は p. 182

$\begin{vmatrix} -1 & 2 \\ 3 & -4 \end{vmatrix}$ の値を第 2 行で展開して求めなさい。

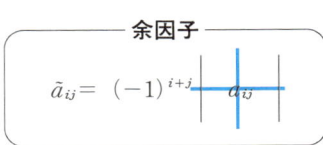

例題 22

$$\begin{vmatrix} 2 & -1 & 2 \\ 4 & 0 & -3 \\ -1 & 2 & 1 \end{vmatrix}$$

左の行列式の値を

（1）　第2行で展開して求めてみよう。

（2）　第2列で展開して求めてみよう。

（3）　サラスの公式で求めてみよう。

解　（1）　第2行で展開すると

$$\begin{vmatrix} 2 & -1 & 2 \\ 4 & 0 & -3 \\ -1 & 2 & 1 \end{vmatrix} = 4\cdot(-1)^{2+1}\begin{vmatrix} 2 & -1 & 2 \\ 4 & 0 & -3 \\ -1 & 2 & 1 \end{vmatrix}$$

$$+0\cdot(-1)^{2+2}\begin{vmatrix} 2 & -1 & 2 \\ 4 & 0 & -3 \\ -1 & 2 & 1 \end{vmatrix}$$

$$+(-3)\cdot(-1)^{2+3}\begin{vmatrix} 2 & -1 & 2 \\ 4 & 0 & -3 \\ -1 & 2 & 1 \end{vmatrix}$$

$$= 4\cdot(-1)\begin{vmatrix} -1 & 2 \\ 2 & 1 \end{vmatrix} + 0 + (-3)\cdot(-1)\begin{vmatrix} 2 & -1 \\ -1 & 2 \end{vmatrix}$$

2次の行列式は“たすきがけ”で計算すると

$$= -4(-1-4)+3(4-1)$$

$$= 20+9 = \boxed{29}$$

2次の行列式

$$\begin{vmatrix} a & b \\ c & d \end{vmatrix} = ad-bc$$

サラスの公式

$$\begin{vmatrix} a_{11} & a_{12} & a_{13} \\ a_{21} & a_{22} & a_{23} \\ a_{31} & a_{32} & a_{33} \end{vmatrix} = a_{11}a_{22}a_{33}+a_{12}a_{23}a_{31}+a_{13}a_{21}a_{32} - a_{13}a_{22}a_{31}-a_{12}a_{21}a_{33}-a_{11}a_{23}a_{32}$$

（2）　第 2 列で展開すると

$$\begin{vmatrix} 2 & -1 & 2 \\ 4 & 0 & -3 \\ -1 & 2 & 1 \end{vmatrix} = (-1)\cdot(-1)^{1+2}\begin{vmatrix} 2 & -1 & 2 \\ 4 & 0 & -3 \\ -1 & 2 & 1 \end{vmatrix}$$

$$+0\cdot(-1)^{2+2}\begin{vmatrix} 2 & -1 & 2 \\ 4 & 0 & -3 \\ -1 & 2 & 1 \end{vmatrix}$$

$$+2\cdot(-1)^{3+2}\begin{vmatrix} 2 & -1 & 2 \\ 4 & 0 & -3 \\ -1 & 2 & 1 \end{vmatrix}$$

$$=(-1)\cdot(-1)\begin{vmatrix} 4 & -3 \\ -1 & 1 \end{vmatrix} + 0 + 2\cdot(-1)\begin{vmatrix} 2 & 2 \\ 4 & -3 \end{vmatrix}$$

2 次の行列式は“たすきがけ”で計算すると

$$=1\cdot(4-3)-2\cdot(-6-8)=\boxed{29}$$

（3）　サラスの公式を思い出して

$$\begin{vmatrix} 2 & -1 & 2 \\ 4 & 0 & -3 \\ -1 & 2 & 1 \end{vmatrix} = 2\cdot 0\cdot 1+(-1)\cdot(-3)\cdot(-1)+2\cdot 4\cdot 2$$

$$-2\cdot 0\cdot(-1)-(-1)\cdot 4\cdot 1-2\cdot(-3)\cdot 2$$

$$=0-3+16-0+4+12=\boxed{29}$$

（解終）

練習問題 22　解答は p. 182

$$\begin{vmatrix} -1 & 3 & 4 \\ 2 & 1 & 0 \\ 6 & -3 & -2 \end{vmatrix}$$

左の行列式の値を

（1）　第 2 行で展開して求めなさい。

（2）　第 3 列で展開して求めなさい。

（3）　サラスの公式で求めなさい。

例題 23

次の行列式の値を 2 次の行列式までおとして求めてみよう。

(1) $\begin{vmatrix} 0 & 2 & 0 & -3 \\ -5 & 0 & 6 & 0 \\ 0 & 4 & 0 & -2 \\ 1 & 0 & -7 & 0 \end{vmatrix}$　　(2) $\begin{vmatrix} 2 & -3 & 5 & 0 \\ 0 & 0 & 1 & 6 \\ 0 & 3 & 2 & -1 \\ 0 & 0 & -4 & 7 \end{vmatrix}$

解　前頁の例題でみたように，なるべく「0」がたくさんある行または列で展開すると，あとの計算がラクである。展開する箇所を ⬭ または ⬯ で示す。

(1)
$$\begin{vmatrix} 0 & 2 & 0 & -3 \\ -5 & 0 & 6 & 0 \\ 0 & 4 & 0 & -2 \\ 1 & 0 & -7 & 0 \end{vmatrix} = 0+2\cdot(-1)^{1+2}\begin{vmatrix} 0 & 2 & 0 & -3 \\ -5 & 0 & 6 & 0 \\ 0 & 4 & 0 & -2 \\ 1 & 0 & -7 & 0 \end{vmatrix}$$
$$+0+(-3)\cdot(-1)^{1+4}\begin{vmatrix} 0 & 2 & 0 & -3 \\ -5 & 0 & 6 & 0 \\ 0 & 4 & 0 & -2 \\ 1 & 0 & -7 & 0 \end{vmatrix}$$
$$= -2\begin{vmatrix} -5 & 6 & 0 \\ 0 & 0 & -2 \\ 1 & -7 & 0 \end{vmatrix} + 3\begin{vmatrix} -5 & 0 & 6 \\ 0 & 4 & 0 \\ 1 & 0 & -7 \end{vmatrix}$$
$$= -2\left\{0+0+(-2)\cdot(-1)^{2+3}\begin{vmatrix} -5 & 6 & 0 \\ 0 & 0 & -2 \\ 1 & -7 & 0 \end{vmatrix}\right\}$$
$$+3\left\{0+4\cdot(-1)^{2+2}\begin{vmatrix} -5 & 0 & 6 \\ 0 & 4 & 0 \\ 1 & 0 & -7 \end{vmatrix}+0\right\}$$
$$= -2\cdot(-2)\cdot(-1)\begin{vmatrix} -5 & 6 \\ 1 & -7 \end{vmatrix} + 3\cdot 4\cdot(+1)\begin{vmatrix} -5 & 6 \\ 1 & -7 \end{vmatrix}$$
$$= -4(35-6)+12(35-6) = \boxed{232}$$

(2) $\begin{vmatrix} 2 & -3 & 5 & 0 \\ 0 & 0 & 1 & 6 \\ 0 & 3 & 2 & -1 \\ 0 & 0 & -4 & 7 \end{vmatrix} = 2\cdot(-1)^{1+1}\begin{vmatrix} 2 & -3 & 5 & 0 \\ 0 & 0 & 1 & 6 \\ 0 & 3 & 2 & -1 \\ 0 & 0 & -4 & 7 \end{vmatrix} + 0 + 0 + 0$

$= 2\cdot(+1)\begin{vmatrix} 0 & 1 & 6 \\ 3 & 2 & -1 \\ 0 & -4 & 7 \end{vmatrix}$

$= 2\left\{0 + 3\cdot(-1)^{2+1}\begin{vmatrix} 0 & 1 & 6 \\ 3 & 2 & -1 \\ 0 & -4 & 7 \end{vmatrix} + 0\right\}$

$= 2\cdot 3\cdot(-1)\begin{vmatrix} 1 & 6 \\ -4 & 7 \end{vmatrix}$

$= -6(7+24) = -186$ (解終)

練習問題 23 解答は p. 183

次の行列式の値を 2 次の行列式までおとして求めなさい。

(1) $\begin{vmatrix} 3 & 4 & 1 & -5 \\ -8 & 1 & -2 & 4 \\ 0 & 0 & 1 & 0 \\ 1 & 0 & 3 & 0 \end{vmatrix}$ (2) $\begin{vmatrix} 4 & 0 & 5 & 1 \\ 0 & -2 & 2 & 0 \\ -3 & 0 & 1 & -1 \\ 0 & 3 & 4 & 0 \end{vmatrix}$

3.2　行列式の性質

これから紹介する各定理は“行”について述べてあるが，“列”についても同じ性質をもつ.

定理 1.8

（1）
$$\begin{vmatrix} a_{11} & \cdots\cdots & a_{1n} \\ \vdots & & \vdots \\ a_{i1}+b_{i1} & \cdots\cdots & a_{in}+b_{in} \\ \vdots & & \vdots \\ a_{n1} & \cdots\cdots & a_{nn} \end{vmatrix} = \begin{vmatrix} a_{11} & \cdots & a_{1n} \\ \vdots & & \vdots \\ a_{i1} & \cdots & a_{in} \\ \vdots & & \vdots \\ a_{n1} & \cdots & a_{nn} \end{vmatrix} + \begin{vmatrix} a_{11} & \cdots & a_{1n} \\ \vdots & & \vdots \\ b_{i1} & \cdots & b_{in} \\ \vdots & & \vdots \\ a_{n1} & \cdots & a_{nn} \end{vmatrix}$$

（2）
$$\begin{vmatrix} a_{11} & \cdots & a_{1n} \\ \vdots & & \vdots \\ ka_{i1} & \cdots & ka_{in} \\ \vdots & & \vdots \\ a_{n1} & \cdots & a_{nn} \end{vmatrix} = k\begin{vmatrix} a_{11} & \cdots & a_{1n} \\ \vdots & & \vdots \\ a_{i1} & \cdots & a_{in} \\ \vdots & & \vdots \\ a_{n1} & \cdots & a_{nn} \end{vmatrix}$$

《説明》　(1)，(2)とも左辺を第 i 行で展開し変形すれば右辺が得られる。

(1)の右辺の2つの行列式は，第 i 行だけ異なり，他はすべて同じ成分であることに注意しよう。

(2)は行列のスカラー倍と少し異なっているので間違わないように。

（説明終）

行　列

$$\begin{bmatrix} a_{11} & \cdots & a_{1n} \\ \vdots & & \vdots \\ a_{i1} & \cdots & a_{in} \\ \vdots & & \vdots \\ a_{n1} & \cdots & a_{nn} \end{bmatrix} + \begin{bmatrix} b_{11} & \cdots & b_{1n} \\ \vdots & & \vdots \\ b_{i1} & \cdots & b_{in} \\ \vdots & & \vdots \\ b_{n1} & \cdots & b_{nn} \end{bmatrix} = \begin{bmatrix} a_{11}+b_{11} & \cdots & a_{1n}+b_{1n} \\ \vdots & & \vdots \\ a_{i1}+b_{i1} & \cdots & a_{in}+b_{in} \\ \vdots & & \vdots \\ a_{n1}+b_{n1} & \cdots & a_{nn}+b_{nn} \end{bmatrix}$$

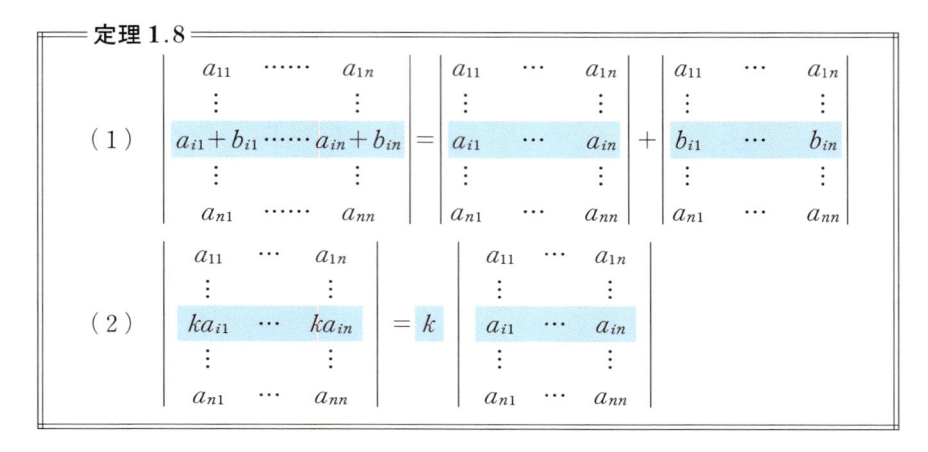

例題 24

$$\begin{vmatrix} 12 & 6 & -3 \\ -4 & 0 & 4 \\ -4 & 3 & 3 \end{vmatrix}$$

左の行列式の値を行または列からなるべく数をくくり出してから，サラスの公式で求めてみよう。

解 行と列からいっぺんにくくり出そうとすると間違えやすい。くくり出す箇所を ■，■ などで示すと

$$\begin{vmatrix} 12 & 6 & -3 \\ -4 & 0 & 4 \\ -4 & 3 & 3 \end{vmatrix} = 4 \begin{vmatrix} 3 & 6 & -3 \\ -1 & 0 & 4 \\ -1 & 3 & 3 \end{vmatrix} = 4 \cdot 3 \begin{vmatrix} 1 & 2 & -1 \\ -1 & 0 & 4 \\ -1 & 3 & 3 \end{vmatrix}$$

もう行にも列にも共通の因子はないので，サラスの公式を使うと

$$\begin{aligned} &= 12\{1\cdot 0\cdot 3 + 2\cdot 4\cdot(-1) + (-1)\cdot(-1)\cdot 3 \\ &\qquad - (-1)\cdot 0\cdot(-1) - 2\cdot(-1)\cdot 3 - 1\cdot 4\cdot 3\} \\ &= 12(0 - 8 + 3 - 0 + 6 - 12) \\ &= 12\cdot(-11) = -132 \end{aligned}$$

（解終）

行　列

$$\begin{bmatrix} k\,a_{11} & \cdots & k\,a_{1n} \\ \vdots & & \vdots \\ k\,a_{i1} & \cdots & k\,a_{in} \\ \vdots & & \vdots \\ k\,a_{n1} & \cdots & k\,a_{nn} \end{bmatrix} = k \begin{bmatrix} a_{11} & \cdots & a_{1n} \\ \vdots & & \vdots \\ a_{i1} & \cdots & a_{in} \\ \vdots & & \vdots \\ a_{n1} & \cdots & a_{nn} \end{bmatrix}$$

練習問題 24 解答は p. 184

$$\begin{vmatrix} -5 & 2 & 0 \\ 0 & 8 & 6 \\ 5 & 6 & 2 \end{vmatrix}$$

左の行列式の値を行または列からなるべく数をくくり出してから，サラスの公式を使って求めなさい。

定理 1.9

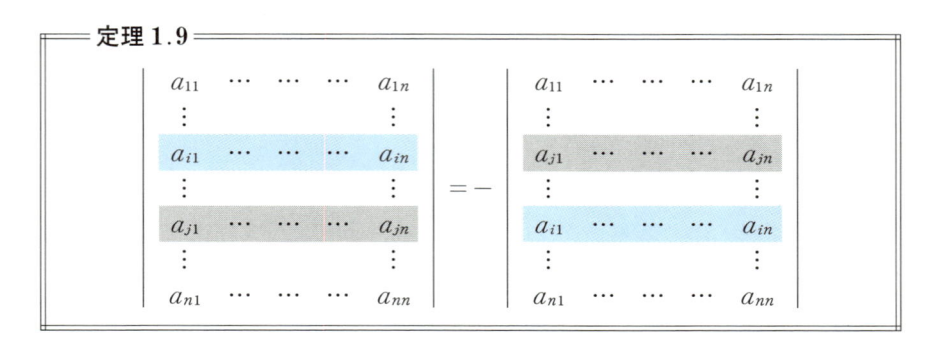

$$\begin{vmatrix} a_{11} & \cdots & \cdots & \cdots & a_{1n} \\ \vdots & & & & \vdots \\ a_{i1} & \cdots & \cdots & \cdots & a_{in} \\ \vdots & & & & \vdots \\ a_{j1} & \cdots & \cdots & \cdots & a_{jn} \\ \vdots & & & & \vdots \\ a_{n1} & \cdots & \cdots & \cdots & a_{nn} \end{vmatrix} = - \begin{vmatrix} a_{11} & \cdots & \cdots & \cdots & a_{1n} \\ \vdots & & & & \vdots \\ a_{j1} & \cdots & \cdots & \cdots & a_{jn} \\ \vdots & & & & \vdots \\ a_{i1} & \cdots & \cdots & \cdots & a_{in} \\ \vdots & & & & \vdots \\ a_{n1} & \cdots & \cdots & \cdots & a_{nn} \end{vmatrix}$$

《説明》　第 i 行と第 j 行をそっくり入れかえると“$-$”だけ値がずれることを意味している。たとえば

$$\begin{vmatrix} 1 & 2 & 3 \\ 8 & 7 & 6 \\ 4 & 3 & 2 \end{vmatrix} = - \begin{vmatrix} 1 & 2 & 3 \\ 4 & 3 & 2 \\ 8 & 7 & 6 \end{vmatrix}$$

$$\begin{vmatrix} 1 & 2 & 3 & 4 \\ 8 & 7 & 6 & 5 \\ 4 & 3 & 2 & 1 \\ 5 & 6 & 7 & 8 \end{vmatrix} = - \begin{vmatrix} 4 & 2 & 3 & 1 \\ 5 & 7 & 6 & 8 \\ 1 & 3 & 2 & 4 \\ 8 & 6 & 7 & 5 \end{vmatrix}$$

まず隣り合った行どうしを入れかえると“$-$”だけずれることを示し，それを使って上記の一般の場合を示すことができる。　　　　（説明終）

定理 1.10

$$\begin{vmatrix} a_{11} & \cdots\cdots & a_{1n} \\ \vdots & & \vdots \\ a_{i1} & \cdots\cdots & a_{in} \\ \vdots & & \vdots \\ a_{i1} & \cdots\cdots & a_{in} \\ \vdots & & \vdots \\ a_{n1} & \cdots\cdots & a_{nn} \end{vmatrix} = 0$$

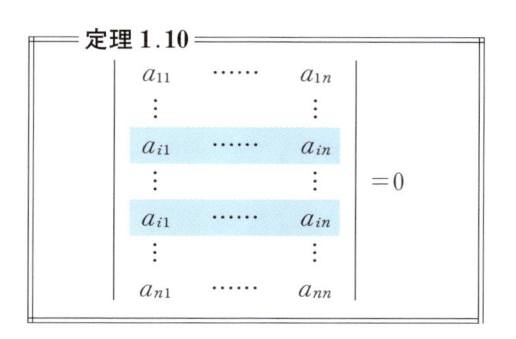

《説明》 2つの行または列が全く同じならば，行列式の値は0となる。

この定理は定理1.9において“第 i 行＝第 j 行”とすれば導ける。

（説明終）

例題 25

$\begin{vmatrix} 2 & 4 & 6 \\ 8 & 7 & 6 \\ 1 & 2 & 3 \end{vmatrix}$ の値を求めてみよう。

解　1行目から“2”をくくり出して数字をよくみると

$$\begin{vmatrix} 2 & 4 & 6 \\ 8 & 7 & 6 \\ 1 & 2 & 3 \end{vmatrix} = 2 \begin{vmatrix} 1 & 2 & 3 \\ 8 & 7 & 6 \\ 1 & 2 & 3 \end{vmatrix} = 2 \cdot 0 = 0$$

（解終）

練習問題 25　解答は p. 184

$\begin{vmatrix} 8 & 7 & 6 \\ 3 & 6 & 9 \\ 2 & 4 & 6 \end{vmatrix}$ の値を求めなさい。

定理 1.11

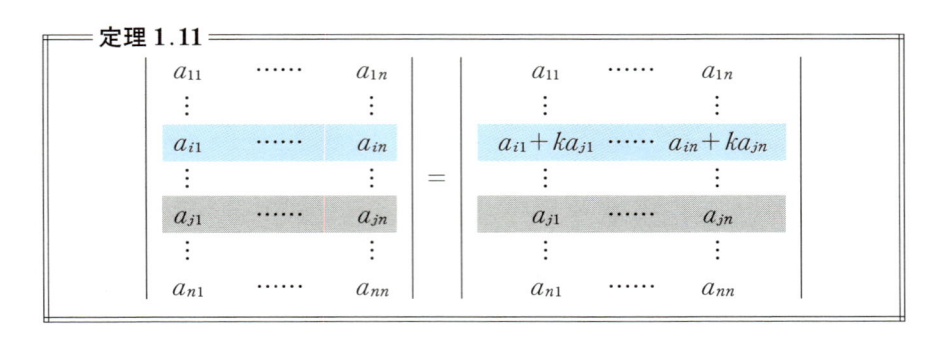

$$\begin{vmatrix} a_{11} & \cdots\cdots & a_{1n} \\ \vdots & & \vdots \\ a_{i1} & \cdots\cdots & a_{in} \\ \vdots & & \vdots \\ a_{j1} & \cdots\cdots & a_{jn} \\ \vdots & & \vdots \\ a_{n1} & \cdots\cdots & a_{nn} \end{vmatrix} = \begin{vmatrix} a_{11} & \cdots\cdots & a_{1n} \\ \vdots & & \vdots \\ a_{i1}+ka_{j1} & \cdots\cdots & a_{in}+ka_{jn} \\ \vdots & & \vdots \\ a_{j1} & \cdots\cdots & a_{jn} \\ \vdots & & \vdots \\ a_{n1} & \cdots\cdots & a_{nn} \end{vmatrix}$$

《説明》 右辺の第 i 行の足し算を定理 1.8(1)(p. 56)を使って2つに分け，定理 1.8(2)と定理 1.10(p. 59)を使えば左辺となることが示せる。

この変形は行列の行基本変形の1つと同じで，行列式の場合には列変形にも使える。成分に0を作るときに便利。

行列の行基本変形の場合，変形前と変形後は“行列”として異なったものなので“＝”は使えない。行列式の変形では，“行列式”として同じものなので“＝”となる。

$$\begin{bmatrix} a_{11} & \cdots & a_{1n} \\ \vdots & & \vdots \\ a_{n1} & \cdots & a_{nn} \end{bmatrix} \xrightarrow[\text{行基本変形}]{\text{行列の}} \begin{bmatrix} b_{11} & \cdots & b_{1n} \\ \vdots & & \vdots \\ b_{n1} & \cdots & b_{nn} \end{bmatrix}$$

$$\begin{vmatrix} a_{11} & \cdots & a_{1n} \\ \vdots & & \vdots \\ a_{n1} & \cdots & a_{nn} \end{vmatrix} \underset{\text{行または列変形}}{\overset{\text{行列式の}}{=}} \begin{vmatrix} b_{11} & \cdots & b_{1n} \\ \vdots & & \vdots \\ b_{n1} & \cdots & b_{nn} \end{vmatrix}$$

（説明終）

例題 26

$$\begin{vmatrix} 1 & -1 & 2 \\ -2 & 1 & 4 \\ 0 & -3 & 1 \end{vmatrix}$$

左の行列式の値を次の順で求めてみよう。

（1） 第 2 行に（第 1 行）×2 を加える。

（2） 第 1 列で展開する。

（3） 2 次の行列式を計算する。

解　行変形は ⓘ，列変形は ⓘ′ の記号を使うと

$$\begin{vmatrix} 1 & -1 & 2 \\ -2 & 1 & 4 \\ 0 & -3 & 1 \end{vmatrix} \overset{②+①\times 2}{=} \begin{vmatrix} 1 & -1 & 2 \\ -2+1\times 2 & 1+(-1)\times 2 & 4+2\times 2 \\ 0 & -3 & 1 \end{vmatrix}$$

$$= \begin{vmatrix} 1 & -1 & 2 \\ 0 & -1 & 8 \\ 0 & -3 & 1 \end{vmatrix}$$

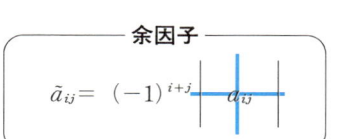

$$\underset{展開}{\overset{①'で}{=}} 1\cdot(-1)^{1+1}\begin{vmatrix} -1 & 8 \\ -3 & 1 \end{vmatrix} = (-1)\cdot 1-8\cdot(-3) = \boxed{23}$$

（解終）

なるほど，
0 をたくさん作ってから
展開するのね。

余因子

$\tilde{a}_{ij} = (-1)^{i+j}$ | a_{ij} |（第 i 行と第 j 列を除いた行列式）

練習問題 26

解答は p. 184

$$\begin{vmatrix} 2 & -1 & -1 \\ 1 & 0 & 3 \\ 1 & -3 & 2 \end{vmatrix}$$

左の行列式の値を次の順で求めなさい。

（1） 第 3 列に（第 1 列）×（−3）を加える。

（2） 第 2 行で展開する。

（3） 2 次の行列式を計算する。

例題 27

2次の行列式までおとして次の行列式の値を求めてみよう。

(1) $\begin{vmatrix} 1 & -1 & 1 \\ -1 & -1 & -1 \\ 1 & 1 & -1 \end{vmatrix}$　　(2) $\begin{vmatrix} -4 & -2 & 3 \\ 2 & -2 & 7 \\ 8 & 6 & -5 \end{vmatrix}$

解　1つの行または列に0を出来るだけ多く作ってから展開する。数字をよく見て，どの行，どの列に0を作るか決めよう。“掃き出し法”と同様に“1”や“−1”に注目。

（1）　第1列に0を多く作ることにすると，行変形をして

$$\begin{vmatrix} 1 & -1 & 1 \\ -1 & -1 & -1 \\ 1 & 1 & -1 \end{vmatrix} \underset{③+①\times(-1)}{\overset{②+①\times1}{=}} \begin{vmatrix} 1 & -1 & 1 \\ -1+1\times1 & -1+(-1)\times1 & -1+1\times1 \\ 1+1\times(-1) & 1+(-1)\times(-1) & -1+1\times(-1) \end{vmatrix}$$

$$= \begin{vmatrix} 1 & -1 & 1 \\ 0 & -2 & 0 \\ 0 & 2 & -2 \end{vmatrix}$$

$$\underset{展開}{\overset{①'で}{=}} 1\cdot(-1)^{1+1}\begin{vmatrix} -2 & 0 \\ 2 & -2 \end{vmatrix} = (-2)\cdot(-2)-0\cdot2 = \boxed{4}$$

行　列

$$\begin{bmatrix} \cdots & \cdots & \cdots \\ \cdots & \cdots & \cdots \\ ka_{i1} & \cdots & ka_{in} \\ \cdots & \cdots & \cdots \end{bmatrix} \underset{ⓘ\times k}{\overset{ⓘ\times\frac{1}{k}}{\rightleftarrows}} \begin{bmatrix} \cdots & \cdots & \cdots \\ \cdots & \cdots & \cdots \\ a_{i1} & \cdots & a_{in} \\ \cdots & \cdots & \cdots \end{bmatrix} \quad (k\neq0)$$

$$\begin{bmatrix} ka_{11} & \cdots & ka_{1n} \\ \vdots & & \vdots \\ ka_{n1} & \cdots & ka_{nn} \end{bmatrix} = k\begin{bmatrix} a_{11} & \cdots & a_{1n} \\ \vdots & & \vdots \\ a_{n1} & \cdots & a_{nn} \end{bmatrix}$$

（2） "±1"が1つもないが，第1列と第2列はともに2でくくれるので

$$\begin{vmatrix} -4 & -2 & 3 \\ 2 & -2 & 7 \\ 8 & 6 & -5 \end{vmatrix} = 2 \cdot 2 \cdot \begin{vmatrix} -2 & -1 & 3 \\ 1 & -1 & 7 \\ 4 & 3 & -5 \end{vmatrix}$$

第1行に0を作ることにすると，列変形して

$$= 4 \begin{vmatrix} -2 & \textcircled{-1} & 3 \\ 1 & -1 & 7 \\ 4 & 3 & -5 \end{vmatrix}$$

$$\overset{①'+②'\times(-2)}{\underset{③'+②'\times 3}{=}} 4 \begin{vmatrix} -2+(-1)\times(-2) & -1 & 3+(-1)\times 3 \\ 1+(-1)\times(-2) & -1 & 7+(-1)\times 3 \\ 4+3\times(-2) & 3 & -5+3\times 3 \end{vmatrix}$$

$$= 4 \begin{vmatrix} 0 & -1 & 0 \\ 3 & -1 & 4 \\ -2 & 3 & 4 \end{vmatrix}$$

$$\overset{①で}{\underset{展開}{=}} 4\cdot(-1)\cdot(-1)^{1+2} \begin{vmatrix} 3 & 4 \\ -2 & 4 \end{vmatrix}$$

$$= 4\{3\cdot 4 - 4\cdot(-2)\} = 80$$

（解終）

行 列 式

$$\begin{vmatrix} \cdots & \cdots & \cdots \\ \cdots & \cdots & \cdots \\ ka_{i1} & \cdots & ka_{in} \\ \cdots & \cdots & \cdots \end{vmatrix} = k \begin{vmatrix} \cdots & \cdots & \cdots \\ \cdots & \cdots & \cdots \\ a_{i1} & \cdots & a_{in} \\ \cdots & \cdots & \cdots \end{vmatrix}$$

練習問題 27 解答は p. 185

2次の行列式までおとして次の行列式の値を求めなさい。

(1) $\begin{vmatrix} 1 & -1 & -1 \\ -3 & 2 & -1 \\ 1 & -2 & 3 \end{vmatrix}$　　(2) $\begin{vmatrix} -4 & -6 & 6 \\ 6 & 3 & 2 \\ 5 & 6 & 5 \end{vmatrix}$

例題 28

$$\begin{vmatrix} 0 & 2 & -5 & 4 \\ -1 & -2 & 0 & 4 \\ 1 & -3 & -1 & 2 \\ 2 & 1 & -3 & 4 \end{vmatrix}$$ の値を2次の行列式までおとして求めてみよう。

解　成分をよく見て変形の方針を立てよう。

たとえば第4列から"2"をくくり出してから第1列に0を増やしてゆくと

$$\begin{vmatrix} 0 & 2 & -5 & 4 \\ -1 & -2 & 0 & 4 \\ 1 & -3 & -1 & 2 \\ 2 & 1 & -3 & 4 \end{vmatrix} = 2\begin{vmatrix} 0 & 2 & -5 & 2 \\ -1 & -2 & 0 & 2 \\ 1 & -3 & -1 & 1 \\ 2 & 1 & -3 & 2 \end{vmatrix}$$

$$\underset{④+③\times(-2)}{\overset{②+③\times1}{=}} 2\begin{vmatrix} 0 & 2 & -5 & 2 \\ 0 & -5 & -1 & 3 \\ 1 & -3 & -1 & 1 \\ 0 & 7 & -1 & 0 \end{vmatrix} \underset{\text{展開}}{\overset{①'\text{で}}{=}} 2\cdot1\cdot(-1)^{3+1}\begin{vmatrix} 2 & -5 & 2 \\ -5 & -1 & 3 \\ 7 & -1 & 0 \end{vmatrix}$$

ここでまた数字をよく見よう。第3行に0を増やすと

$$\overset{①'+②'\times7}{=} 2\begin{vmatrix} -33 & -5 & 2 \\ -12 & -1 & 3 \\ 0 & -1 & 0 \end{vmatrix} \underset{\text{展開}}{\overset{③\text{で}}{=}} 2\cdot(-1)\cdot(-1)^{3+2}\begin{vmatrix} -33 & 2 \\ -12 & 3 \end{vmatrix}$$

$$=2\{(-33)\cdot3-2\cdot(-12)\}=-150$$

（解終）

練習問題 28　解答は p. 186

$$\begin{vmatrix} 6 & 4 & 0 & -6 \\ 9 & -1 & -2 & 0 \\ -6 & 0 & 3 & 1 \\ 0 & -1 & 1 & 2 \end{vmatrix}$$ の値を2次の行列式にまでおとしてから求めなさい。

最後に次の定理をあげておく。

定理 1.12

（1） $|E| = \begin{vmatrix} 1 & 0 & 0 \\ 0 & 1 & 0 \\ 0 & 0 & 1 \end{vmatrix} = 1$

（2） $\begin{vmatrix} a_1 & * & * \\ 0 & a_2 & * \\ 0 & 0 & a_3 \end{vmatrix} = \begin{vmatrix} a_1 & 0 & 0 \\ * & a_2 & 0 \\ * & * & a_3 \end{vmatrix} = a_1a_2a_3$

（3） $\begin{vmatrix} * & * & * \\ 0 & 0 & 0 \\ * & * & * \end{vmatrix} = \begin{vmatrix} * & * & 0 \\ * & * & 0 \\ * & * & 0 \end{vmatrix} = 0$

《**説明**》 いずれも一般の n 次行列式について成立する。
（3）の0ばかり並ぶ行または列はどこでもよい。 （説明終）

定理 1.13

$|AB| = |A||B|$

定理 1.12 で，(2) のような成分をもつ行列を上三角行列，下三角行列というのよ。

《**説明**》 本書では証明できないが，行列の積と行列式の積の重要な関係である。

（説明終）

3.3　逆行列の存在条件

n 次の正方行列 A に対して

$$AX = XA = E$$

となる行列 X が存在するとき，行列 A は正則であるといい，X を A^{-1} とかくのであった。

それではどんな時，行列 A は正則となるのだろう。その条件を調べてみよう。

まず次の新しい行列が必要となる。

定義

一般の (m, n) 行列 $A = \begin{bmatrix} a_{11} & \cdots & a_{1j} & \cdots & a_{1n} \\ \vdots & & \vdots & & \vdots \\ a_{i1} & \cdots & a_{ij} & \cdots & a_{in} \\ \vdots & & \vdots & & \vdots \\ a_{m1} & \cdots & a_{mj} & \cdots & a_{mn} \end{bmatrix}$ ← 第 i 行

↑ 第 j 列

に対して，行と列を全部入れかえてできる (n, m) 行列

$$\begin{bmatrix} a_{11} & \cdots & a_{i1} & \cdots & a_{m1} \\ \vdots & & \vdots & & \vdots \\ a_{1j} & \cdots & a_{ij} & \cdots & a_{mj} \\ \vdots & & \vdots & & \vdots \\ a_{1n} & \cdots & a_{in} & \cdots & a_{mn} \end{bmatrix}$$ ← 第 j 行

↑ 第 i 行

を A の**転置行列**といい，${}^tA$ で表わす。

《説明》　ただ A の行と列を入れかえれば ${}^tA$ ができる。たとえば

$${}^t\begin{bmatrix} 1 & 2 \\ 3 & 4 \end{bmatrix} = \begin{bmatrix} 1 & 3 \\ 2 & 4 \end{bmatrix}, \qquad {}^t\begin{bmatrix} 1 & 5 \\ 2 & 6 \\ 3 & 7 \end{bmatrix} = \begin{bmatrix} 1 & 2 & 3 \\ 5 & 6 & 7 \end{bmatrix}$$

また ${}^t(AB) = {}^tB\,{}^tA$，$|{}^tA| = |A|$ という性質をもつ。　（説明終）

定義

n 次正方行列 A に対して

$$\tilde{A} = {}^t\begin{bmatrix} \tilde{a}_{11} & \cdots & \tilde{a}_{1n} \\ \vdots & & \vdots \\ \tilde{a}_{n1} & \cdots & \tilde{a}_{nn} \end{bmatrix}$$

を A の**余因子行列**という。

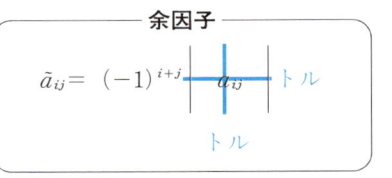

余因子

$\tilde{a}_{ij} = (-1)^{i+j}|a_{ij}|$ トル（i 行）、トル（j 列）

《説明》 ちょっと複雑な行列である。まず A の (i, j) 成分 a_{ij} の余因子 $\tilde{a}_{ij}$ を求め，その値を同じ (i, j) の位置にかいておく。全部求まったら，行と列を入れかえて転置行列を作ると，A の余因子行列の出来上がり。

この行列は A の逆行列 A^{-1} を構成する大切な部分となる。（説明終）

例題 29

$A = \begin{bmatrix} 1 & 2 \\ 3 & 4 \end{bmatrix}$ の余因子行列 $\tilde{A}$ を求めてみよう。

解　A の各余因子を求めると

$$\tilde{a}_{11} = (-1)^{1+1}|4| = 4, \qquad \tilde{a}_{12} = (-1)^{1+2}|3| = -3$$

$$\tilde{a}_{21} = (-1)^{2+1}|2| = -2, \qquad \tilde{a}_{22} = (-1)^{2+2}|1| = 1$$

$$\therefore \quad \tilde{A} = {}^t\begin{bmatrix} 4 & -3 \\ -2 & 1 \end{bmatrix} = \begin{bmatrix} 4 & -2 \\ -3 & 1 \end{bmatrix}$$

（解終）

転置行列

${}^tA = A$ の行と列を入れかえた行列

練習問題 29 解答は p. 186

$B = \begin{bmatrix} 5 & -6 \\ -7 & 8 \end{bmatrix}$ の余因子行列 $\tilde{B}$ を求めなさい。

定理 1.14

n 次正方行列 A と余因子行列 $\tilde{A}$ について

$$A\tilde{A}=\tilde{A}A=|A|E$$

が成立する。

単位行列

$$E=\begin{bmatrix} 1 & 0 & \cdots & 0 \\ 0 & 1 & \ddots & \vdots \\ \vdots & \ddots & \ddots & 0 \\ 0 & \cdots & 0 & 1 \end{bmatrix}$$

【証明】 $A\tilde{A}=|A|E$ を示す。($\tilde{A}A=|A|E$ も同様に示せる。)

$$A\tilde{A}=\begin{bmatrix} a_{11} & \cdots & a_{1n} \\ \vdots & & \vdots \\ a_{i1} & \cdots & a_{in} \\ \vdots & & \vdots \\ a_{n1} & \cdots & a_{nn} \end{bmatrix}\begin{bmatrix} \tilde{a}_{11}\cdots & \tilde{a}_{j1} & \cdots\tilde{a}_{n1} \\ \vdots & \vdots & \vdots \\ \vdots & \vdots & \vdots \\ \tilde{a}_{1n}\cdots & \tilde{a}_{jn} & \cdots\tilde{a}_{nn} \end{bmatrix}=\begin{bmatrix} b_{11} & \cdots & b_{1n} \\ \vdots & & \vdots \\ \vdots & & \vdots \\ b_{n1} & \cdots & b_{nn} \end{bmatrix}$$

とおくと行列の積 $A\tilde{A}$ の (i,j) 成分 b_{ij} は

$$\begin{aligned} b_{ij}&=A\tilde{A}\text{ の }(i,j)\text{成分}=(A\text{ の第 }i\text{ 行})\text{と}(\tilde{A}\text{ の第 }j\text{ 列})\text{の積和} \\ &=a_{i1}\tilde{a}_{j1}+a_{i2}\tilde{a}_{j2}+\cdots+a_{in}\tilde{a}_{jn} \end{aligned}$$

となる。ここで $i=j$ であれば，この式は $|A|$ の第 i 行での展開にほかならない。他方，$i \neq j$ のとき，この式は第 i 行と第 j 行が一致している行列の行列式

$$\begin{vmatrix} a_{11} & \cdots\cdots & a_{1n} \\ \vdots & & \vdots \\ a_{i1} & \cdots\cdots & a_{in} \\ \vdots & & \vdots \\ a_{i1} & \cdots\cdots & a_{in} \\ \vdots & & \vdots \\ a_{n1} & \cdots\cdots & a_{nn} \end{vmatrix}\begin{matrix} \\ \\ \leftarrow\text{第 }i\text{ 行} \\ \\ \leftarrow\text{第 }j\text{ 行} \\ \\ \\ \end{matrix}$$

の第 j 行による展開式になっている。この行列式は2つの行が全く同じなので値は0である(p. 59，定理1.10)。

$$\therefore\quad b_{ij}=\begin{cases} |A| & (i=j) \\ 0 & (i \neq j) \end{cases}$$

以上より

$$A\tilde{A}=\begin{bmatrix} |A| & \cdots & 0 \\ \vdots & \ddots & \vdots \\ 0 & \cdots & |A| \end{bmatrix}=|A|\begin{bmatrix} 1 & \cdots & 0 \\ \vdots & \ddots & \vdots \\ 0 & \cdots & 1 \end{bmatrix}=|A|E$$

(証明終)

定理 1.15

正方行列 A に対して次のことが成立する。

（1）　A が正則　$\Longleftrightarrow$　$|A| \neq 0$

（2）　A が正則なとき　$A^{-1} = \dfrac{1}{|A|}\tilde{A}$

《説明》　(1)は逆行列が存在するための条件である。

(2)は逆行列の“公式”といえる式であるが，実際の計算は前に勉強した“掃き出し法”の方が便利である。　（説明終）

【証明】　(1)は両方の矢印 ⇒ と ⇐ を示さなくてはいけない。

⇒)　A が正則のとき，

$$AX = XA = E$$

となる X が存在する。行列式をとると

$$|AX| = |XA| = |E|$$

定理 1.13 を使うと

$$|A||X| = |X||A| = 1$$

$$\therefore \quad |A| \neq 0$$

正　則

A が正則

$\Longleftrightarrow$　$AX = XA = E$ となる X が存在

定理 1.13

$|AB| = |A||B|$

⇐)　$|A| \neq 0$ のとき

$$X = \frac{1}{|A|}\tilde{A}$$

とおくと定理 1.14 より

$$AX = A\left(\frac{1}{|A|}\tilde{A}\right) = \frac{1}{|A|}A\tilde{A} = \frac{1}{|A|}|A|E = E$$

同様に $XA = E$ も示せる。ゆえに

$$AX = XA = E$$

となる X が存在するので A は正則である。

定理 1.14

$A\tilde{A} = \tilde{A}A = |A|E$

(2)　(1)の証明より

$$A^{-1} = \frac{1}{|A|}\tilde{A}$$

（証明終）

例題 30

次の行列について，正則行列なら逆行列を求めてみよう。

(1)　$A=\begin{bmatrix} -1 & 2 \\ 3 & -4 \end{bmatrix}$　　(2)　$B=\begin{bmatrix} 2 & 1 \\ 6 & 3 \end{bmatrix}$

解　まず正則かどうか調べてみよう。

(1)　$|A|=\begin{vmatrix} -1 & 2 \\ 3 & -4 \end{vmatrix}$

$=(-1)\cdot(-4)-2\cdot 3=-2\neq 0$

ゆえに A は正則である。

次に $\tilde{A}$ を求めるために余因子を計算すると

$\tilde{a}_{11}=(-1)^{1+1}|-4|=-4$

$\tilde{a}_{12}=(-1)^{1+2}|3|=-3$

$\tilde{a}_{21}=(-1)^{2+1}|2|=-2$

$\tilde{a}_{22}=(-1)^{2+2}|-1|=-1$

$\therefore\quad \tilde{A}={}^t\begin{bmatrix} -4 & -3 \\ -2 & -1 \end{bmatrix}=\begin{bmatrix} -4 & -2 \\ -3 & -1 \end{bmatrix}$

ゆえに

$A^{-1}=\dfrac{1}{|A|}\tilde{A}=\dfrac{1}{-2}\begin{bmatrix} -4 & -2 \\ -3 & -1 \end{bmatrix}=\dfrac{-1}{-2}\begin{bmatrix} 4 & 2 \\ 3 & 1 \end{bmatrix}$

$\therefore\quad A^{-1}=\dfrac{1}{2}\begin{bmatrix} 4 & 2 \\ 3 & 1 \end{bmatrix}$

(2)　$|B|=\begin{vmatrix} 2 & 1 \\ 6 & 3 \end{vmatrix}=2\cdot 3-1\cdot 6=0$

ゆえに B は正則でないので逆行列は存在しない。　(解終)

正則条件

A：正則　$\Longleftrightarrow$　$|A|\neq 0$

A^{-1} の公式

$A^{-1}=\dfrac{1}{|A|}\tilde{A}$

余因子行列

$\tilde{A}={}^t\begin{bmatrix} \tilde{a}_{11} & \cdots & \tilde{a}_{1n} \\ \vdots & & \vdots \\ \tilde{a}_{n1} & \cdots & \tilde{a}_{nn} \end{bmatrix}$

転置行列

${}^tA=A$ の行と列を入れかえた行列

練習問題 30　解答は p. 187

次の行列について，正則ならば逆行列を求めなさい。

(1)　$C=\begin{bmatrix} 6 & -3 \\ -4 & 2 \end{bmatrix}$　　(2)　$D=\begin{bmatrix} -2 & 3 \\ -2 & 4 \end{bmatrix}$

3.4 クラメールの公式

未知数の数と式の数が同じである連立1次方程式

$$(*)\quad \begin{cases} a_{11}x_1+a_{12}x_2+\cdots+a_{1n}x_n=b_1 \\ a_{21}x_1+a_{22}x_2+\cdots+a_{2n}x_n=b_2 \\ \qquad\cdots\cdots \\ a_{n1}x_1+a_{n2}x_2+\cdots+a_{nn}x_n=b_n \end{cases}$$

は,

$$A=\begin{bmatrix} a_{11} & \cdots & a_{1n} \\ \vdots & & \vdots \\ a_{n1} & \cdots & a_{nn} \end{bmatrix},\qquad X=\begin{bmatrix} x_1 \\ \vdots \\ x_n \end{bmatrix},\qquad B=\begin{bmatrix} b_1 \\ \vdots \\ b_n \end{bmatrix}$$

とおくと

$$AX=B$$

とかけた。ここで係数行列 A は n 次の正方行列である。この連立1次方程式の解について次の定理が成立する。

定理 1.16 [クラメールの公式]

$|A|\neq 0$ のとき,連立1次方程式(＊)はただ1組の解をもち,その解は

$$x_1=\frac{|A_1|}{|A|},\quad x_2=\frac{|A_2|}{|A|},\quad \cdots,\quad x_n=\frac{|A_n|}{|A|}$$

である。ただし,A_i は係数行列 A の第 i 列を B の成分で入れかえた行列で

$$A_i=\begin{bmatrix} a_{11}\cdots & b_1 & \cdots a_{1n} \\ \vdots & \vdots & \vdots \\ a_{n1}\cdots & b_n & \cdots a_{nn} \end{bmatrix}\qquad (i=1,2,\cdots,n)$$

《説明》 $|A|\neq 0$ のときの解の公式で,**クラメールの公式**と呼ばれる。この公式もあまり実用的ではなく,おもに証明などの理論的考察に使われる。

(説明終)

【証明】　連立1次方程式(＊)は

$$AX=B$$

とかけた。$|A|\neq 0$ より A^{-1} が存在するので左から A^{-1} をかけることにより

$$X=A^{-1}B=\left(\frac{1}{|A|}\tilde{A}\right)B=\frac{1}{|A|}\tilde{A}B$$

解 x_i は X の $(i,1)$ 成分なので

$$x_i=\frac{1}{|A|}\{(\tilde{A}\text{ の第 }i\text{ 行})\text{と}(B\text{ の第1列})\text{の積和}\}$$

$$=\frac{1}{|A|}(\tilde{a}_{1i}b_1+\tilde{a}_{2i}b_2+\cdots+\tilde{a}_{ni}b_n)$$

$$=\frac{1}{|A|}(b_1\tilde{a}_{1i}+b_2\tilde{a}_{2i}+\cdots+b_n\tilde{a}_{ni})$$

ここで $|A|$ の第 i 列での展開式

$$a_{1i}\tilde{a}_{1i}+\cdots+a_{ni}\tilde{a}_{ni}$$

と比較することにより，上式は次の行列式の第 i 列での展開式となることがわかるので

$$=\frac{1}{|A|}\begin{vmatrix} a_{11} & \cdots & b_1 & \cdots & a_{1n} \\ \vdots & & b_2 & & \vdots \\ \vdots & & \vdots & & \vdots \\ a_{n1} & \cdots & b_n & \cdots & a_{nn} \end{vmatrix}$$

$$\therefore\quad x_i=\frac{|A_i|}{|A|}\quad \text{ただし}\quad A_i=\begin{bmatrix} a_{11} & \cdots & b_1 & \cdots & a_{1n} \\ \vdots & & \vdots & & \vdots \\ a_{n1} & \cdots & b_n & \cdots & a_{nn} \end{bmatrix}$$

└─ 第 i 列

逆行列

$$AA^{-1}=A^{-1}A=E$$

$$A^{-1}=\frac{1}{|A|}\tilde{A}$$

余因子行列

第 i 列 ↓

$$\tilde{A}={}^t\begin{bmatrix} \tilde{a}_{11} & \cdots & \tilde{a}_{1i} & \cdots & \tilde{a}_{1n} \\ \vdots & & \vdots & & \vdots \\ \tilde{a}_{n1} & \cdots & \tilde{a}_{ni} & \cdots & \tilde{a}_{nn} \end{bmatrix}$$

$$=\begin{bmatrix} \tilde{a}_{11} & \cdots & \tilde{a}_{n1} \\ \vdots & & \vdots \\ \tilde{a}_{1i} & \cdots & \tilde{a}_{ni} \\ \vdots & & \vdots \\ \tilde{a}_{1n} & \cdots & \tilde{a}_{nn} \end{bmatrix}\ \leftarrow\text{第 }i\text{ 行}$$

余因子

$$\tilde{a}_{ij}=(-1)^{i+j}\,a_{ij}$$

また2組の解 X,Y が存在すると仮定すると

$$AX=B,\qquad AY=B$$

が成立するが，辺々を引くことにより $X=Y$ であることが示せる。このことより解はただ1組であることが示せる。　　　　（証明終）

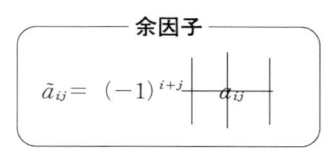

例題 31

$$\begin{cases} x_1+2x_2=5 \\ 3x_1+4x_2=6 \end{cases}$$ をクラメールの公式で解いてみよう。

解　方程式を行列で表わすと

$$\begin{bmatrix} 1 & 2 \\ 3 & 4 \end{bmatrix}\begin{bmatrix} x_1 \\ x_2 \end{bmatrix}=\begin{bmatrix} 5 \\ 6 \end{bmatrix}$$

係数行列 A について

$$|A|=\begin{vmatrix} 1 & 2 \\ 3 & 4 \end{vmatrix}=1\cdot4-2\cdot3$$

$$=-2\neq0$$

なので，ただ1組の解が存在する。

$|A_1|$, $|A_2|$ を計算すると

$$|A_1|=\begin{vmatrix} 5 & 2 \\ 6 & 4 \end{vmatrix}=5\cdot4-2\cdot6=8$$

x_1 の係数を定数項と入れかえる。

x_2 の係数を定数項と入れかえる。

$$|A_2|=\begin{vmatrix} 1 & 5 \\ 3 & 6 \end{vmatrix}=1\cdot6-5\cdot3=-9$$

クラメールの公式に代入して

$$x_1=\frac{|A_1|}{|A|}=\frac{8}{-2}=-4$$

$$x_2=\frac{|A_2|}{|A|}=\frac{-9}{-2}=\frac{9}{2}$$

$$\therefore\quad x_1=-4,\quad x_2=\frac{9}{2}$$ （解終）

クラメールの公式

$$AX=B,\quad |A|\neq0$$

$$\Rightarrow\quad x_i=\frac{|A_i|}{|A|}$$

$$A_i=\begin{bmatrix} a_{11}\cdots & b_1 & \cdots a_{1n} \\ \vdots & \vdots & \vdots \\ a_{n1}\cdots & b_n & \cdots a_{nn} \end{bmatrix}$$

↑
第 i 列

係数行列 A の第 i 列を定数項と入れかえる

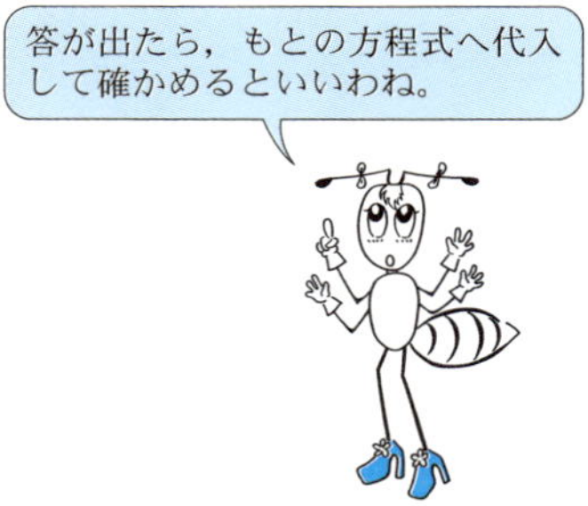

答が出たら，もとの方程式へ代入して確かめるといいわね。

練習問題 31　解答は p. 187

$$\begin{cases} 5x-3y=2 \\ 3x-2y=-1 \end{cases}$$ をクラメールの公式で解きなさい。

総合練習 1-3

1. 次の行列式の値を求めなさい。

(1) $\begin{vmatrix} 2 & 2 & 6 \\ 3 & 2 & 5 \\ 4 & 3 & 3 \end{vmatrix}$　　(2) $\begin{vmatrix} -2 & 3 & 3 & -4 \\ 3 & 4 & 0 & 2 \\ 4 & 2 & 4 & 3 \\ 7 & -2 & -3 & 5 \end{vmatrix}$

2. $A=\begin{bmatrix} 3 & 3 & 1 \\ 1 & 2 & -1 \\ 6 & 3 & 4 \end{bmatrix}$ について

（1） 行列式 $|A|$ の値を求め，A が正則行列であることを確認しなさい。

（2） 余因子行列 $\tilde{A}$ を求めなさい。

（3） $A^{-1}=\dfrac{1}{|A|}\tilde{A}$ を用いて A^{-1} を求めなさい。

（4） (3)で求めた A^{-1} が $AA^{-1}=A^{-1}A=E$ をみたすことを確認しなさい。

3. 次の連立1次方程式をクラメールの公式を用いて解きなさい。

$$\begin{cases} 3x+2y+4z=0 \\ 2x-\ \ y+\ \ z=1 \\ 2x+\ \ y+4z=2 \end{cases}$$

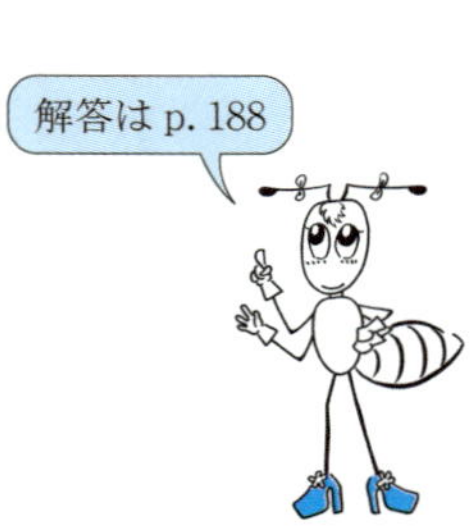

第2章

線形空間

§1　空間ベクトル

1.1　ベクトル

1 スカラーとベクトル

我々がいる3次元の空間内で考えよう。

3次元空間の中で，線分の長さ，図形の面積，立体の体積などのように，1つの数で完全に決まる量を**スカラー**という。数学ではスカラーを実数(または複素数)そのものと解釈してよい。

これに対し，1つの数では表わせない量がある。それらの中の1つがベクトルである。

定義

“向き”と“大きさ”の2つをもった量を**ベクトル**という。

《説明》　空間内で色々な矢印を描いてみよう。

これらの矢印は**有向線分**とよばれ，“向きと大きさと位置”をもっている。有向線分において位置を無視し

向き　と　**大きさ**

だけに注目するのがベクトルの考え方である。つまり，向きと大きさが同じ有向線分は同じベクトルとみなすのである。

ベクトルは通常 $\boldsymbol{a}, \boldsymbol{b}, \boldsymbol{c}, \cdots$ または $\vec{a}, \vec{b}, \vec{c}, \cdots$ などで表わすが，有向線分の**始点** A と**終点** B を使って，$\overrightarrow{\mathrm{AB}}$ と表わすことも多い。

ベクトル $\boldsymbol{a}$ の**大きさ**を $|\boldsymbol{a}|$ で表わす。特に大きさが1であるベクトルを**単位ベクトル**，大きさが0であるベクトルを**ゼロベクトル**という。ゼロベクトルは $\boldsymbol{0}$ または $\vec{0}$ などで表わす。　（説明終）

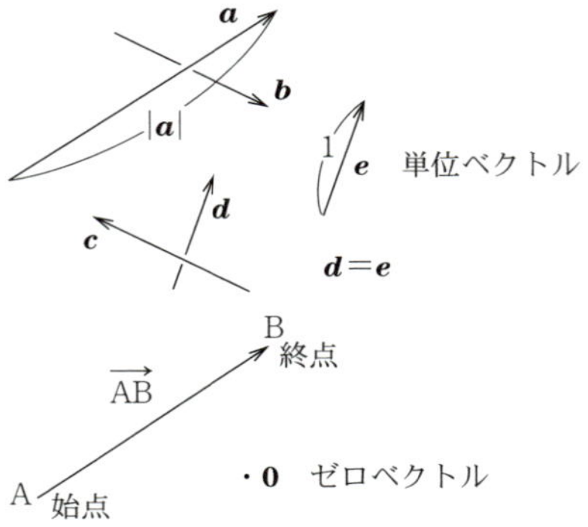

例題 32

一辺の長さが1の右下図の正六角形において

（1）　$\overrightarrow{AB}$ と同じベクトルをすべて取り出してみよう。

（2）　$\overrightarrow{OA}$ と同じベクトルをすべて取り出してみよう。

（3）　$|\overrightarrow{FE}|$, $|\overrightarrow{AD}|$ を求めてみよう。

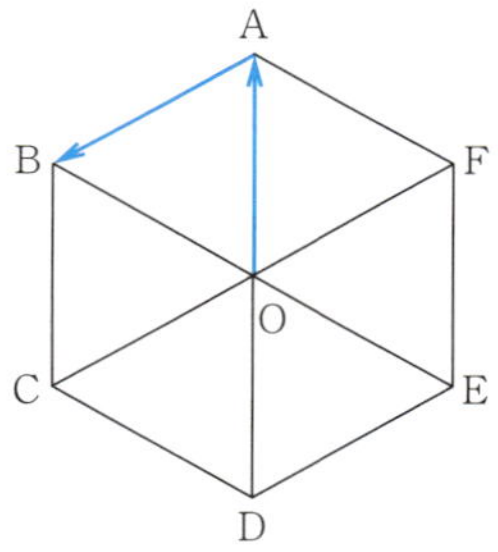

解　（1）　$\overrightarrow{AB}$ と同じベクトルは $\overrightarrow{AB}$ と同じ

向き　と　大きさ

をもつベクトルなので

$\overrightarrow{FO}$,　$\overrightarrow{OC}$,　$\overrightarrow{ED}$

の3つ。

（2）　$\overrightarrow{OA}$ と同じ“向き”と“大きさ”をもつベクトルをさがすと

$\overrightarrow{DO}$,　$\overrightarrow{CB}$,　$\overrightarrow{EF}$

の3つ。

（3）　図形は正六角形で，点Oはその中心なので

$|\overrightarrow{FE}| = 1$,　$|\overrightarrow{AD}| = 2$　（解終）

練習問題 32

解答は p. 192

一辺の長さ1の右図の立方体において

（1）　$\overrightarrow{AB}$ と同じベクトルをすべて取り出しなさい。

（2）　$|\overrightarrow{EH}|$, $|\overrightarrow{BG}|$ を求めなさい。

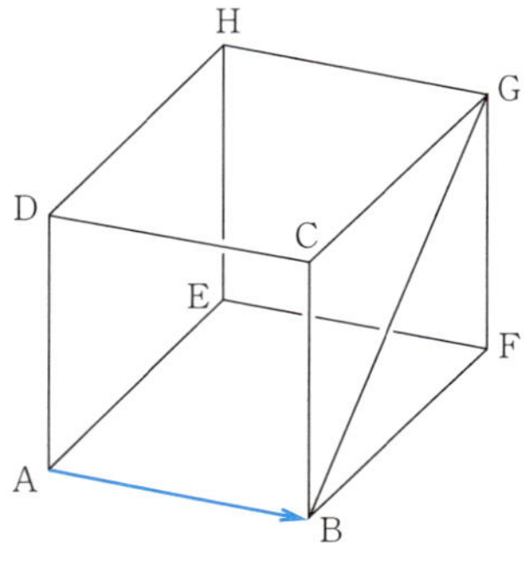

2 ベクトルの演算

定義

（1）　2つのベクトル $\boldsymbol{a}$, $\boldsymbol{b}$ に対して，$\boldsymbol{a}$ の終点と $\boldsymbol{b}$ の始点を一致させ，

$$\boldsymbol{a}=\overrightarrow{\mathrm{AB}}, \qquad \boldsymbol{b}=\overrightarrow{\mathrm{BC}}$$

とする。このとき，$\overrightarrow{\mathrm{AC}}$ で定まるベクトルを $\boldsymbol{a}$ と $\boldsymbol{b}$ の**和**といい

$$\boldsymbol{a}+\boldsymbol{b}$$

とかく。

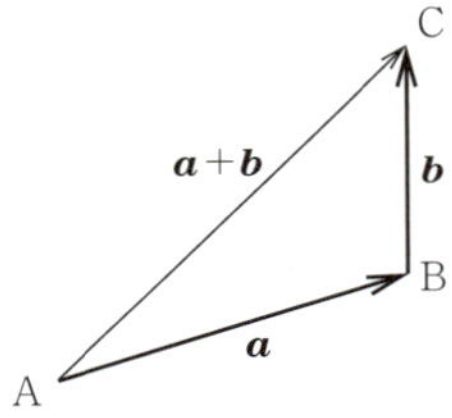

（2）　ベクトル $\boldsymbol{a}$ に対して，大きさが同じで向きが反対であるベクトルを $\boldsymbol{a}$ の**逆ベクトル**といい

$$-\boldsymbol{a}$$

で表わす。

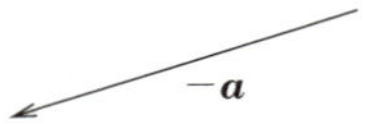

定義

ベクトル $\boldsymbol{a}(\neq\boldsymbol{0})$ と実数 k に対して，$\boldsymbol{a}$ の**スカラー倍** $k\boldsymbol{a}$ を次のように定義する。

（i）　$k\geqq 0$ のとき $k\boldsymbol{a}$ は $\boldsymbol{a}$ と向きが同じで大きさは $|\boldsymbol{a}|$ の k 倍のベクトル

（ii）　$k<0$ のとき $k\boldsymbol{a}$ は $\boldsymbol{a}$ と向きが反対で大きさは $|\boldsymbol{a}|$ の $|k|$ 倍のベクトル

《説明》　ベクトル $2\boldsymbol{a}$ は $\boldsymbol{a}$ と同じ向きで大きさが2倍。ベクトル $-2\boldsymbol{a}$ は $\boldsymbol{a}$ と逆向きで大きさは2倍。$|k|<1$ のときは $k\boldsymbol{a}$ の大きさは $\boldsymbol{a}$ の大きさより小さくなる。また，スカラー倍の定義より

$$-\boldsymbol{a}=(-1)\boldsymbol{a} \qquad 0\,\boldsymbol{a}=\boldsymbol{0}$$

$$-(k\boldsymbol{a})=(-k)\boldsymbol{a} \qquad k\boldsymbol{0}=\boldsymbol{0}$$

という性質が成立する。　　　　（説明終）

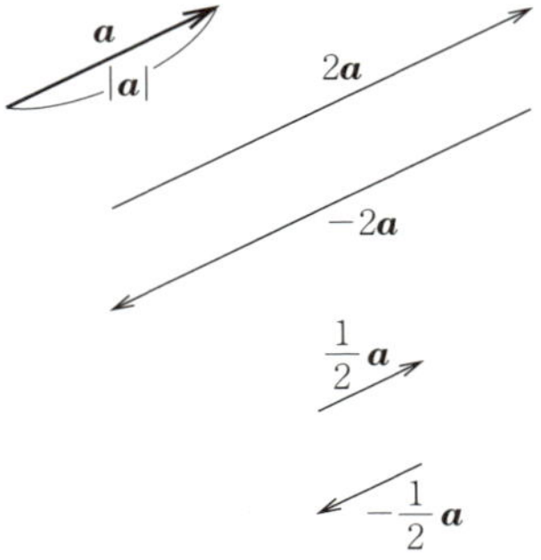

定理 2.1

ベクトルの和とスカラー倍に関して次のことが成立する。

（i） 和

$\boldsymbol{a}+\boldsymbol{b}=\boldsymbol{b}+\boldsymbol{a}$

$(\boldsymbol{a}+\boldsymbol{b})+\boldsymbol{c}=\boldsymbol{a}+(\boldsymbol{b}+\boldsymbol{c})$

$\boldsymbol{0}+\boldsymbol{a}=\boldsymbol{a}+\boldsymbol{0}=\boldsymbol{a}$

$\boldsymbol{a}+(-\boldsymbol{a})=(-\boldsymbol{a})+\boldsymbol{a}=\boldsymbol{0}$

（ii） スカラー倍

$k(\boldsymbol{a}+\boldsymbol{b})=k\boldsymbol{a}+k\boldsymbol{b}$

$(k+l)\boldsymbol{a}=k\boldsymbol{a}+l\boldsymbol{a}$

$k(l\boldsymbol{a})=(kl)\boldsymbol{a}$

$1\boldsymbol{a}=\boldsymbol{a}$

《説明》 これらの性質は一見あたりまえに見えるが，実際にベクトルを描いて確認しておこう。具体的な空間ベクトル（幾何学ベクトル）に慣れておくことは，これから学ぶ抽象的なベクトルを扱う線形空間の勉強に大いに助けとなる。（説明終）

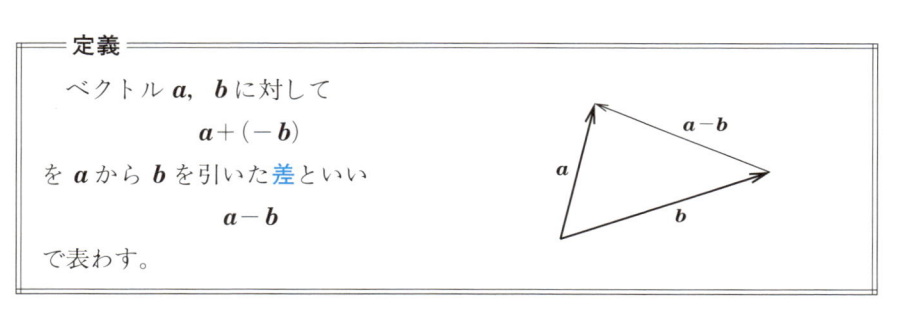

定義

ベクトル $\boldsymbol{a}$, $\boldsymbol{b}$ に対して

$$\boldsymbol{a}+(-\boldsymbol{b})$$

を $\boldsymbol{a}$ から $\boldsymbol{b}$ を引いた**差**といい

$$\boldsymbol{a}-\boldsymbol{b}$$

で表わす。

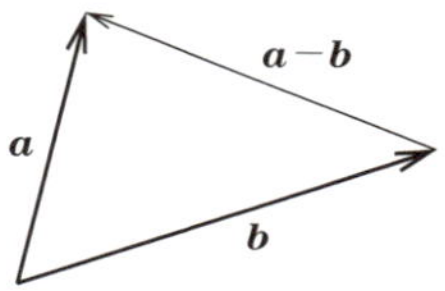

《説明》 $\boldsymbol{a}+(-\boldsymbol{b})$ を作るには，まず $\boldsymbol{b}$ の矢印を逆にして $-\boldsymbol{b}$ を作り，$\boldsymbol{a}$ の終点につなげるように平行移動すればよい。どこに $\boldsymbol{a}-\boldsymbol{b}$ が描けても向きと大きさが同じであれば同一のベクトルである。（説明終）

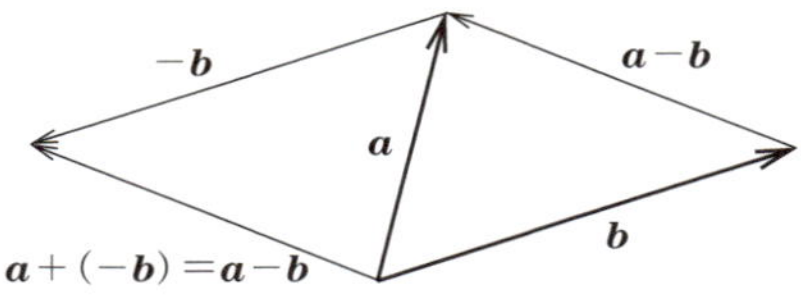

例題 33

右に与えられたベクトル $\boldsymbol{a}, \boldsymbol{b}$ に対して次のベクトルを作図してみよう。

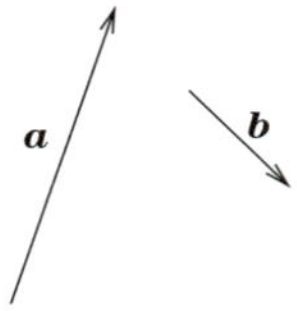

(1)　$\boldsymbol{a}+\boldsymbol{b}$　(2)　$\boldsymbol{a}-\boldsymbol{b}$　(3)　$3\boldsymbol{b}$

(4)　$\boldsymbol{a}+2\boldsymbol{b}$　(5)　$\boldsymbol{a}-2\boldsymbol{b}$　(6)　$\dfrac{1}{3}\boldsymbol{a}$

(7)　$-\dfrac{1}{2}\boldsymbol{b}$

解　作図しやすいようにベクトルを平行移動しておこう。

(1)

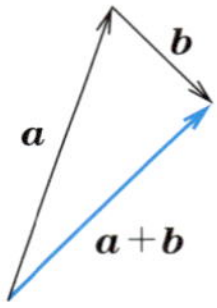

(2)　$\boldsymbol{a}-\boldsymbol{b}=\boldsymbol{a}+(-\boldsymbol{b})$ より

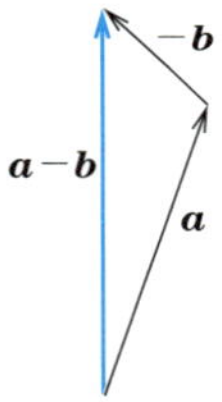

(3)

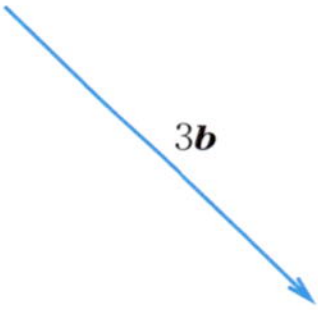

(4)

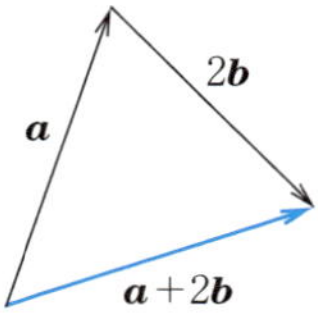

(5)

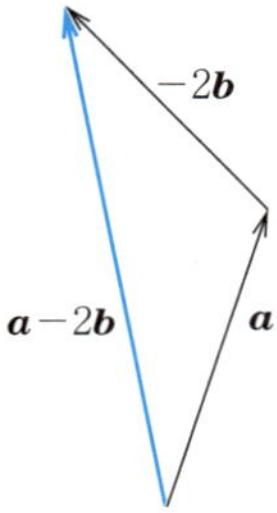

(6)

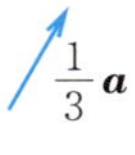

(7)

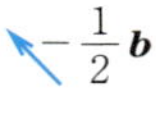

作図の方法によって異なった位置にできても，向きと大きさが同じであればよい。

(解終)

練習問題 33　解答は p. 192

右に与えられたベクトル $\boldsymbol{p}, \boldsymbol{q}$ に対して次のベクトルを作図しなさい。

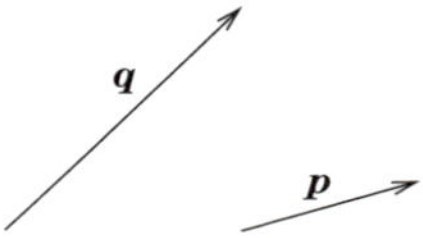

(1)　$\boldsymbol{p}+\boldsymbol{q}$　(2)　$2\boldsymbol{p}-\boldsymbol{q}$　(3)　$\boldsymbol{p}-\dfrac{1}{2}\boldsymbol{q}$

3 ベクトルの成分表示

直交座標系 O-xyz でベクトルを考えてみよう。原点 O を始点として，x 軸，y 軸，z 軸上に単位ベクトル

$$\boldsymbol{e}_1,\quad \boldsymbol{e}_2,\quad \boldsymbol{e}_3$$

を定める。これらを**基本ベクトル**という。

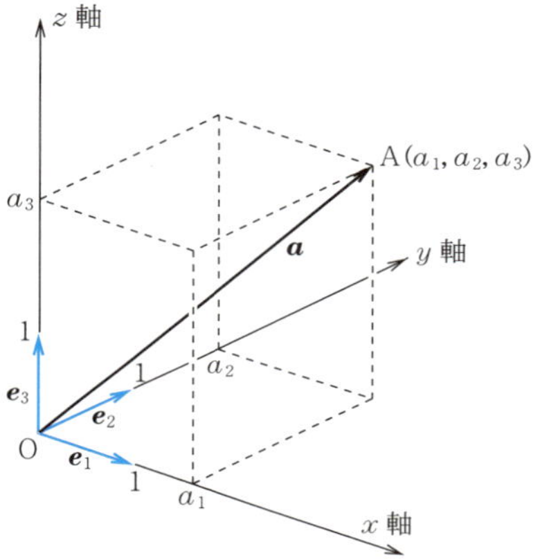

次に空間内の任意のベクトル $\boldsymbol{a}$ に対し，それを平行移動して始点が原点 O になるようにとり

$$\boldsymbol{a}=\overrightarrow{\mathrm{OA}}$$

とする。この $\overrightarrow{\mathrm{OA}}$ を $\boldsymbol{a}$ の**位置ベクトル**という。点 A の座標を

$$\mathrm{A}(a_1,\ a_2,\ a_3)$$

とすると，$\boldsymbol{a}$ は $\boldsymbol{e}_1$，$\boldsymbol{e}_2$，$\boldsymbol{e}_3$ を使って

$$\boldsymbol{a}=a_1\boldsymbol{e}_1+a_2\boldsymbol{e}_2+a_3\boldsymbol{e}_3$$

とかくことができる。

定義

ベクトル $\boldsymbol{a}$ を基本ベクトル $\boldsymbol{e}_1, \boldsymbol{e}_2, \boldsymbol{e}_3$ を使って

$$\boldsymbol{a}=a_1\boldsymbol{e}_1+a_2\boldsymbol{e}_2+a_3\boldsymbol{e}_3$$

と表わせるとき，a_1, a_2, a_3 をそれぞれ **x 成分**，**y 成分**，**z 成分**といい

$$\boldsymbol{a}=(a_1,\ a_2,\ a_3)$$

を $\boldsymbol{a}$ の**成分表示**という。

《説明》 基本ベクトルを使うと，どんなベクトルも上の形に必ず一通りに書き表わすことができる。この意味で，$\boldsymbol{e}_1, \boldsymbol{e}_2, \boldsymbol{e}_3$ を基本ベクトルという。空間内のすべてのベクトルはこの 3 つのベクトルで書き表わすことができることになる。

（説明終）

成分を導入することで
ベクトルを代数的な計
算で扱えるのね。

定理 2.2

$\boldsymbol{a}=(a_1, a_2, a_3)$，$\boldsymbol{b}=(b_1, b_2, b_3)$ のとき

$$\boldsymbol{a}=\boldsymbol{b} \iff a_1=b_1,\ a_2=b_2,\ a_3=b_3$$

定理 2.3

2 点 P, Q の座標を

$$\mathrm{P}(p_1, p_2, p_3), \qquad \mathrm{Q}(q_1, q_2, q_3)$$

とするとき，$\overrightarrow{\mathrm{PQ}}$ の成分表示は

$$\overrightarrow{\mathrm{PQ}}=(q_1-p_1, q_2-p_2, q_3-p_3)$$

である。

《説明》 ベクトル $\overrightarrow{\mathrm{PQ}}$ を平行移動させ，点 P が原点 O に一致したときの点 Q の移動先の座標が $\overrightarrow{\mathrm{PQ}}$ の成分表示となる。平行移動により点 P と点 Q の x，y，z 座標の差は変らないので，$\overrightarrow{\mathrm{PQ}}$ の成分表示は P と Q の各座標の差となる。

（説明終）

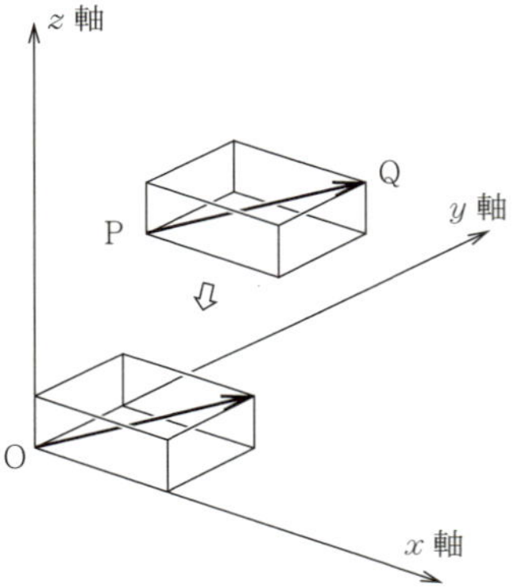
z 軸
Q
y 軸
P
O
x 軸

例題 34

P(1, 2, 3)，Q(−3, 2, 2) のとき，$\overrightarrow{\mathrm{PQ}}$ の成分表示を求めてみよう。

解　どちらが始点で，どちらが終点か，気をつけて計算しよう。

$$\overrightarrow{\mathrm{PQ}}=(-3-1,\ 2-2,\ 2-3)=(-4, 0, -1)$$

（解終）

練習問題 34 解答は p. 192

A(−2, 3, 1)，B(0, −2, 5) のとき，$\overrightarrow{\mathrm{BA}}$ の成分表示を求めなさい。

定理 2.4

$\boldsymbol{a}=(a_1, a_2, a_3)$, $\boldsymbol{b}=(b_1, b_2, b_3)$ のとき，次のことが成り立つ。

（1） $|\boldsymbol{a}|=\sqrt{a_1{}^2+a_2{}^2+a_3{}^2}$

（2） $\boldsymbol{a}\pm\boldsymbol{b}=(a_1\pm b_1, a_2\pm b_2, a_3\pm b_3)$ （複号同順）

（3） $k\boldsymbol{a}=(ka_1, ka_2, ka_3)$

《説明》 この定理もベクトルの始点，終点を座標と対応させることにより示すことができる。 （説明終）

例題 35

$\boldsymbol{a}=(1, -2, 4)$, $\boldsymbol{b}=(-3, 1, 2)$ のとき

（1） $|\boldsymbol{a}|$, $|\boldsymbol{b}|$ を求めてみよう。

（2） $2\boldsymbol{b}$ と $\boldsymbol{a}+2\boldsymbol{b}$ を成分で表わしてみよう。

解 （1） $|\boldsymbol{a}|=\sqrt{1^2+(-2)^2+4^2}=\sqrt{21}$, $|\boldsymbol{b}|=\sqrt{(-3)^2+1^2+2^2}=\sqrt{14}$

（2） $2\boldsymbol{b}=(2\cdot(-3), 2\cdot 1, 2\cdot 2)=(-6, 2, 4)$

$\boldsymbol{a}+2\boldsymbol{b}=(1, -2, 4)+(-6, 2, 4)=(1-6, -2+2, 4+4)$

$=(-5, 0, 8)$ （解終）

練習問題 35 解答は p. 192

P$(4, 2, -3)$, Q$(-1, 1, 0)$, R$(-2, 5, 1)$ のとき

（1） $|\overrightarrow{PQ}|$, $|\overrightarrow{QR}|$ を求めなさい。

（2） $2\overrightarrow{PQ}-3\overrightarrow{QR}$ を成分を使って表わしなさい。

1.2 内　　積

定義

$\mathbf{0}$ でない2つのベクトル $\boldsymbol{a}$ と $\boldsymbol{b}$ のなす角が $\theta\,(0 \leqq \theta \leqq \pi,\ \pi = 180^\circ)$ のとき

$$|\boldsymbol{a}||\boldsymbol{b}|\cos\theta$$

を $\boldsymbol{a}$ と $\boldsymbol{b}$ の内積といい $\boldsymbol{a}\cdot\boldsymbol{b}$ で表わす。

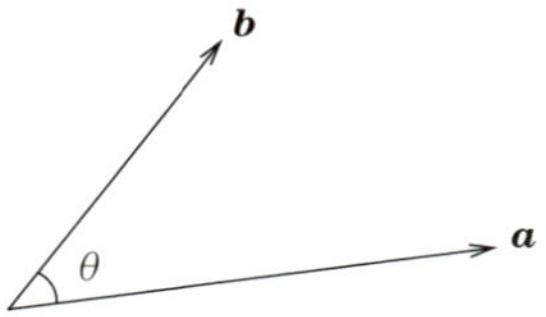

《説明》　$\boldsymbol{a}$ と $\boldsymbol{b}$ の内積

$$\boldsymbol{a}\cdot\boldsymbol{b} = |\boldsymbol{a}||\boldsymbol{b}|\cos\theta$$

は，この定義の式からスカラーである。そのため，スカラー積とも呼ばれる。

内積は，ベクトル $\boldsymbol{b}$ のベクトル $\boldsymbol{a}$ への正射影

$$|\boldsymbol{b}|\cos\theta$$

と $|\boldsymbol{a}|$ の積となっている。　　　　(説明終)

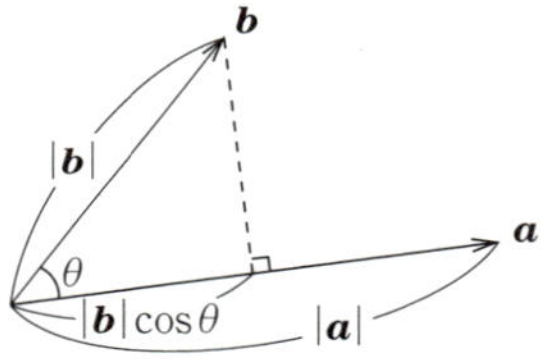

例題 36

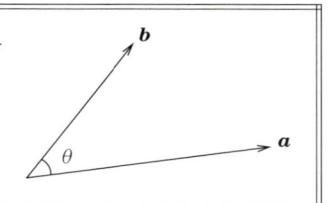

右の一辺の長さ2の正三角形ABCにおいて内積 $\overrightarrow{AB}\cdot\overrightarrow{AC}$ を求めてみよう。

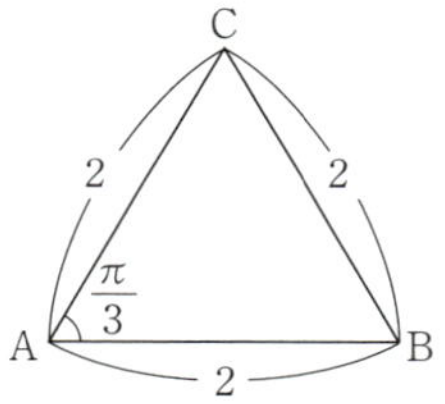

解　$\overrightarrow{AB}$, $\overrightarrow{AC}$ のなす角は $\frac{\pi}{3}(=60^\circ)$ なので，内積の定義より

$$\overrightarrow{AB}\cdot\overrightarrow{AC} = |\overrightarrow{AB}||\overrightarrow{AC}|\cos\frac{\pi}{3} = 2\cdot2\cdot\frac{1}{2} = \boxed{2}$$ (解終)

練習問題 36　解答は p. 193

右の一辺の長さ1の正方形ABCDにおいて，内積 $\overrightarrow{AB}\cdot\overrightarrow{AC}$ を求めなさい。

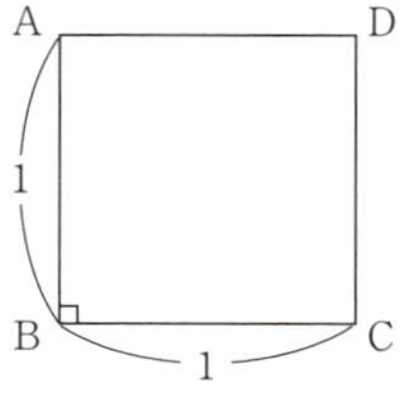

定理 2.5

内積について次のことが成立する。

（1）　$\boldsymbol{a}\cdot\boldsymbol{a}=|\boldsymbol{a}|^2$

（2）　$\boldsymbol{a}\neq\boldsymbol{0}$, $\boldsymbol{b}\neq\boldsymbol{0}$ のとき，$\boldsymbol{a}$ と $\boldsymbol{b}$ が直交する $\iff$ $\boldsymbol{a}\cdot\boldsymbol{b}=0$

【証明】（1）　$\boldsymbol{a}$ は自分自身とのなす角が 0 なので

$$\boldsymbol{a}\cdot\boldsymbol{a}=|\boldsymbol{a}|\cdot|\boldsymbol{a}|\cos 0=|\boldsymbol{a}|^2\cdot 1=|\boldsymbol{a}|^2$$

（2）　$\boldsymbol{a}\neq\boldsymbol{0}$,　$\boldsymbol{b}\neq\boldsymbol{0}$　ならば　$|\boldsymbol{a}|\neq 0$,　$|\boldsymbol{b}|\neq 0$

$\boldsymbol{a}$ と $\boldsymbol{b}$ が直交 $\Rightarrow$ $\theta=\dfrac{\pi}{2}$ $\Rightarrow$ $\cos\theta=\cos\dfrac{\pi}{2}=0$

$\Rightarrow$ $\boldsymbol{a}\cdot\boldsymbol{b}=0$

$\boldsymbol{a}\cdot\boldsymbol{b}=0$ $\Rightarrow$ $|\boldsymbol{a}||\boldsymbol{b}|\cos\theta=0$

$\Rightarrow$ $\cos\theta=0$　$(0\leqq\theta\leqq\pi)$

$\Rightarrow$ $\theta=\dfrac{\pi}{2}$　$\Rightarrow$ $\boldsymbol{a}$ と $\boldsymbol{b}$ は直交

$\therefore$　$\boldsymbol{a}$ と $\boldsymbol{b}$ が直交 $\iff$ $\boldsymbol{a}\cdot\boldsymbol{b}=0$　　（証明終）

定理 2.6

$\boldsymbol{a}=(a_1, a_2, a_3)$,　$\boldsymbol{b}=(b_1, b_2, b_3)$ のとき

$$\boldsymbol{a}\cdot\boldsymbol{b}=a_1b_1+a_2b_2+a_3b_3$$

《**説明**》　$\boldsymbol{a}=\overrightarrow{\mathrm{OA}}$,　$\boldsymbol{b}=\overrightarrow{\mathrm{OB}}$ とし，△OAB に余弦定理を使うことにより導かれる。　（説明終）

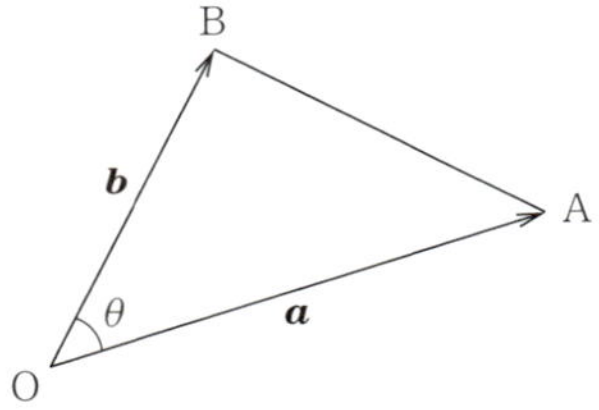

内積

$\boldsymbol{a}\cdot\boldsymbol{b}=|\boldsymbol{a}||\boldsymbol{b}|\cos\theta$

$=a_1b_1+a_2b_2+a_3b_3$

直交条件

$\boldsymbol{a}\perp\boldsymbol{b}$ $\iff$ $\boldsymbol{a}\cdot\boldsymbol{b}=0$

$(\boldsymbol{a}\neq\boldsymbol{0},\ \boldsymbol{b}\neq\boldsymbol{0})$

定理 2.7

ベクトルの内積とスカラーについて次のことが成立する。

（1）　$\boldsymbol{a}\cdot\boldsymbol{b}=\boldsymbol{b}\cdot\boldsymbol{a}$　（交換法則）

（2）　$\boldsymbol{a}\cdot(\boldsymbol{b}\pm\boldsymbol{c})=\boldsymbol{a}\cdot\boldsymbol{b}\pm\boldsymbol{a}\cdot\boldsymbol{c}$　（複号同順）　（分配法則）

（3）　$(k\boldsymbol{a})\cdot\boldsymbol{b}=\boldsymbol{a}\cdot(k\boldsymbol{b})=k(\boldsymbol{a}\cdot\boldsymbol{b})$

《説明》　定理 2.6（p. 85）の内積の成分を使った式を使えば示される。

（説明終）

例題 37

$\boldsymbol{a}=(2, 3, -5)$，$\boldsymbol{b}=(-3, 2, 1)$，$\boldsymbol{c}=(k, 1, k)$ について

（1）　$\boldsymbol{a}\cdot\boldsymbol{b}$ を求めてみよう。

（2）　$\boldsymbol{b}\perp\boldsymbol{c}$ となるように実数 k を定めてみよう。

（3）　$\boldsymbol{c}$ が単位ベクトルとなるように実数 k を定めてみよう。

解　（1）　定理 2.6 の式に代入すると

$$\boldsymbol{a}\cdot\boldsymbol{b}=2\cdot(-3)+3\cdot2+(-5)\cdot1=-5$$

（2）　定理 2.5（p. 85）より

$\boldsymbol{b}\perp\boldsymbol{c} \iff \boldsymbol{b}\cdot\boldsymbol{c}=0$　なので

$\boldsymbol{b}\cdot\boldsymbol{c}=-3\cdot k+2\cdot1+1\cdot k=0$　より　$k=1$

（3）　$|\boldsymbol{c}|=\sqrt{k^2+1^2+k^2}=1$ となるように k を定める。

$\sqrt{2k^2+1}=1$　より両辺 2 乗して　$2k^2+1=1$

これより $k=0$　（解終）

内積

$$\boldsymbol{a}\cdot\boldsymbol{b}=|\boldsymbol{a}||\boldsymbol{b}|\cos\theta=a_1b_1+a_2b_2+a_3b_3$$

直交条件

$\boldsymbol{a}\perp\boldsymbol{b} \iff \boldsymbol{a}\cdot\boldsymbol{b}=0$

$(\boldsymbol{a}\neq\boldsymbol{0},\ \boldsymbol{b}\neq\boldsymbol{0})$

$\boldsymbol{c}$：単位ベクトル

$\iff |\boldsymbol{c}|=1$

練習問題 37　解答は p. 193

$\boldsymbol{a}=(1, 2, 1)$，$\boldsymbol{b}=(-1, 1, 2)$ のとき

（1）　$\boldsymbol{a}\cdot\boldsymbol{b}$ を求めなさい。

（2）　$\boldsymbol{a}$ と $\boldsymbol{b}$ のなす角 θ $(0\leqq\theta\leqq\pi)$ を求めなさい。

（3）　$k\boldsymbol{a}$ が単位ベクトルとなるように定数 k を定めなさい。

総合練習 2-1

1.　右の平行六面体において

$$\mathrm{EH}:\mathrm{HG}=2:1$$

である。このとき $\overrightarrow{\mathrm{OH}}$ を $\boldsymbol{a}, \boldsymbol{b}, \boldsymbol{c}$ を使って表わしなさい。

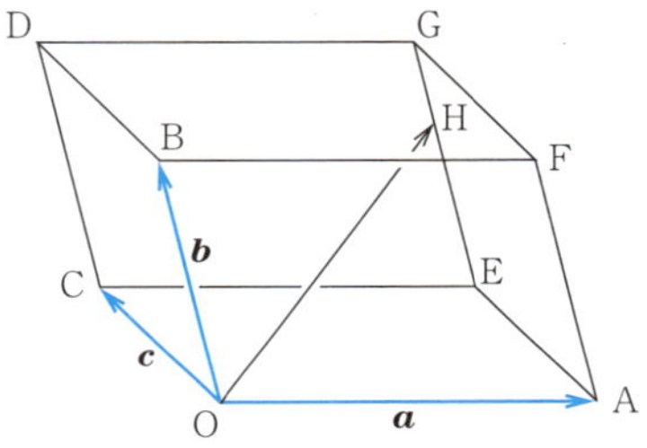

2.　A$(1, 0, 2)$，B$(0, 1, 1)$，C$(-1, 4, 2)$ の3点がある。2つのベクトル $\overrightarrow{\mathrm{AB}}$ と $\overrightarrow{\mathrm{BC}}$ の両方に垂直な単位ベクトルを求めなさい。

3.　(1)　点Aを通りベクトル $\boldsymbol{b}(\neq\boldsymbol{0})$ に平行な直線を l とする。l 上の任意の点Pの位置ベクトルを $\boldsymbol{p}$ とし，Aの位置ベクトルを $\boldsymbol{a}$ とするとき

$$\boldsymbol{p}=\boldsymbol{a}+t\boldsymbol{b}\quad (t \text{ は任意定数})$$

と表わされることを示しなさい。

(2)　点Aを通りベクトル $\boldsymbol{n}(\neq\boldsymbol{0})$ に垂直な平面を π とする。π 上の任意の点Pの位置ベクトルを $\boldsymbol{p}$，Aの位置ベクトルを $\boldsymbol{a}$ とするとき

$$(\boldsymbol{p}-\boldsymbol{a})\cdot\boldsymbol{n}=0$$

が成立することを示しなさい。

§2 線形空間

2.1 線形空間の定義

定義

集合 V が次の“和の公理”と“スカラー倍の公理”をみたすとき，実数上の**線形空間**または**ベクトル空間**という。

［和の公理］ V の任意の2つの元 $\boldsymbol{a}$ と $\boldsymbol{b}$ に対して**和** $\boldsymbol{a}+\boldsymbol{b}$ が定義され，次の性質をみたす。

（1） $\boldsymbol{a}+\boldsymbol{b}=\boldsymbol{b}+\boldsymbol{a}$

（2） $(\boldsymbol{a}+\boldsymbol{b})+\boldsymbol{c}=\boldsymbol{a}+(\boldsymbol{b}+\boldsymbol{c})$

（3） 特別な元 $\mathbf{0}$ が存在し，V のすべて元 $\boldsymbol{a}$ に対して

$$\boldsymbol{a}+\mathbf{0}=\mathbf{0}+\boldsymbol{a}$$

が成立する。この $\mathbf{0}$ を**ゼロ元**という。

（4） V のどの元 $\boldsymbol{a}$ に対しても

$$\boldsymbol{a}+\boldsymbol{x}=\boldsymbol{x}+\boldsymbol{a}=\mathbf{0}$$

をみたす元 $\boldsymbol{x}$ が存在する。この $\boldsymbol{x}$ を $-\boldsymbol{a}$ で表わし，$\boldsymbol{a}$ の**逆元**という。

［スカラー倍の公理］ V の任意の元 $\boldsymbol{a}$ と任意の実数 k に対して $\boldsymbol{a}$ の**スカラー倍** $k\boldsymbol{a}$ が定義され，次の性質をみたす。

（5） $k(\boldsymbol{a}+\boldsymbol{b})=k\boldsymbol{a}+k\boldsymbol{b}$

（6） $(k+l)\boldsymbol{a}=k\boldsymbol{a}+l\boldsymbol{a}$

（7） $(kl)\boldsymbol{a}=k(l\boldsymbol{a})$

（8） $1\boldsymbol{a}=\boldsymbol{a}$

集合を構成している
ものを元(げん)または要素
というのよ。

《**説明**》 “和の公理”も“スカラー倍の公理”も空間ベクトルでは成立している性質であった。この性質を逆に“公理”とし，これが成立していれば対象が何であっても，その集合を線形空間またはベクトル空間という。つまり，空間ベクトル全体の集合と同じような性質をもつ集合を線形空間またはベクトル空間という。“実数上の”というのは“スカラーが実数”という意味。たとえば

2次の正方行列全体

$$M_2=\left\{ A \,\middle|\, A=\begin{bmatrix} a & b \\ c & d \end{bmatrix},\ a, b, c, d \text{ は実数}\right\}$$

n 次以下の多項式全体

$$P_n=\{ P \mid P(x)=a_0+a_1x+\cdots+a_nx^n,\ a_i \text{ は実数}\}$$

$[0, 1]$上で連続な実数値関数全体

$$\mathcal{F}=\{ f \mid f(x) \text{ は} [0, 1] \text{で連続，} f(x) \text{ は実数}\}$$

微分方程式 $y''+y'=0$ の解である関数全体

$$F=\{ y \mid y''+y'=0\}$$

などはすべて実数上の線形空間となる。

線形空間に含まれる元は，たとえそれが有向線分でなくても**ベクトル**という場合がある。そして(3)の $\mathbf{0}$ を**ゼロベクトル**，(4)の $-\boldsymbol{a}$ を**逆ベクトル**と呼んだりする。また

$$\boldsymbol{a}+(-\boldsymbol{b})=\boldsymbol{a}-\boldsymbol{b}$$

とかくことにする。 (説明終)

定理 2.10

線形空間において，次の式が成立する。

$$-\boldsymbol{a}=(-1)\,\boldsymbol{a}$$

$$-(k\boldsymbol{a})=(-k)\,\boldsymbol{a}$$

$$0\boldsymbol{a}=\mathbf{0} \qquad k\mathbf{0}=\mathbf{0}$$

《**説明**》 これらの性質により移項などの計算も実数と同じようにできる。 (説明終)

2.2 n 項列ベクトル空間

§1 で学んだ空間ベクトルを思い出そう。その中で，特に原点を始点とする位置ベクトルというのがあった。位置ベクトル $\overrightarrow{\mathrm{OP}}$ の成分表示

$$\overrightarrow{\mathrm{OP}}=(x_1,\ x_2,\ x_3)$$

を使うと

位置ベクトル　と　空間の点

の間には

$$\overrightarrow{\mathrm{OP}} \quad \longleftrightarrow \quad (x_1,\ x_2,\ x_3)$$

という 1 対 1 の対応が成立していた。

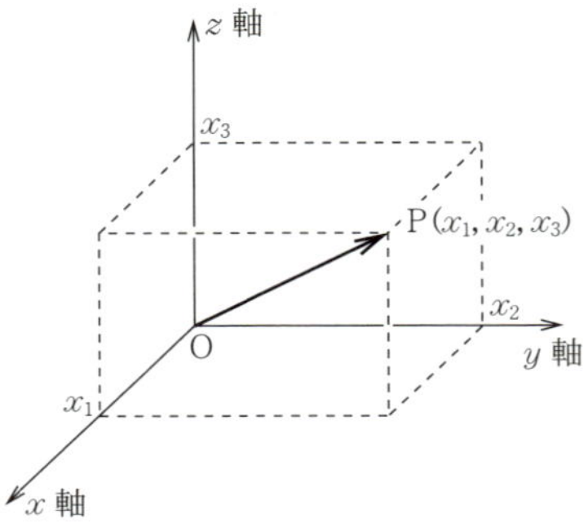

この成分表示を縦に並べて

$$\begin{bmatrix} x_1 \\ x_2 \\ x_3 \end{bmatrix}$$

と表わしたものを**列ベクトル**という。

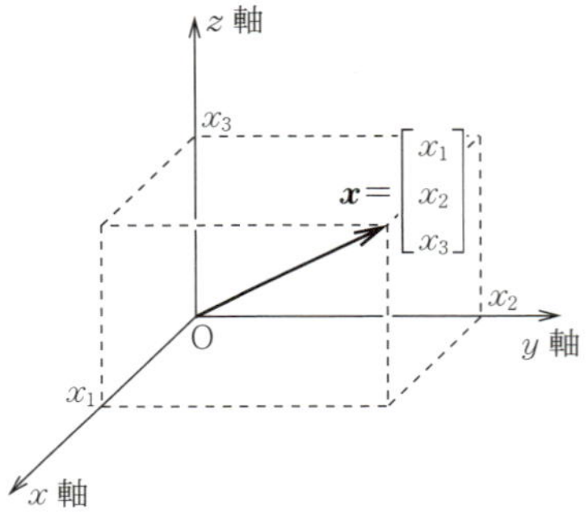

次に，この列ベクトルを全部集めて集合

$$\boldsymbol{R}^3=\left\{ \boldsymbol{x} \;\middle|\; \boldsymbol{x}=\begin{bmatrix} x_1 \\ x_2 \\ x_3 \end{bmatrix},\ x_1,\ x_2,\ x_3\in\boldsymbol{R} \right\}$$

を考えよう。ここで $\boldsymbol{R}$ は実数全体の集合のことで，“$x\in\boldsymbol{R}$” は “x が実数” であることを意味している。この集合 $\boldsymbol{R}^3$ は実数上の線形空間となる。なぜならこの集合は空間ベクトル全体を成分で表わしたにすぎないからである。$\boldsymbol{R}^3$ を**3 項列ベクトル空間**または **3 項数ベクトル空間**という。

次に $\boldsymbol{R}^3$ の考え方を一般化し，集合

$$\boldsymbol{R}^n = \left\{ \boldsymbol{x} \;\middle|\; \boldsymbol{x} = \begin{bmatrix} x_1 \\ \vdots \\ x_n \end{bmatrix},\ x_1, \cdots, x_n \in \boldsymbol{R} \right\}$$

を考えてみよう。この集合も $\boldsymbol{R}^3$ と同じように

和 $$\begin{bmatrix} a_1 \\ \vdots \\ a_n \end{bmatrix} + \begin{bmatrix} b_1 \\ \vdots \\ b_n \end{bmatrix} = \begin{bmatrix} a_1 + b_1 \\ \vdots \\ a_n + b_n \end{bmatrix}$$

スカラー倍 $$k \begin{bmatrix} a_1 \\ \vdots \\ a_n \end{bmatrix} = \begin{bmatrix} ka_1 \\ \vdots \\ ka_n \end{bmatrix} \quad (k \in \boldsymbol{R})$$

列ベクトルは行列の
特別の場合と思って
いいわね。

と定義すると

ゼロベクトルは $$\boldsymbol{0} = \begin{bmatrix} 0 \\ \vdots \\ 0 \end{bmatrix} \quad (ゼロが\ n\ 個)$$

$$\begin{bmatrix} a_1 \\ \vdots \\ a_n \end{bmatrix}$$ の逆ベクトルは $$\begin{bmatrix} -a_1 \\ \vdots \\ -a_n \end{bmatrix}$$

である実数上の線形空間となる。

この $\boldsymbol{R}^n$ を **n 項列ベクトル空間**または **n 項数ベクトル空間**という。

特に $\boldsymbol{R}^2$ は平面上のベクトル全体，$\boldsymbol{R}^3$ は空間のベクトル全体と同一視することができる。

列ベクトルの代りに**行ベクトル**

$$[x_1\ x_2\ x_3] \quad や \quad [x_1\ \cdots\ x_n]$$

を考え，**3 項行ベクトル空間**やそれを拡張した **n 項行ベクトル空間**も同様に実数上の線形空間となるが，本書では列ベクトル空間のみを扱っていく。

例題 38

2 項列ベクトル空間 $\boldsymbol{R}^2=\left\{\boldsymbol{x}\,\middle|\,\boldsymbol{x}=\begin{bmatrix}x_1\\x_2\end{bmatrix},\ x_1, x_2\in\boldsymbol{R}\right\}$ の 2 つのベクトルを $\boldsymbol{a}=\begin{bmatrix}5\\-2\end{bmatrix}$, $\boldsymbol{b}=\begin{bmatrix}-3\\4\end{bmatrix}$ とするとき，次のベクトルを求めてみよう。

（1）　$\boldsymbol{a}+\boldsymbol{b}$　　（2）　$\boldsymbol{a}-\boldsymbol{b}$　　（3）　$2\boldsymbol{a}$　　（4）　$3\boldsymbol{b}-\boldsymbol{a}$

解　ベクトルは行列の特別の場合と思って計算すればよい。

（1）　$\boldsymbol{a}+\boldsymbol{b}=\begin{bmatrix}5\\-2\end{bmatrix}+\begin{bmatrix}-3\\4\end{bmatrix}=\begin{bmatrix}5+(-3)\\-2+4\end{bmatrix}=\begin{bmatrix}2\\2\end{bmatrix}$

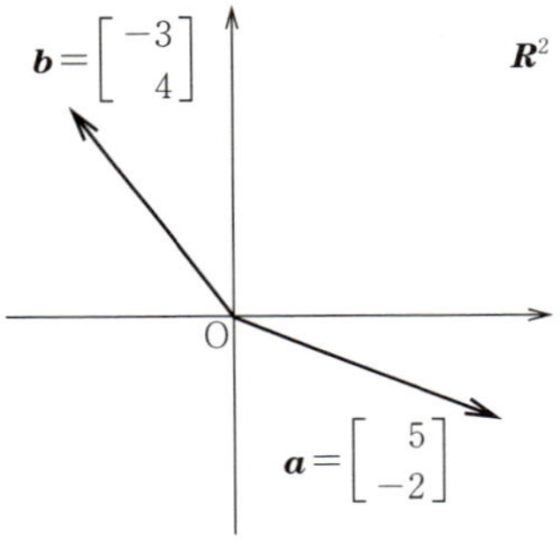

（2）　$\boldsymbol{a}-\boldsymbol{b}=\begin{bmatrix}5\\-2\end{bmatrix}-\begin{bmatrix}-3\\4\end{bmatrix}=\begin{bmatrix}5-(-3)\\-2-4\end{bmatrix}=\begin{bmatrix}8\\-6\end{bmatrix}$

（3）　$2\boldsymbol{a}=2\begin{bmatrix}5\\-2\end{bmatrix}=\begin{bmatrix}2\cdot5\\2\cdot(-2)\end{bmatrix}=\begin{bmatrix}10\\-4\end{bmatrix}$

（4）　$3\boldsymbol{b}-\boldsymbol{a}=3\begin{bmatrix}-3\\4\end{bmatrix}-\begin{bmatrix}5\\-2\end{bmatrix}=\begin{bmatrix}3\cdot(-3)\\3\cdot4\end{bmatrix}-\begin{bmatrix}5\\-2\end{bmatrix}$

$=\begin{bmatrix}-9\\12\end{bmatrix}-\begin{bmatrix}5\\-2\end{bmatrix}=\begin{bmatrix}-9-5\\12-(-2)\end{bmatrix}=\begin{bmatrix}-14\\14\end{bmatrix}$　　（解終）

練習問題 38　解答は p. 195

3 項列ベクトル空間 $\boldsymbol{R}^3=\left\{\boldsymbol{x}\,\middle|\,\boldsymbol{x}=\begin{bmatrix}x_1\\x_2\\x_3\end{bmatrix},\ x_1, x_2, x_3\in\boldsymbol{R}\right\}$ の 2 つのベクトルを $\boldsymbol{p}=\begin{bmatrix}-2\\0\\3\end{bmatrix}$, $\boldsymbol{q}=\begin{bmatrix}4\\-1\\2\end{bmatrix}$ とするとき，次のベクトルを求めなさい。

（1）　$3\boldsymbol{p}$　　（2）　$2\boldsymbol{p}-\boldsymbol{q}$　　（3）　$4\boldsymbol{q}-3\boldsymbol{p}$

2.3　線形独立と線形従属

ここで勉強する概念は $\boldsymbol{R}^2$ や $\boldsymbol{R}^3$ などの列ベクトル空間だけにとどまらず，行列や関数などを対象とした一般の線形空間に関するものである。

以下，V を実数上の線形空間とし，$\boldsymbol{R}$ を実数全体とする。

定義

V の r 個のベクトル $\boldsymbol{a}_1, \cdots, \boldsymbol{a}_r$ に対し

$$k_1\boldsymbol{a}_1+\cdots+k_r\boldsymbol{a}_r \quad (k_1, \cdots, k_r \in \boldsymbol{R})$$

を $\boldsymbol{a}_1, \cdots, \boldsymbol{a}_r$ の**線形結合**または**1 次結合**という。

《説明》　たとえば V の 3 個のベクトル $\boldsymbol{a}_1, \boldsymbol{a}_2, \boldsymbol{a}_3$ に対して

$$2\boldsymbol{a}_1+3\boldsymbol{a}_2-\boldsymbol{a}_3$$

は $\boldsymbol{a}_1, \boldsymbol{a}_2, \boldsymbol{a}_3$ の線形結合である。また，ベクトル $\boldsymbol{b}$ が

$$\boldsymbol{b}=2\boldsymbol{a}_1+3\boldsymbol{a}_2-\boldsymbol{a}_3$$

と表わされるとき

$$\boldsymbol{b} \text{ は } \boldsymbol{a}_1, \boldsymbol{a}_2, \boldsymbol{a}_3 \text{ の線形結合である}$$

という。　（説明終）

一般のベクトルも
“矢”のベクトルで
イメージしてね。

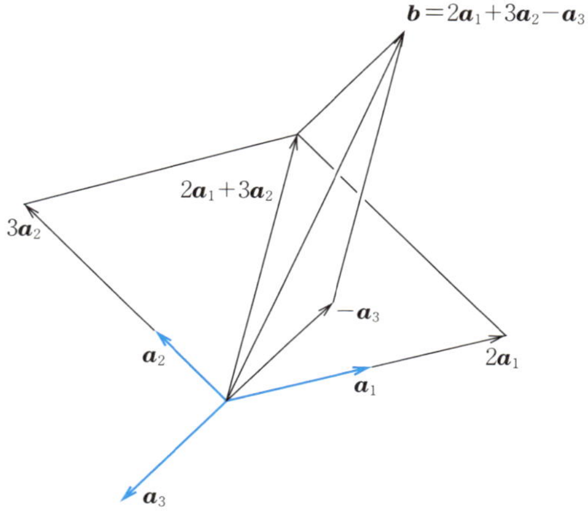

定義

V のベクトル $\boldsymbol{a}_1, \cdots, \boldsymbol{a}_r$ に対し，関係式

$$k_1\boldsymbol{a}_1+\cdots+k_r\boldsymbol{a}_r=\boldsymbol{0} \quad (k_1, \cdots, k_r \in \boldsymbol{R})$$

を $\boldsymbol{a}_1, \cdots, \boldsymbol{a}_r$ の**線形関係式**または**1次関係式**という。

《説明》 たとえば $\boldsymbol{R}^2$ において

$$\boldsymbol{a}_1=\begin{bmatrix} 2 \\ 1 \end{bmatrix}, \quad \boldsymbol{a}_2=\begin{bmatrix} -1 \\ 1 \end{bmatrix}, \quad \boldsymbol{a}_3=\begin{bmatrix} 0 \\ 3 \end{bmatrix}$$

とすると，$\boldsymbol{a}_1, \boldsymbol{a}_2, \boldsymbol{a}_3$ には線形関係式

$$\boldsymbol{a}_1+2\boldsymbol{a}_2-\boldsymbol{a}_3=\boldsymbol{0}$$

が成立する。

一方，どんなベクトル $\boldsymbol{a}_1, \cdots, \boldsymbol{a}_r$ に対しても線形関係式

$$0\cdot\boldsymbol{a}_1+0\cdot\boldsymbol{a}_2+\cdots+0\cdot\boldsymbol{a}_r=\boldsymbol{0}$$

が必ず成立する。この関係式を**自明な**線形関係式（または自明な1次関係式）という。　（説明終）

定義

V のベクトル $\boldsymbol{a}_1, \cdots, \boldsymbol{a}_r$ について

（1）　自明でない線形関係式が存在するとき

線形従属　または　**1次従属**

という。

（2）　自明な線形関係式しか存在しないとき

線形独立　または　**1次独立**

という。

《説明》 式を使ってかき直すと次のようになる。

（1） $\boldsymbol{a}_1, \cdots, \boldsymbol{a}_r$ が線形従属

$$\Longleftrightarrow \ k_1\boldsymbol{a}_1+\cdots+k_r\boldsymbol{a}_r=\boldsymbol{0}$$

（$k_1, \cdots, k_r$ の少なくとも 1 つは 0 でない）

（2） $\boldsymbol{a}_1, \cdots, \boldsymbol{a}_r$ が線形独立

$$\Longleftrightarrow \ k_1\boldsymbol{a}_1+\cdots+k_r\boldsymbol{a}_r=\boldsymbol{0} \quad \text{ならば必ず} \quad k_1=\cdots=k_r=0$$

たとえば $\boldsymbol{R}^2$ において

$$\boldsymbol{a}_1=\begin{bmatrix}1\\1\end{bmatrix}, \quad \boldsymbol{a}_2=\begin{bmatrix}2\\2\end{bmatrix}$$

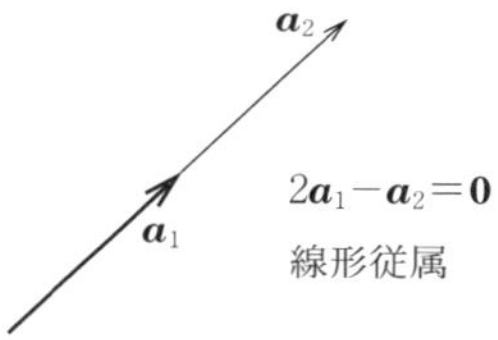

とおくと，自明でない線形関係式

$$2\boldsymbol{a}_1-\boldsymbol{a}_2=\boldsymbol{0}$$

が成立するので

$\boldsymbol{a}_1$ と $\boldsymbol{a}_2$ は線形従属

となる。また

$$\boldsymbol{a}_1=\begin{bmatrix}1\\1\end{bmatrix}, \quad \boldsymbol{a}_3=\begin{bmatrix}-3\\-3\end{bmatrix}$$

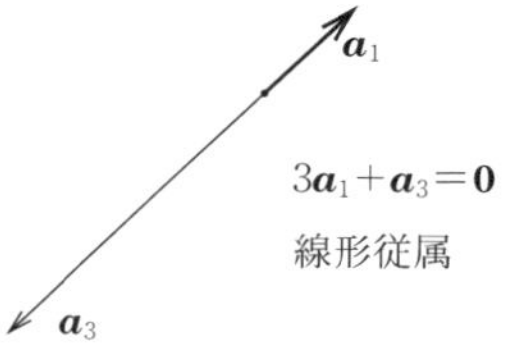

も線形従属である（右図参照）。

線形従属であるベクトルの間に成立する線形関係式は 1 つとは限らない。

これに対し

$$\boldsymbol{b}_1=\begin{bmatrix}2\\1\end{bmatrix}, \quad \boldsymbol{b}_2=\begin{bmatrix}0\\2\end{bmatrix}$$

は，0 以外のどんな実数 k_1, k_2 をもってきても

$$k_1\boldsymbol{b}_1+k_2\boldsymbol{b}_2=\boldsymbol{0}$$

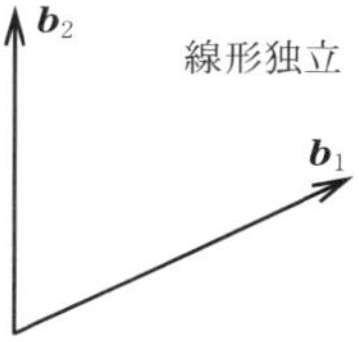

とはならない。つまり $\boldsymbol{b}_1$ と $\boldsymbol{b}_2$ には自明な線形関係式

$$0\cdot\boldsymbol{b}_1+0\cdot\boldsymbol{b}_2=\boldsymbol{0}$$

しか存在せず，したがって線形独立である。

（説明終）

例題 39

$\boldsymbol{R}^2$ において $\boldsymbol{a}_1=\begin{bmatrix}1\\2\end{bmatrix}$ と $\boldsymbol{a}_2=\begin{bmatrix}-1\\1\end{bmatrix}$ は線形独立であることを示してみよう。

線形独立

$\boldsymbol{a}_1, \cdots, \boldsymbol{a}_r$：線形独立

$$\Longleftrightarrow \left[\begin{array}{l} k_1\boldsymbol{a}_1+\cdots+k_r\boldsymbol{a}_r=\boldsymbol{0} \\ \text{ならば}\quad k_1=\cdots=k_r=0 \end{array}\right]$$

解　ベクトルの間に自明でない線形関係式が

存在するか

存在しないか

で従属，独立が決まる。

（1）　線形関係式

$$k_1\boldsymbol{a}_1+k_2\boldsymbol{a}_2=\boldsymbol{0}$$

を作ったとき，必ず

$$k_1=k_2=0$$

になれば $\boldsymbol{a}_1$ と $\boldsymbol{a}_2$ は線形独立である。

線形関係式に成分を代入すると

$$k_1\begin{bmatrix}1\\2\end{bmatrix}+k_2\begin{bmatrix}-1\\1\end{bmatrix}=\begin{bmatrix}0\\0\end{bmatrix}$$

計算して

$$\begin{bmatrix}k_1-k_2\\2k_1+k_2\end{bmatrix}=\begin{bmatrix}0\\0\end{bmatrix}$$

各成分を比較すると次の連立1次方程式を得る。

$$\begin{cases}k_1-k_2=0\\2k_1+k_2=0\end{cases}$$

A		B	行変形
1	−1	0	
2	1	0	
1	−1	0	
0	3	0	②+①×(−2)
1	−1	0	
0	1	0	②×$\frac{1}{3}$
1	0	0	①+②×1
0	1	0	

掃き出し法で解くと

$$\text{rank}\,A=\text{rank}[A \mid B]=2$$

なので，解は存在する。

自由度を求めると

$$\text{自由度} = 2 - 2 = 0$$

なので解のどれも任意に決められず，自動的に方程式よりただ１組が決定する。

掃き出し法の最後の結果より

$$\begin{cases} 1 \cdot k_1 + 0 \cdot k_2 = 0 \\ 0 \cdot k_1 + 1 \cdot k_2 = 0 \end{cases}$$

つまり

$$k_1 = k_2 = 0$$

このことより $\boldsymbol{a}_1$ と $\boldsymbol{a}_2$ には自明な線形関係式しか存在しないことになるので**線形独立**である。　　　(解終)

$AX=B$ の解

$\text{rank}\, A = \text{rank}[A \mid B]$

$\iff$ 解有り

p. 35

解の自由度

自由度＝未知数の数－rank A

＝任意に決める未知数の数

p. 35

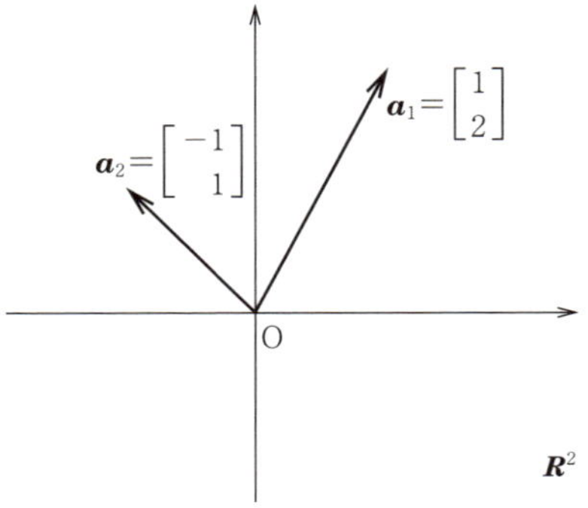

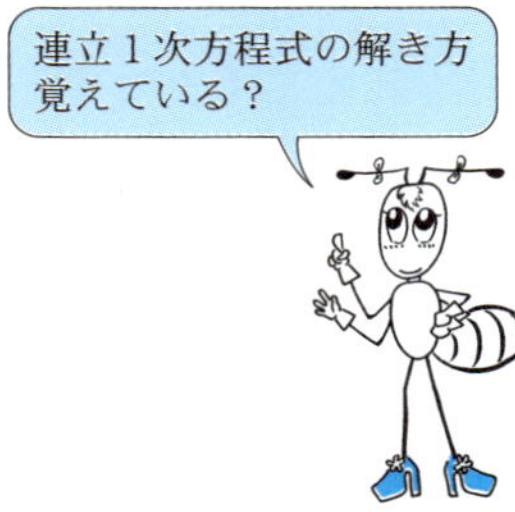

練習問題 39　　解答は p. 195

$\boldsymbol{R}^2$ において $\boldsymbol{b}_1 = \begin{bmatrix} 3 \\ -2 \end{bmatrix}$ と $\boldsymbol{b}_2 = \begin{bmatrix} 5 \\ 1 \end{bmatrix}$ は線形独立であることを示しなさい。

例題 40

$\boldsymbol{R}^2$ において $\boldsymbol{a}_1=\begin{bmatrix}1\\2\end{bmatrix}$, $\boldsymbol{a}_2=\begin{bmatrix}-1\\1\end{bmatrix}$, $\boldsymbol{a}_3=\begin{bmatrix}-1\\7\end{bmatrix}$ は線形従属であることを示し，$\boldsymbol{a}_3$ を $\boldsymbol{a}_1$ と $\boldsymbol{a}_2$ の線形結合で表わしてみよう。

解　線形関係式

$$k_1\boldsymbol{a}_1+k_2\boldsymbol{a}_2+k_3\boldsymbol{a}_3=\boldsymbol{0}$$

を作ったとき，0 でない係数が少くとも1つ存在して線形関係式が成立すれば $\boldsymbol{a}_1, \boldsymbol{a}_2, \boldsymbol{a}_3$ は線形従属である。

線形従属

$\boldsymbol{a}_1, \cdots, \boldsymbol{a}_r$：線形従属

$\iff$　$k_1\boldsymbol{a}_1+\cdots+k_r\boldsymbol{a}_r=\boldsymbol{0}$

（ある $k_i\neq0$）が成立

線形結合

$\boldsymbol{b}$ が $\boldsymbol{a}_1, \cdots, \boldsymbol{a}_r$ の線形結合

$\iff$　$\boldsymbol{b}=k_1\boldsymbol{a}_1+\cdots+k_r\boldsymbol{a}_r$

線形関係式に成分を代入して

$$k_1\begin{bmatrix}1\\2\end{bmatrix}+k_2\begin{bmatrix}-1\\1\end{bmatrix}+k_3\begin{bmatrix}-1\\7\end{bmatrix}=\begin{bmatrix}0\\0\end{bmatrix}$$

計算すると

$$\begin{bmatrix}k_1-k_2-k_3\\2k_1+k_2+7k_3\end{bmatrix}=\begin{bmatrix}0\\0\end{bmatrix}$$

成分を比較して次の連立1次方程式を得る。

$$\begin{cases}k_1-k_2-k_3=0\\2k_1+k_2+7k_3=0\end{cases}$$

これを掃き出し法で解くと

A			B	行変形
1	−1	−1	0	
2	1	7	0	
1	−1	−1	0	
0	3	9	0	②+①×(−2)
1	−1	−1	0	
0	1	3	0	②×$\frac{1}{3}$
1	0	2	0	①+②×1
0	1	3	0	

$$\mathrm{rank}\,A=\mathrm{rank}[A \,\vdots\, B]=2$$

なので解が存在する。自由度を求めると

$$\begin{aligned}自由度&=未知数の数-\mathrm{rank}\,A\\&=3-2=1\end{aligned}$$

したがって，k_1, k_2, k_3 のうち1つ任意に決めなくてはいけない。

掃き出し法の最後の結果より

$$\begin{cases} 1\cdot k_1+0\cdot k_2+2\cdot k_3=0 \\ 0\cdot k_1+1\cdot k_2+3\cdot k_3=0 \end{cases} \quad \text{つまり} \quad \begin{cases} k_1 \qquad +2k_3=0 \\ \qquad k_2+3k_3=0 \end{cases}$$

ここで $k_3=t$（t は任意の実数）とおくと上の式に代入して

$$k_1=-2t, \qquad k_2=-3t$$

ゆえに解は

$$\begin{cases} k_1=-2t \\ k_2=-3t \quad (t\text{ は任意実数}) \\ k_3=t \end{cases}$$

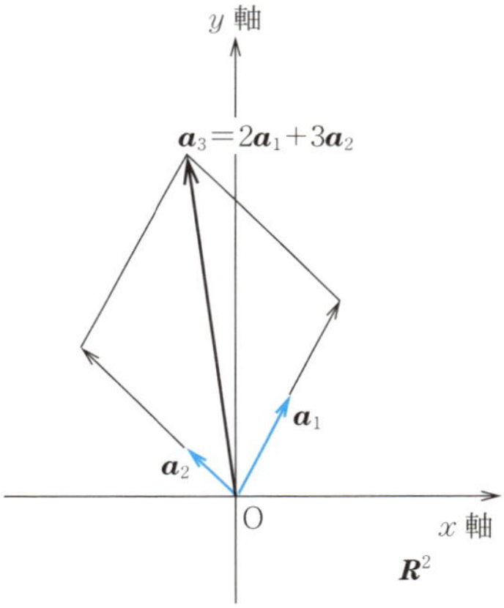

t はどんな実数でもよいが，自明でない線形関係式を求めるために 0 以外の値，たとえば $t=1$ とおくと

$$k_1=-2, \qquad k_2=-3, \qquad k_3=1$$

これをはじめの線形関係式に代入すると

$$-2\boldsymbol{a}_1-3\boldsymbol{a}_2+\boldsymbol{a}_3=\boldsymbol{0}$$

つまり $\boldsymbol{a}_1, \boldsymbol{a}_2, \boldsymbol{a}_3$ には自明でない線形関係式が存在するので線形従属である。

この式を変形すると $\boldsymbol{a}_3$ の $\boldsymbol{a}_1, \boldsymbol{a}_2$ による線形結合

$$\boldsymbol{a}_3=2\boldsymbol{a}_1+3\boldsymbol{a}_2$$

が求まる。（解終）

練習問題 40 解答は p. 196

$\boldsymbol{R}^2$ において $\boldsymbol{b}_1=\begin{bmatrix} 3 \\ -2 \end{bmatrix}$，$\boldsymbol{b}_2=\begin{bmatrix} 5 \\ 1 \end{bmatrix}$，$\boldsymbol{b}_3=\begin{bmatrix} 4 \\ 6 \end{bmatrix}$ は線形従属であることを示し，$\boldsymbol{b}_3$ を $\boldsymbol{b}_1$ と $\boldsymbol{b}_2$ の線形結合で表わしなさい。

例題 41

$\boldsymbol{R}^3$ において，次のベクトルが線形独立か線形従属かを，線形関係式を用いて調べてみよう。

（1）　$\boldsymbol{a}_1=\begin{bmatrix}1\\-1\\0\end{bmatrix},\quad \boldsymbol{a}_2=\begin{bmatrix}0\\1\\1\end{bmatrix},\quad \boldsymbol{a}_3=\begin{bmatrix}1\\0\\1\end{bmatrix}$

（2）　$\boldsymbol{b}_1=\begin{bmatrix}1\\1\\0\end{bmatrix},\quad \boldsymbol{b}_2=\begin{bmatrix}0\\1\\1\end{bmatrix},\quad \boldsymbol{b}_3=\begin{bmatrix}1\\0\\1\end{bmatrix}$

解　（1）　$k_1\boldsymbol{a}_1+k_2\boldsymbol{a}_2+k_3\boldsymbol{a}_3=\boldsymbol{0}$ とおくと

$$k_1\begin{bmatrix}1\\-1\\0\end{bmatrix}+k_2\begin{bmatrix}0\\1\\1\end{bmatrix}+k_3\begin{bmatrix}1\\0\\1\end{bmatrix}=\begin{bmatrix}0\\0\\0\end{bmatrix}$$

A	行変形
$\begin{matrix}1&0&1\\-1&1&0\\0&1&1\end{matrix}$	
$\begin{matrix}1&0&1\\0&1&1\\0&1&1\end{matrix}$	②＋①×1
$\begin{matrix}1&0&1\\0&1&1\\0&0&0\end{matrix}$	③＋②×(−1)

これより

$$\begin{cases}k_1 \qquad +k_3=0\\-k_1+k_2 \qquad =0\\ \qquad k_2+k_3=0\end{cases}$$

掃き出し法で変形すると

$$\text{rank}\,A=\text{rank}[A\ \vdots\ B]=2$$

なので解が存在し

$$\text{自由度}=3-2=1$$

となる。変形結果より

$$\begin{cases}k_1 \qquad +k_3=0\\ \qquad k_2+k_3=0\end{cases}$$

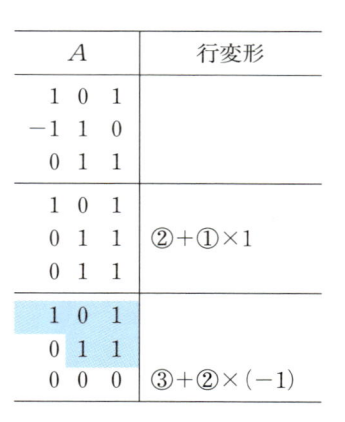

$k_3=t$ とおくと　$k_1=-t$，$k_2=-t$　（t は任意実数）。

ここで $t=1$ とおいてみると

$$k_1=-1,\quad k_2=-1,\quad k_3=1$$

これをはじめの線形関係式に代入すると自明でない線形関係式

$$-\boldsymbol{a}_1-\boldsymbol{a}_2+\boldsymbol{a}_3=\boldsymbol{0}$$

が得られるので，$\boldsymbol{a}_1, \boldsymbol{a}_2, \boldsymbol{a}_3$ は線形従属である。

（2） $k_1\boldsymbol{b}_1+k_2\boldsymbol{b}_2+k_3\boldsymbol{b}_3=\boldsymbol{0}$

とおくと

$$k_1\begin{bmatrix}1\\1\\0\end{bmatrix}+k_2\begin{bmatrix}0\\1\\1\end{bmatrix}+k_3\begin{bmatrix}1\\0\\1\end{bmatrix}=\begin{bmatrix}0\\0\\0\end{bmatrix}$$

これより

$$\begin{cases}k_1 \quad +k_3=0\\ k_1+k_2 \quad =0\\ \quad k_2+k_3=0\end{cases}$$

掃き出し法で解くと

$$\text{rank}\,A=\text{rank}[A \mid B]=3$$

$$\text{自由度}=3-3=0$$

なので，ただ１組の解が存在する。

変形結果より

$$k_1=0, \quad k_2=0, \quad k_3=0$$

ゆえに自明な線形関係式しか存在しないので，

$\boldsymbol{b}_1, \boldsymbol{b}_2, \boldsymbol{b}_3$ は線形独立である。　（解終）

A			行変形
1	0	1	
1	1	0	
0	1	1	
1	0	1	
0	1	−1	②＋①×(−1)
0	1	1	
1	0	1	
0	1	−1	
0	0	2	③＋②×(−1)
1	0	1	
0	1	−1	
0	0	1	②×$\frac{1}{2}$
1	0	0	①＋③×(−1)
0	1	0	②＋③×1
0	0	1	

練習問題 41 解答は p. 196

$\boldsymbol{R}^3$ において，次のベクトルが線形独立か線形従属かを，線形関係式を用いて調べなさい。

（1） $\boldsymbol{a}_1=\begin{bmatrix}1\\2\\1\end{bmatrix}$，$\boldsymbol{a}_2=\begin{bmatrix}3\\5\\3\end{bmatrix}$，$\boldsymbol{a}_3=\begin{bmatrix}1\\3\\2\end{bmatrix}$

（2） $\boldsymbol{b}_1=\begin{bmatrix}1\\3\\2\end{bmatrix}$，$\boldsymbol{b}_2=\begin{bmatrix}3\\7\\4\end{bmatrix}$，$\boldsymbol{b}_3=\begin{bmatrix}2\\5\\3\end{bmatrix}$

$\boldsymbol{R}^n$ における n 個のベクトルの線形独立性の判定には，次の定理が便利である。

定理 2.11

$\boldsymbol{R}^n$ の n 個のベクトル $\boldsymbol{a}_1, \cdots, \boldsymbol{a}_n$ について，これらの列ベクトルの成分を並べて行列 $A=[\boldsymbol{a}_1 \ \cdots \ \boldsymbol{a}_n]$ とするとき

$$\boldsymbol{a}_1, \cdots, \boldsymbol{a}_n : \text{線形独立} \iff |A| \neq 0$$

が成立する。

《説明》　A を係数行列とする同次連立1次方程式の行列式 $|A|$ と解の種類との関係から導かれる。

“$\iff$”は必要かつ十分条件のことなので，線形独立，線形従属，両方の言葉で下のように表わすことができる。　（説明終）

$$\boldsymbol{a}_1, \cdots, \boldsymbol{a}_n : \text{線形独立} \iff |\boldsymbol{a}_1 \ \cdots \ \boldsymbol{a}_n| \neq 0$$

$$\boldsymbol{a}_1, \cdots, \boldsymbol{a}_n : \text{線形従属} \iff |\boldsymbol{a}_1 \ \cdots \ \boldsymbol{a}_n| = 0$$

$\boldsymbol{R}^n$ の n 個のベクトルについて
調べるときに使ってね。

例題 42

$\boldsymbol{R}^3$ において，次の3つのベクトルが線形独立か線形従属かを，行列式を計算して調べてみよう。

（1） $\boldsymbol{a}_1=\begin{bmatrix}1\\-1\\0\end{bmatrix}$, $\boldsymbol{a}_2=\begin{bmatrix}0\\1\\1\end{bmatrix}$, $\boldsymbol{a}_3=\begin{bmatrix}1\\0\\1\end{bmatrix}$

（2） $\boldsymbol{b}_1=\begin{bmatrix}1\\1\\0\end{bmatrix}$, $\boldsymbol{b}_2=\begin{bmatrix}0\\1\\1\end{bmatrix}$, $\boldsymbol{b}_3=\begin{bmatrix}1\\0\\1\end{bmatrix}$

解　各ベクトルを並べた行列の行列式の値を調べればよい。

（1） サラスの公式を使ってみると

$$|\boldsymbol{a}_1\ \ \boldsymbol{a}_2\ \ \boldsymbol{a}_3|=\begin{vmatrix}1&0&1\\-1&1&0\\0&1&1\end{vmatrix}=1+0-1-0+0-0=0$$

ゆえに $\boldsymbol{a}_1, \boldsymbol{a}_2, \boldsymbol{a}_3$ は線形従属である。

（2） 行列式の変形で計算してみると

$$|\boldsymbol{b}_1\ \ \boldsymbol{b}_2\ \ \boldsymbol{b}_3|=\begin{vmatrix}1&0&1\\1&1&0\\0&1&1\end{vmatrix}\overset{②+①\times(-1)}{=}\begin{vmatrix}1&0&1\\0&1&-1\\0&1&1\end{vmatrix}$$

$$\underset{\text{展開}}{\overset{①'\text{で}}{=}}1\cdot(-1)^{1+1}\begin{vmatrix}1&-1\\1&1\end{vmatrix}=1\cdot1-(-1)\cdot1=2\neq0$$

ゆえに $\boldsymbol{b}_1, \boldsymbol{b}_2, \boldsymbol{b}_3$ は線形独立である。　(解終)

練習問題 42　解答は p. 198

$\boldsymbol{R}^3$ において，次のベクトルが線形独立か線形従属かを，行列式を計算することにより調べなさい。

（1） $\boldsymbol{a}_1=\begin{bmatrix}1\\2\\1\end{bmatrix}$, $\boldsymbol{a}_2=\begin{bmatrix}3\\5\\3\end{bmatrix}$, $\boldsymbol{a}_3=\begin{bmatrix}1\\3\\2\end{bmatrix}$

（2） $\boldsymbol{b}_1=\begin{bmatrix}1\\3\\2\end{bmatrix}$, $\boldsymbol{b}_2=\begin{bmatrix}3\\7\\4\end{bmatrix}$, $\boldsymbol{b}_3=\begin{bmatrix}2\\5\\3\end{bmatrix}$

2.4 部分空間

ここでも以下，V を実数上の線形空間とする。

定義

W を V に含まれている集合(部分集合)とする。

W が V と同じベクトルの和とスカラー倍の演算によって実数上の線形空間になっているとき，W を V の**線形部分空間**，または単に**部分空間**という。

《説明》 線形空間 V とは

和　　$\boldsymbol{a}+\boldsymbol{b}$

スカラー倍　　$k\boldsymbol{a}$

が定義され，それらにいくつかの式が成立している空間のことであった。

この線形空間 V の部分集合の中で，その中だけで線形空間として完結している集合 W を部分空間という。どんな部分集合でも部分空間になれるわけではない。　(説明終)

定理 2.12

W を V の空でない部分集合とする。

W が V の部分空間であるための必要十分条件は次の2つである。

(i)　$\boldsymbol{x}, \boldsymbol{y} \in W \quad \Rightarrow \quad \boldsymbol{x}+\boldsymbol{y} \in W$

(ii)　$\boldsymbol{x} \in W,\ t \in \boldsymbol{R} \quad \Rightarrow \quad t\boldsymbol{x} \in W$

《説明》 W は線形空間 V の部分集合なので，W の中で和とスカラー倍が定義されていれば線形空間の公理の式が全部成立する。　(説明終)

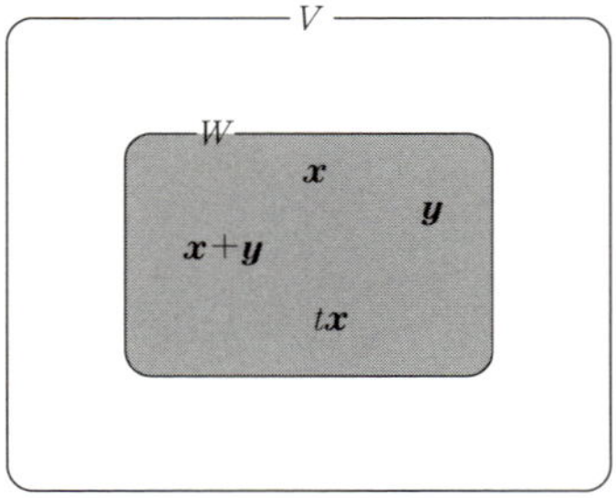

定理 2.13

V のベクトル $\boldsymbol{a}_1, \cdots, \boldsymbol{a}_r$ のすべての線形結合からなる集合

$$W=\{\boldsymbol{x} \mid \boldsymbol{x}=k_1\boldsymbol{a}_1+\cdots+k_r\boldsymbol{a}_r,\quad k_1, \cdots, k_r \in \boldsymbol{R}\}$$

は V の部分空間である。

《**説明**》 このような部分空間 W を

$\boldsymbol{a}_1, \cdots, \boldsymbol{a}_r$ で**張られる空間**または**生成される空間**

という。

部分空間であることを示すには定理 2.12(前頁)の条件(i)(ii)が成立することを証明すればよい。 (説明終)

【**証明**】 (i) $\boldsymbol{x}, \boldsymbol{y} \in W$ に対して

$$\boldsymbol{x}=k_1\boldsymbol{a}_1+\cdots+k_r\boldsymbol{a}_r \quad (k_1, \cdots, k_r \in \boldsymbol{R})$$

$$\boldsymbol{y}=l_1\boldsymbol{a}_1+\cdots+l_r\boldsymbol{a}_r \quad (l_1, \cdots, l_r \in \boldsymbol{R})$$

とおくと

$$\begin{aligned}\boldsymbol{x}+\boldsymbol{y}&=(k_1\boldsymbol{a}_1+\cdots+k_r\boldsymbol{a}_r)+(l_1\boldsymbol{a}_1+\cdots+l_r\boldsymbol{a}_r)\\&=(k_1+l_1)\boldsymbol{a}_1+\cdots+(k_r+l_r)\boldsymbol{a}_r\end{aligned}$$

すべての k_i+l_i $(i=1, \cdots, r)$ は実数なので $\boldsymbol{x}+\boldsymbol{y}$ は $\boldsymbol{a}_1, \cdots, \boldsymbol{a}_r$ の線形結合。

$$\therefore \quad \boldsymbol{x}+\boldsymbol{y} \in W$$

(ii) $\boldsymbol{x} \in W$, $t \in \boldsymbol{R}$ とし

$$\boldsymbol{x}=k_1\boldsymbol{a}_1+\cdots+k_r\boldsymbol{a}_r \quad (k_1, \cdots, k_r \in \boldsymbol{R})$$

とおくと

$$\begin{aligned}t\boldsymbol{x}&=t(k_1\boldsymbol{a}_1+\cdots+k_r\boldsymbol{a}_r)\\&=(tk_1)\boldsymbol{a}_1+\cdots+(tk_r)\boldsymbol{a}_r\end{aligned}$$

すべての tk_i $(i=1, \cdots, r)$ は実数なので $t\boldsymbol{x}$ は $\boldsymbol{a}_1, \cdots, \boldsymbol{a}_r$ の線形結合。

$$\therefore \quad t\boldsymbol{x} \in W$$

(i)(ii)がともに成立したので W は V の部分空間である。 (証明終)

例題 43

（1）$W=\left\{\boldsymbol{x}\;\middle|\;\boldsymbol{x}=\begin{bmatrix}x_1\\x_2\end{bmatrix},\ x_2=2x_1,\ x_1, x_2\in\boldsymbol{R}\right\}$ は $\boldsymbol{R}^2$ の部分空間であることを示してみよう。

（2）$U=\left\{\boldsymbol{x}\;\middle|\;\boldsymbol{x}=\begin{bmatrix}x_1\\x_2\end{bmatrix},\ x_1+x_2=1,\ x_1, x_2\in\boldsymbol{R}\right\}$ は $\boldsymbol{R}^2$ の部分空間ではないことを示してみよう。

《説明》　まず $\boldsymbol{R}^2$ の部分集合 W と U の説明をよく見よう。2つの部分集合のちがいはベクトルの成分の関係である。

（1）のベクトル $\boldsymbol{x}=\begin{bmatrix}x_1\\x_2\end{bmatrix}$ を xy 平面上の位置ベクトル $\overrightarrow{\mathrm{OP}}$ と考えると，$x_2=2x_1$ という関係があるので $\overrightarrow{\mathrm{OP}}$ は直線 $y=2x$ 上にあることになる。

（2）のベクトル $\boldsymbol{x}=\begin{bmatrix}x_1\\x_2\end{bmatrix}$ を xy 平面上の位置ベクトル $\overrightarrow{\mathrm{OQ}}$ と考えると，$x_1+x_2=1$ という関係があるので点Qは直線 $x+y=1$ 上にある。

（説明終）

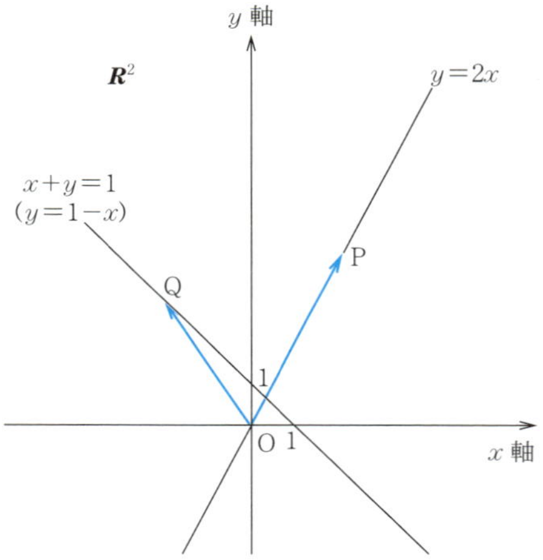

部分空間

（i）$\boldsymbol{x}, \boldsymbol{y}\in W \Rightarrow \boldsymbol{x}+\boldsymbol{y}\in W$

（ii）$\boldsymbol{x}\in W,\ t\in\boldsymbol{R} \Rightarrow t\boldsymbol{x}\in W$

解　（1）部分空間の条件（i）（ii）を示す。

（i）$\boldsymbol{x}, \boldsymbol{y}\in W$ とし

$$\boldsymbol{x}=\begin{bmatrix}x_1\\x_2\end{bmatrix}\quad (x_2=2x_1),\qquad \boldsymbol{y}=\begin{bmatrix}y_1\\y_2\end{bmatrix}\quad (y_2=2y_1)$$

とおくと

$$\boldsymbol{x}+\boldsymbol{y}=\begin{bmatrix}x_1\\x_2\end{bmatrix}+\begin{bmatrix}y_1\\y_2\end{bmatrix}=\begin{bmatrix}x_1+y_1\\x_2+y_2\end{bmatrix}$$

このベクトルの第1成分と第2成分の関係を調べると

$$x_2+y_2=2x_1+2y_1=2(x_1+y_1)$$

なので $\boldsymbol{x}+\boldsymbol{y}\in W$

（ii） $\boldsymbol{x}\in W$，$t\in \boldsymbol{R}$ とし，$\boldsymbol{x}=\begin{bmatrix} x_1 \\ x_2 \end{bmatrix}$ $(x_2=2x_1)$ とおくと

$$t\boldsymbol{x}=t\begin{bmatrix} x_1 \\ x_2 \end{bmatrix}=\begin{bmatrix} tx_1 \\ tx_2 \end{bmatrix}$$

成分の関係を調べると

$$tx_2=t(2x_1)=2(tx_1)$$

なので $t\boldsymbol{x}\in W$

（i）（ii）が成立したので W は $\boldsymbol{R}^2$ の部分空間である。

（2） 部分空間の条件の（i）または（ii）が成立しなければ部分空間ではない。

（i） $\boldsymbol{x}, \boldsymbol{y}\in U$ とし

$$\boldsymbol{x}=\begin{bmatrix} x_1 \\ x_2 \end{bmatrix} \quad (x_1+x_2=1), \qquad \boldsymbol{y}=\begin{bmatrix} y_1 \\ y_2 \end{bmatrix} \quad (y_1+y_2=1)$$

とおくと

$$\boldsymbol{x}+\boldsymbol{y}=\begin{bmatrix} x_1 \\ x_2 \end{bmatrix}+\begin{bmatrix} y_1 \\ y_2 \end{bmatrix}=\begin{bmatrix} x_1+y_1 \\ x_2+y_2 \end{bmatrix}$$

ここで，第1成分と第2成分の関係を調べてみると

$$\begin{aligned}(x_1+y_1)+(x_2+y_2)&=(x_1+x_2)+(y_1+y_2)\\&=1+1\neq 1\end{aligned}$$

なので $\boldsymbol{x}+\boldsymbol{y}\notin U$，ゆえに（i）が成立しないので U は $\boldsymbol{R}^2$ の部分空間ではない。 （解終）

練習問題 43 解答は p. 198

次の $\boldsymbol{R}^2$ の部分集合は部分空間になるかどうか調べなさい。

（1） $X=\left\{\boldsymbol{x} \,\middle|\, \boldsymbol{x}=\begin{bmatrix} x_1 \\ x_2 \end{bmatrix},\ {x_1}^2+{x_2}^2=1,\ x_1, x_2\in \boldsymbol{R}\right\}$

（2） $Y=\left\{\boldsymbol{y} \,\middle|\, \boldsymbol{y}=\begin{bmatrix} y_1 \\ y_2 \end{bmatrix},\ y_1+y_2=0,\ y_1, y_2\in \boldsymbol{R}\right\}$

2.5　基底と次元

線形空間の構造をもう少し詳しく調べてみよう。前と同様，V は実数上の線形空間とする。

定義

V のベクトルの組 $\{\boldsymbol{v}_1, \cdots, \boldsymbol{v}_n\}$ が次の性質をみたしているとき V の**基底**という。

（i）　$\boldsymbol{v}_1, \cdots, \boldsymbol{v}_n$ は線形独立である。

（ii）　V の任意のベクトルは $\boldsymbol{v}_1, \cdots, \boldsymbol{v}_n$ の線形結合でかける。

《説明》　集合の記号でかくと

$$V=\{\boldsymbol{x} \mid \boldsymbol{x}=k_1\boldsymbol{v}_1+\cdots+k_n\boldsymbol{v}_n,\ \ k_1, \cdots, k_n \in \boldsymbol{R}\}$$

となる。つまり線形空間 V が線形独立なベクトルの組 $\{\boldsymbol{v}_1, \cdots, \boldsymbol{v}_n\}$ で生成されるとき，$\{\boldsymbol{v}_1, \cdots, \boldsymbol{v}_n\}$ を V の基底という。V のすべてのベクトルを作り出す大もとのベクトルの組である。

線形空間には必ず基底が存在する。一般に基底の組は無数にあるが，基底を構成するベクトルの個数はいつも一定であることが示されている。

特に次の n 項列ベクトル空間 $\boldsymbol{R}^n$ の基底 $\{\boldsymbol{e}_1, \cdots, \boldsymbol{e}_n\}$ を**標準基底**という。

$$\boldsymbol{e}_1=\begin{bmatrix} 1 \\ 0 \\ \vdots \\ 0 \end{bmatrix},\ \boldsymbol{e}_2=\begin{bmatrix} 0 \\ 1 \\ \vdots \\ 0 \end{bmatrix},\ \cdots,\ \boldsymbol{e}_n=\begin{bmatrix} 0 \\ \vdots \\ 0 \\ 1 \end{bmatrix}$$

（説明終）

線形独立

$\boldsymbol{v}_1, \cdots, \boldsymbol{v}_n$：線形独立

$\iff$　$k_1\boldsymbol{v}_1+\cdots+k_1\boldsymbol{v}_1=\boldsymbol{0}$

ならば，すべて $k_i=0$

線形結合

$\boldsymbol{x}$ が $\boldsymbol{v}_1, \cdots, \boldsymbol{v}_n$ の線形結合

$\iff$ $\boldsymbol{x}=k_1\boldsymbol{v}_1+\cdots+k_n\boldsymbol{v}_n$

定義

V の基底を構成するベクトルの個数を V の**次元**といい

$$\dim V$$

とかく。

《**説明**》 1つの線形空間に対して基底はたくさん考えられるが，基底を構成しているベクトルの個数はその空間に対して常に一定となることがわかっている。この個数をその線形空間の次元という。

$\dim V=n$ のとき，V の線形独立なベクトルの組の最大個数は n 個であり，$(n+1)$ 個のベクトルは必ず線形従属となる。

$\boldsymbol{R}^n$ は標準基底 $\{\boldsymbol{e}_1, \cdots, \boldsymbol{e}_n\}$ をもつので

$$\dim \boldsymbol{R}^n=n$$

である。

特にゼロベクトル $\boldsymbol{0}$ だけからなる線形空間 $V=\{\boldsymbol{0}\}$ に対しては

$$\dim\{\boldsymbol{0}\}=0$$

としておく。 （説明終）

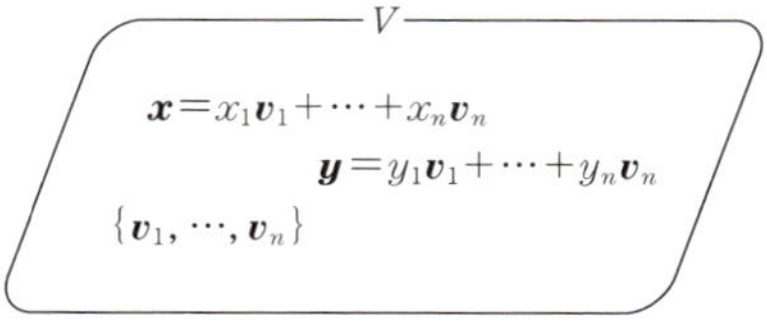

定理 2.14

$\{\boldsymbol{v}_1, \cdots, \boldsymbol{v}_n\}$ が V の基底ならば，V の任意のベクトル $\boldsymbol{x}$ は

$$\boldsymbol{x} = k_1\boldsymbol{v}_1 + \cdots + k_n\boldsymbol{v}_n$$

とただ1通りに表わせる。

【証明】 $\boldsymbol{x}$ が

$$\boldsymbol{x} = k_1\boldsymbol{v}_1 + \cdots + k_n\boldsymbol{v}_n$$
$$\boldsymbol{x} = k_1'\boldsymbol{v}_1 + \cdots + k_n'\boldsymbol{v}_n$$

と2通りに表わせたとすると，

線形独立

$\boldsymbol{v}_1, \cdots, \boldsymbol{v}_n$：線形独立

$\iff$ $k_1\boldsymbol{v}_1 + \cdots + k_n\boldsymbol{v}_n = \boldsymbol{0}$ ならば，すべての $k_i = 0$

辺々引いて

$$\boldsymbol{0} = (k_1 - k_1')\boldsymbol{v}_1 + \cdots + (k_n - k_n')\boldsymbol{v}_n$$

$\boldsymbol{v}_1, \cdots, \boldsymbol{v}_n$ は V の基底なので線形独立

$$\therefore \quad k_1 - k_1' = 0, \quad \cdots, \quad k_n - k_n' = 0$$
$$\therefore \quad k_1 = k_1', \quad \cdots, \quad k_n = k_n'$$

ゆえに $\boldsymbol{x}$ の表わし方は1通りである。　(証明終)

定理 2.15

$\dim V = n$ のとき，V の n 個の線形独立なベクトルの組 $\{\boldsymbol{a}_1, \cdots, \boldsymbol{a}_n\}$ はすべて V の基底となれる。

《説明》 $\boldsymbol{a}_1, \cdots, \boldsymbol{a}_n$ の線形結合ではかけないベクトル $\boldsymbol{b}$ が存在すると仮定すると矛盾が生じることより示される。

この定理により，$\boldsymbol{R}^n$ などすでに次元がわかっている線形空間のベクトルの組 $\{\boldsymbol{a}_1, \cdots, \boldsymbol{a}_n\}$ が基底かどうかを判断するには，線形独立性だけを調べればよいことになる。　(説明終)

定理 2.11

線形独立 $\iff$ $|\boldsymbol{a}_1 \ \cdots \ \boldsymbol{a}_n| \neq 0$

線形従属 $\iff$ $|\boldsymbol{a}_1 \ \cdots \ \boldsymbol{a}_n| = 0$

$\boldsymbol{R}^n$

例題 44

$\boldsymbol{a}_1=\begin{bmatrix}1\\2\end{bmatrix}$, $\boldsymbol{a}_2=\begin{bmatrix}2\\1\end{bmatrix}$, $\boldsymbol{b}=\begin{bmatrix}0\\-3\end{bmatrix}$ について

（1） $\{\boldsymbol{a}_1, \boldsymbol{a}_2\}$ は $\boldsymbol{R}^2$ の１組の基底となれることを示してみよう。

（2） $\boldsymbol{b}$ を $\boldsymbol{a}_1$ と $\boldsymbol{a}_2$ の線形結合で表わしてみよう。

解 （1） $\dim \boldsymbol{R}^2=2$ なので $\boldsymbol{a}_1$ と $\boldsymbol{a}_2$ が線形独立であることを示せばよい。

定理 2.11(p. 102) を使って調べよう。

$\boldsymbol{a}_1, \boldsymbol{a}_2$ を並べた行列式を計算すると

$$|\boldsymbol{a}_1 \quad \boldsymbol{a}_2|=\begin{vmatrix}1 & 2\\2 & 1\end{vmatrix}=1\cdot1-2\cdot2=-3\neq0$$

ゆえに $\{\boldsymbol{a}_1, \boldsymbol{a}_2\}$ は線形独立なので $\boldsymbol{R}^2$ の基底になれる。

（2） $\boldsymbol{b}=k_1\boldsymbol{a}_1+k_2\boldsymbol{a}_2$

とおいて成分を代入すると

$$\begin{bmatrix}0\\-3\end{bmatrix}=k_1\begin{bmatrix}1\\2\end{bmatrix}+k_2\begin{bmatrix}2\\1\end{bmatrix}$$

これより次の連立１次方程式を得る。

$$\begin{cases}k_1+2k_2=0\\2k_1+k_2=-3\end{cases}$$

これを解くと

$$k_1=-2, \qquad k_2=1$$

$$\therefore \quad \boldsymbol{b}=-2\boldsymbol{a}_1+\boldsymbol{a}_2$$ （解終）

A		B	行変形
①	2	0	
2	1	−3	
1	2	0	
0	−3	−3	②＋①×(−2)
1	2	0	
0	①	1	②×$\left(-\frac{1}{3}\right)$
1	0	−2	①＋②×(−2)
0	1	1	

練習問題 44 解答は p. 199

$\boldsymbol{a}_1=\begin{bmatrix}1\\-1\end{bmatrix}$, $\boldsymbol{a}_2=\begin{bmatrix}0\\2\end{bmatrix}$, $\boldsymbol{b}=\begin{bmatrix}4\\2\end{bmatrix}$ とするとき，$\{\boldsymbol{a}_1, \boldsymbol{a}_2\}$ が $\boldsymbol{R}^2$ の基底になれることを示し，$\boldsymbol{b}$ を $\boldsymbol{a}_1$ と $\boldsymbol{a}_2$ の線形結合で表わしなさい。

例題 45

$$\boldsymbol{a}_1=\begin{bmatrix}1\\1\\0\end{bmatrix},\ \boldsymbol{a}_2=\begin{bmatrix}0\\1\\1\end{bmatrix},\ \boldsymbol{a}_3=\begin{bmatrix}1\\0\\-1\end{bmatrix}$$ とする。

$\boldsymbol{R}^3$ において $\boldsymbol{a}_1, \boldsymbol{a}_2, \boldsymbol{a}_3$ で生成される部分空間

$$W=\{\boldsymbol{x}\mid\boldsymbol{x}=k_1\boldsymbol{a}_1+k_2\boldsymbol{a}_2+k_3\boldsymbol{a}_3,\quad k_1, k_2, k_3\in\boldsymbol{R}\}$$

の1組の基底と dim W を求めてみよう。

解　$\boldsymbol{a}_1, \boldsymbol{a}_2, \boldsymbol{a}_3$ が線形独立であればそのまま W の基底になれる。サラスの公式で行列式を計算すると

> $\{\boldsymbol{a}_1, \cdots, \boldsymbol{a}_r\}$：$W$ の基底
> $\Longleftrightarrow$ (i) 線形独立
> (ii) $W\ni\boldsymbol{x}=k_1\boldsymbol{a}_1+\cdots+k_r\boldsymbol{a}_r$

> 線形独立 $\Longleftrightarrow$ $|\boldsymbol{a}_1\ \cdots\ \boldsymbol{a}_n|\neq 0$
> 線形従属 $\Longleftrightarrow$ $|\boldsymbol{a}_1\ \cdots\ \boldsymbol{a}_n|=0$

$$|\boldsymbol{a}_1\quad\boldsymbol{a}_2\quad\boldsymbol{a}_3|=\begin{vmatrix}1&0&1\\1&1&0\\0&1&-1\end{vmatrix}$$

$$=-1+0+1-0-0-0=0$$

ゆえに $\boldsymbol{a}_1, \boldsymbol{a}_2, \boldsymbol{a}_3$ は線形従属である。したがって，この中から線形独立なベクトルを選んで基底としなければならない。

$\boldsymbol{a}_1, \boldsymbol{a}_2, \boldsymbol{a}_3$ の線形関係式を求めるために

$$l_1\boldsymbol{a}_1+l_2\boldsymbol{a}_2+l_3\boldsymbol{a}_3=\boldsymbol{0}$$

とおくと，成分を代入して

$$l_1\begin{bmatrix}1\\1\\0\end{bmatrix}+l_2\begin{bmatrix}0\\1\\1\end{bmatrix}+l_3\begin{bmatrix}1\\0\\-1\end{bmatrix}=\begin{bmatrix}0\\0\\0\end{bmatrix}$$

これより次の連立1次方程式を得る

$$\begin{cases}l_1+l_3=0\\l_1+l_2=0\\l_2-l_3=0\end{cases}$$

これを解くと，右の変形より

$$\mathrm{rank}\,A = \mathrm{rank}[A \,\vdots\, B] = 2$$

$$\text{自由度} = 3 - 2 = 1$$

A			行変形
1	0	1	
1	1	0	
0	1	−1	
1	0	1	
0	1	−1	②+①×(−1)
0	1	−1	
1	0	1	
0	1	−1	
0	0	0	③+②×(−1)

変形の最後より

$$\begin{cases} l_1 \quad + l_3 = 0 \\ \quad l_2 - l_3 = 0 \end{cases}$$

$l_3 = t$　とおくと　$l_1 = -t$，$l_2 = t$

$t = 1$ としてもとの線形関係式に代入すると

$$-\boldsymbol{a}_1 + \boldsymbol{a}_2 + \boldsymbol{a}_3 = \boldsymbol{0} \qquad \therefore \quad \boldsymbol{a}_3 = \boldsymbol{a}_1 - \boldsymbol{a}_2$$

W の任意のベクトル

$$\boldsymbol{x} = k_1\boldsymbol{a}_1 + k_2\boldsymbol{a}_2 + k_3\boldsymbol{a}_3$$

に代入すると

$$\begin{aligned} \boldsymbol{x} &= k_1\boldsymbol{a}_1 + k_2\boldsymbol{a}_2 + k_3(\boldsymbol{a}_1 - \boldsymbol{a}_2) \\ &= (k_1 + k_3)\,\boldsymbol{a}_1 + (k_2 - k_3)\,\boldsymbol{a}_2 \end{aligned}$$

と $\boldsymbol{a}_1$ と $\boldsymbol{a}_2$ の線形結合でかける。もし $\boldsymbol{a}_1$ と $\boldsymbol{a}_2$ が線形独立であれば W の基底である。$\boldsymbol{R}^3$ の 2 つのベクトルについてなので，線形関係式を用いて調べよう。

$$l_1\boldsymbol{a}_1 + l_2\boldsymbol{a}_2 = \boldsymbol{0}$$

とおいて成分を代入すると

$$l_1\begin{bmatrix}1\\1\\0\end{bmatrix} + l_2\begin{bmatrix}0\\1\\1\end{bmatrix} = \begin{bmatrix}0\\0\\0\end{bmatrix} \qquad \text{これより} \quad \begin{cases} l_1 \quad\;\; = 0 \\ l_1 + l_2 = 0 \\ \quad\;\; l_2 = 0 \end{cases} \qquad \therefore \quad \begin{cases} l_1 = 0 \\ l_2 = 0 \end{cases}$$

ゆえに $\{\boldsymbol{a}_1, \boldsymbol{a}_2\}$ は線形独立なので基底となれる。

したがって $\dim W = 2$ となる。　　　　（解終）

練習問題 45　解答は p. 200

$\boldsymbol{b}_1 = \begin{bmatrix}1\\0\\4\end{bmatrix}$，$\boldsymbol{b}_2 = \begin{bmatrix}-1\\4\\6\end{bmatrix}$，$\boldsymbol{b}_3 = \begin{bmatrix}0\\2\\5\end{bmatrix}$ で生成される部分空間 W の基底と次元を求めなさい。

例題 46

$\boldsymbol{R}^2$ の部分空間 $W=\left\{\boldsymbol{x}\,\middle|\,\boldsymbol{x}=\begin{bmatrix}x_1\\x_2\end{bmatrix},\ x_2=2x_1,\ x_1, x_2\in\boldsymbol{R}\right\}$ の基底と次元を求めてみよう。

基底

$\{\boldsymbol{a}_1, \cdots, \boldsymbol{a}_r\}$: W の基底

$\Longleftrightarrow \begin{cases}(\text{i})\ \ \boldsymbol{a}_1, \cdots, \boldsymbol{a}_r : \text{線形独立}\\(\text{ii})\ \ W\ni\boldsymbol{x}=k_1\boldsymbol{a}_1+\cdots+k_r\boldsymbol{a}_r\end{cases}$

解　まず基底となりそうなベクトルの組を見つけ出そう。

W の任意の元 $\boldsymbol{x}$ は

$$\boldsymbol{x}=\begin{bmatrix}x_1\\x_2\end{bmatrix}\quad(x_2=2x_1)$$

とかけるので，変形して

$$\boldsymbol{x}=\begin{bmatrix}x_1\\2x_1\end{bmatrix}=x_1\begin{bmatrix}1\\2\end{bmatrix}$$

とかける。そこで

$$\boldsymbol{a}=\begin{bmatrix}1\\2\end{bmatrix}$$

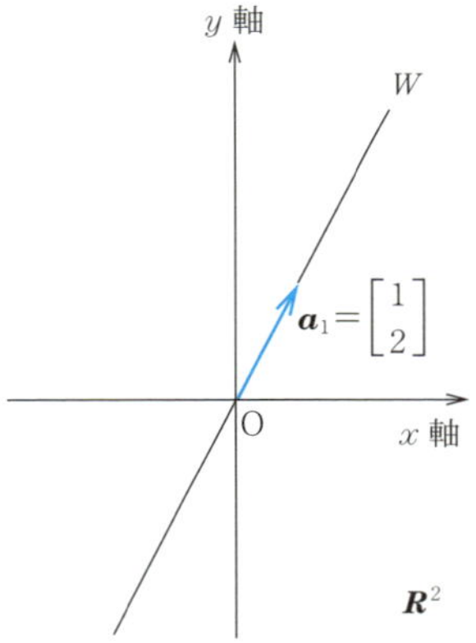

とおくと，$\boldsymbol{a}$ はそれ1つで線形独立である。(なぜなら $k\boldsymbol{a}=\boldsymbol{0}$ とすると必ず $k=0$ だから。) そして W の任意の元 $\boldsymbol{x}$ は

$$\boldsymbol{x}=k\boldsymbol{a}\quad(k\ \text{は実数})$$

とかけるので1つのベクトルからなる $\left\{\begin{bmatrix}1\\2\end{bmatrix}\right\}$ が W の1つの基底。

ゆえに $\dim W=1$ である。　　　　(解終)

練習問題 46

解答は p. 200

$\boldsymbol{R}^2$ の部分空間 $Y=\left\{\boldsymbol{y}\,\middle|\,\boldsymbol{y}=\begin{bmatrix}y_1\\y_2\end{bmatrix},\ y_1+y_2=0,\ y_1, y_2\in\boldsymbol{R}\right\}$ の基底と次元を求めなさい。

2.6 線形写像

ここでは，V と V' を実数上の線形空間とする。

定義

V から V' への写像 $f: V \to V'$ について

(i) $f(\boldsymbol{a}+\boldsymbol{b})=f(\boldsymbol{a})+f(\boldsymbol{b}) \qquad (\boldsymbol{a}, \boldsymbol{b} \in V)$

(ii) $f(k\boldsymbol{a})=kf(\boldsymbol{a}) \qquad (\boldsymbol{a} \in V,\ k \in \boldsymbol{R})$

が成立するとき，f を**線形写像**という。

《説明》 写像とは対応関係のうち，相手がただ1つ決まるものをいう。

(i)も(ii)も一見あたりまえのような性質だが，それほどあたりまえでもない。たとえば，写像の一種の三角関数を考えてみると

$$\sin(\alpha+\beta) \neq \sin\alpha+\sin\beta$$

$$\sin(k\alpha) \neq k\sin\alpha$$

なので(i)も(ii)も成立しない。

(i)と(ii)の性質を**線形性**といい，線形性をもつ写像が線形写像である。

(説明終)

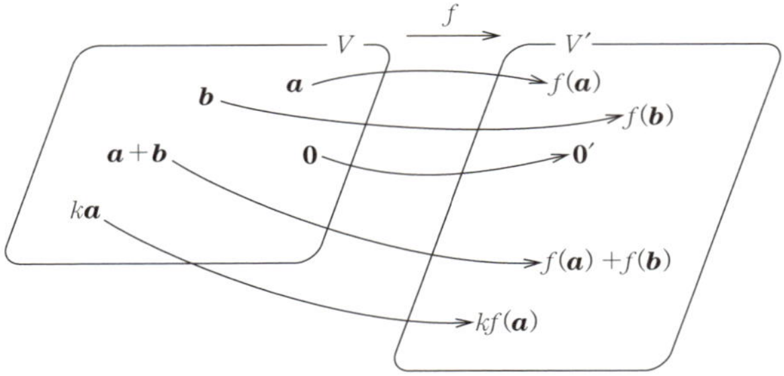

定理 2.16

線形写像 $f: V \to V'$ について

$$f(V)=\{\boldsymbol{a}' \mid \boldsymbol{a}'=f(\boldsymbol{a}),\ \boldsymbol{a}\in V\}$$

は V' の部分空間である。

《説明》 $f(V)$とは，Vの元をすべてfで写像したときの行き先のベクトル全部のこと。$f(V)$をVのfによる像という。

W：部分空間

$$\iff \begin{cases} (\mathrm{i}) & \boldsymbol{x}, \boldsymbol{y}\in W \Rightarrow \boldsymbol{x}+\boldsymbol{y}\in W \\ (\mathrm{ii}) & \boldsymbol{x}\in W,\ t\in \boldsymbol{R} \Rightarrow t\boldsymbol{x}\in W \end{cases}$$

（説明終）

【証明】 $f(V)$について，部分空間の条件(ｉ)と(ii)を示せばよい。

(ｉ)　$\boldsymbol{a}', \boldsymbol{b}'\in f(V)$とすると

$$\boldsymbol{a}'=f(\boldsymbol{a}), \quad \boldsymbol{b}'=f(\boldsymbol{b}), \quad \boldsymbol{a}, \boldsymbol{b}\in V$$

とかける。ゆえに線形写像の定義の式(ｉ)(p. 115)を使うと

$$\boldsymbol{a}'+\boldsymbol{b}'=f(\boldsymbol{a})+f(\boldsymbol{b})=f(\boldsymbol{a}+\boldsymbol{b})$$

$\boldsymbol{a}+\boldsymbol{b}\in V$ なので $\boldsymbol{a}'+\boldsymbol{b}'\in f(V)$となる。

(ii)　$\boldsymbol{a}'\in f(V)$，$t\in \boldsymbol{R}$ とすると

$$\boldsymbol{a}'=f(\boldsymbol{a}), \quad \boldsymbol{a}\in V$$

とかける。線形写像の定義の式(ii)より

$$t\boldsymbol{a}'=tf(\boldsymbol{a})=f(t\boldsymbol{a})$$

$t\boldsymbol{a}\in V$ なので $t\boldsymbol{a}'\in f(V)$となる。

部分空間の条件(ｉ)と(ii)が成立したので，$f(V)$はV'の部分空間であることが証明された。　（証明終）

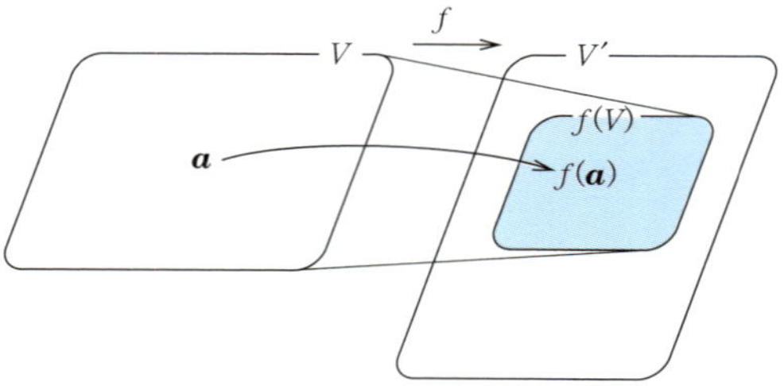

例題 47

次の写像 $f: \boldsymbol{R}^2 \to \boldsymbol{R}^2$ が線形写像かどうか調べてみよう。

$$\begin{bmatrix} x_1 \\ x_2 \end{bmatrix} \overset{f}{\longmapsto} \begin{bmatrix} 2x_1 \\ x_1+2x_2 \end{bmatrix}$$

解　写像 f の"きまり"をよく見ながら線形写像の定義(ｉ)(ii)が成立するかどうか調べればよい。

> f：線形写像
> $$\Longleftrightarrow \begin{cases} (\text{i}) & f(\boldsymbol{a}+\boldsymbol{b}) = f(\boldsymbol{a})+f(\boldsymbol{b}) \\ (\text{ii}) & f(k\boldsymbol{a}) = kf(\boldsymbol{a}) \end{cases}$$

$\boldsymbol{a} = \begin{bmatrix} a_1 \\ a_2 \end{bmatrix}$, $\boldsymbol{b} = \begin{bmatrix} b_1 \\ b_2 \end{bmatrix} \in \boldsymbol{R}^2$ と $k \in \boldsymbol{R}$ について

(ｉ)　$$f(\boldsymbol{a}+\boldsymbol{b}) = f\left(\begin{bmatrix} a_1+b_1 \\ a_2+b_2 \end{bmatrix}\right) = \begin{bmatrix} 2(a_1+b_1) \\ (a_1+b_1)+2(a_2+b_2) \end{bmatrix}$$

$$f(\boldsymbol{a})+f(\boldsymbol{b}) = f\left(\begin{bmatrix} a_1 \\ a_2 \end{bmatrix}\right)+f\left(\begin{bmatrix} b_1 \\ b_2 \end{bmatrix}\right) = \begin{bmatrix} 2a_1 \\ a_1+2a_2 \end{bmatrix} + \begin{bmatrix} 2b_1 \\ b_1+2b_2 \end{bmatrix}$$

$$= \begin{bmatrix} 2a_1+2b_1 \\ (a_1+2a_2)+(b_1+2b_2) \end{bmatrix}$$

両方を比べると　$f(\boldsymbol{a}+\boldsymbol{b}) = f(\boldsymbol{a})+f(\boldsymbol{b})$

(ii)　$$f(k\boldsymbol{a}) = f\left(k\begin{bmatrix} a_1 \\ a_2 \end{bmatrix}\right) = f\left(\begin{bmatrix} ka_1 \\ ka_2 \end{bmatrix}\right) = \begin{bmatrix} 2ka_1 \\ ka_1+2ka_2 \end{bmatrix}$$

$$kf(\boldsymbol{a}) = kf\left(\begin{bmatrix} a_1 \\ a_2 \end{bmatrix}\right) = k\begin{bmatrix} 2a_1 \\ a_1+2a_2 \end{bmatrix} = \begin{bmatrix} k\cdot 2a_1 \\ k(a_1+2a_2) \end{bmatrix} = \begin{bmatrix} 2ka_1 \\ ka_1+2ka_2 \end{bmatrix}$$

両方を比べると　$f(k\boldsymbol{a}) = kf(\boldsymbol{a})$

ゆえに f は線形写像である。　(解終)

練習問題 47　解答は p. 201

次の写像 $g: \boldsymbol{R}^3 \to \boldsymbol{R}^2$ は線形写像かどうか調べなさい。

$$\begin{bmatrix} x_1 \\ x_2 \\ x_3 \end{bmatrix} \overset{g}{\longmapsto} \begin{bmatrix} x_1+x_2 \\ x_2-x_3 \end{bmatrix}$$

特に列ベクトル空間について線形写像を考えてみよう。

2つの列ベクトル空間 $\boldsymbol{R}^n$ と $\boldsymbol{R}^m$ において，両方とも基底として標準基底を選んでおくことにする。

定理 2.17

（1） 線形写像 $f : \boldsymbol{R}^n \to \boldsymbol{R}^m$ に対し

$$f(\boldsymbol{x}) = A\boldsymbol{x} \quad (\boldsymbol{x} \in \boldsymbol{R}^n)$$

となる (m, n) 型行列 A がただ1つ定まる。

（2） (m, n) 型行列 A に対して写像 $f_A : \boldsymbol{R}^n \to \boldsymbol{R}^m$ を

$$f_A(\boldsymbol{x}) = A\boldsymbol{x} \quad (\boldsymbol{x} \in \boldsymbol{R}^n)$$

で定めると，f_A は線形写像である。

《説明》 $\boldsymbol{R}^n$ の標準基底を $\{\boldsymbol{e}_1, \cdots, \boldsymbol{e}_n\}$ とすると，(1)の行列 A は

$$A = [f(\boldsymbol{e}_1) \quad \cdots \quad f(\boldsymbol{e}_n)]$$

として得られる。また(2)も f_A が線形写像の条件（i）（ii）(p. 115)をみたすことで示される。

この定理により

$$\text{線形写像 } f : \boldsymbol{R}^n \to \boldsymbol{R}^m \quad \text{と} \quad (m, n)\text{型行列 } A$$

の間に1対1の対応がつけられることがわかる。この行列 A を線形写像 f の**表現行列**という。たとえば前頁の例題47における線形写像 f は

$$f\left(\begin{bmatrix} x_1 \\ x_2 \end{bmatrix}\right) = \begin{bmatrix} 2 & 0 \\ 1 & 2 \end{bmatrix} \begin{bmatrix} x_1 \\ x_2 \end{bmatrix}$$

とかけるので，この f の表現行列は

$$A = \begin{bmatrix} 2 & 0 \\ 1 & 2 \end{bmatrix}$$

である。 (説明終)

線形写像と行列の
間には親密な関係
があるのね。

例題 48

次の線形写像 $f: \boldsymbol{R}^2 \to \boldsymbol{R}^3$ の表現行列 A を求めてみよう。

$$\begin{bmatrix} x_1 \\ x_2 \end{bmatrix} \overset{f}{\longmapsto} \begin{bmatrix} 2x_1+x_2 \\ x_1 \\ x_1-x_2 \end{bmatrix}$$

解　写像 f のきまりより

$$f\left(\begin{bmatrix} x_1 \\ x_2 \end{bmatrix}\right)=\begin{bmatrix} 2x_1+x_2 \\ x_1 \\ x_1-x_2 \end{bmatrix}=\begin{bmatrix} 2 & 1 \\ 1 & 0 \\ 1 & -1 \end{bmatrix}\begin{bmatrix} x_1 \\ x_2 \end{bmatrix}$$

とかけるので f の表現行列は

$$A=\begin{bmatrix} 2 & 1 \\ 1 & 0 \\ 1 & -1 \end{bmatrix}$$

また $\boldsymbol{R}^2$ の標準基底 $\{\boldsymbol{e}_1, \boldsymbol{e}_2\}$ の行き先を並べて

$$A=[f(\boldsymbol{e}_1) \quad f(\boldsymbol{e}_2)]$$

として求めてもよい。 (解終)

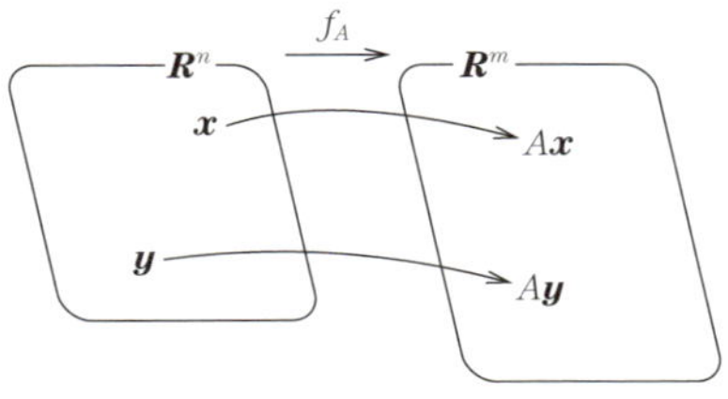

練習問題 48 解答は p. 201

次の線形写像 $g: \boldsymbol{R}^3 \to \boldsymbol{R}^3$ の表現行列 B を求めなさい。

$$\begin{bmatrix} x_1 \\ x_2 \\ x_3 \end{bmatrix} \overset{g}{\longmapsto} \begin{bmatrix} x_1+2x_2-x_3 \\ 2x_1+x_3 \\ x_1-2x_2+3x_3 \end{bmatrix}$$

総合練習 2-2

1.　$[0,1]$ で実数値をとる連続な関数全体を

$$\mathcal{F}=\{f\,|\,f(x)\text{は}[0,1]\text{で連続,}\ f(x)\in\boldsymbol{R}\}$$

とするとき

$f, g\in\mathcal{F}$ に対して　　和 $f+g$ を　$(f+g)(x)=f(x)+g(x)$

$k\in\boldsymbol{R}$ に対して　　スカラー倍 kf を　$(kf)(x)=k\{f(x)\}$

と定義すると，$\mathcal{F}$ の元は実数上の線形空間の［和の公理］と［スカラー倍の公理］(p. 88)をすべてみたすことを示しなさい。

2.　線形写像 $f: V\rightarrow V'$ について

（1）　V のベクトル $\boldsymbol{a}_1, \cdots, \boldsymbol{a}_r$ が線形従属ならば，V' のベクトル $f(\boldsymbol{a}_1), \cdots, f(\boldsymbol{a}_r)$ も線形従属であることを示しなさい。

（2）　V' のベクトル $f(\boldsymbol{a}_1), \cdots, f(\boldsymbol{a}_r)$ が線形独立ならば，V のベクトル $\boldsymbol{a}_1, \cdots, \boldsymbol{a}_r$ も線形独立であることを示しなさい。

3.　線形写像 $f: V\rightarrow V'$ について

$$K=\{\boldsymbol{x}\,|\,f(\boldsymbol{x})=\boldsymbol{0}',\ \boldsymbol{x}\in V\}\quad(\boldsymbol{0}'\text{ は }V'\text{ のゼロベクトル})$$

とするとき，K は V の部分空間であることを示しなさい。(K を線形写像 f の**核**という。)

§3 内積空間

3.1 内積空間

一般の線形空間 V には“長さ”や“角”の概念は入っていない。V でも長さや角の考え方を導入するために次の内積を定義する。

定義

実数上の線形空間 V の任意のベクトル $\boldsymbol{a}, \boldsymbol{b}$ に対してスカラー $\boldsymbol{a}\cdot\boldsymbol{b}$ が定義され，次の内積の公理をみたすとき，$\boldsymbol{a}\cdot\boldsymbol{b}$ を V の**内積**という。

[内積の公理]

(1) $\boldsymbol{a}\cdot\boldsymbol{b}=\boldsymbol{b}\cdot\boldsymbol{a}$

(2) $(\boldsymbol{a}+\boldsymbol{b})\cdot\boldsymbol{c}=\boldsymbol{a}\cdot\boldsymbol{c}+\boldsymbol{b}\cdot\boldsymbol{c}$

(3) $(k\boldsymbol{a})\cdot\boldsymbol{b}=k(\boldsymbol{a}\cdot\boldsymbol{b}) \quad (k\in\boldsymbol{R})$

(4) $\boldsymbol{a}\cdot\boldsymbol{a}\geqq 0$，特に $\boldsymbol{a}\cdot\boldsymbol{a}=0 \iff \boldsymbol{a}=\boldsymbol{0}$

内積が定義されている線形空間を**内積空間**という。

《説明》 内積 $\boldsymbol{a}\cdot\boldsymbol{b}$ はスカラーなので**スカラー積**ともいわれる。

内積を定義する上の(1)～(4)の性質は，空間ベクトルにおいて内積を定義したとき成立する性質であった。これを定義として，一般の線形空間にも内積を定義しようとするのである。上の(1)～(4)の性質をみたしてさえいれば，どんな方法で内積 $\boldsymbol{a}\cdot\boldsymbol{b}$ を定義してもよい。

もし，V が複素数上の線形空間のときは，内積の公理が少し異なるので注意が必要である。 (説明終)

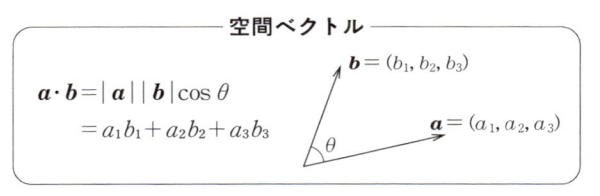

空間ベクトル

$$\boldsymbol{a}\cdot\boldsymbol{b}=|\boldsymbol{a}||\boldsymbol{b}|\cos\theta$$
$$=a_1b_1+a_2b_2+a_3b_3$$

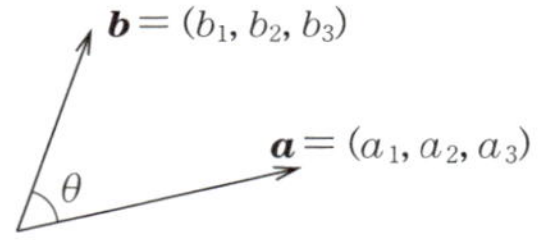

以下，V を内積空間とする。

定義

V のベクトル $\boldsymbol{a}$ に対し

$$\|\boldsymbol{a}\| = \sqrt{\boldsymbol{a}\cdot\boldsymbol{a}}$$

を $\boldsymbol{a}$ の**長さ**（または**大きさ**，**ノルム**）という。

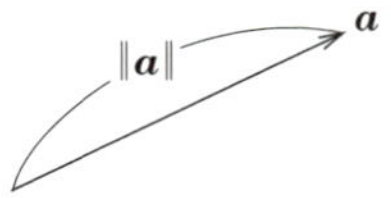

《**説明**》 自分自身との内積の平方根でベクトルの長さを定義する。記号は空間ベクトルのときと異なっているので注意。長さについては次の定理が成立する。（説明終）

定理 2.18

（1）　$\boldsymbol{a}=\boldsymbol{0} \iff \|\boldsymbol{a}\|=0$

（2）　$\|k\boldsymbol{a}\|=|k|\,\|\boldsymbol{a}\|$　$(k\in\boldsymbol{R})$

（3）　$\boldsymbol{a}\cdot\boldsymbol{b}=0$ ならば $\|\boldsymbol{a}+\boldsymbol{b}\|^2=\|\boldsymbol{a}\|^2+\|\boldsymbol{b}\|^2$　（**ピタゴラスの定理**）

（4）　$|\boldsymbol{a}\cdot\boldsymbol{b}|\leqq\|\boldsymbol{a}\|\,\|\boldsymbol{b}\|$　（**シュヴァルツの不等式**）

（5）　$\|\boldsymbol{a}+\boldsymbol{b}\|\leqq\|\boldsymbol{a}\|+\|\boldsymbol{b}\|$　（**三角不等式**）

《**説明**》 (2)と(4)における記号 $|\ |$ は絶対値。いずれも内積と長さの定義より示される。空間ベクトルでも成立する性質なので，(3)，(4)，(5)は下の図で確認しておこう。（説明終）

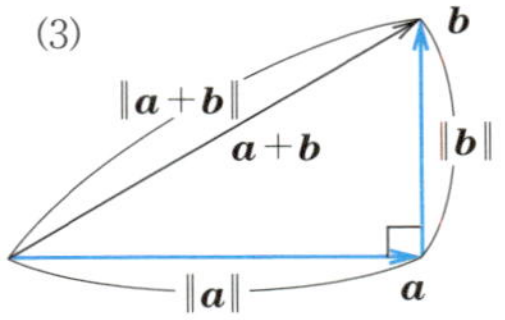

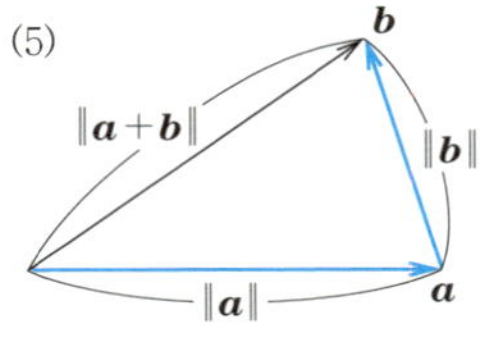

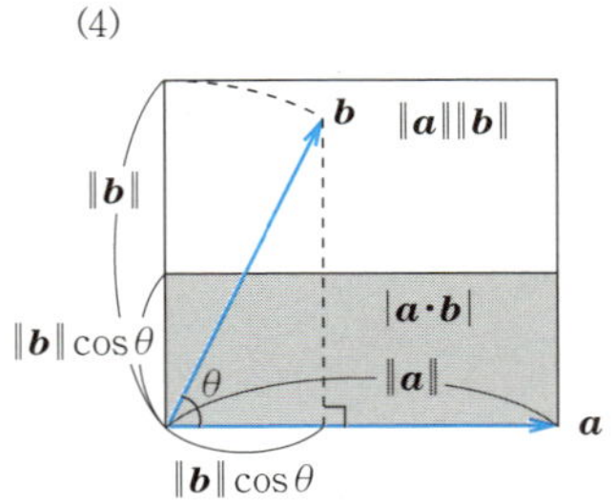

$|\boldsymbol{a}\cdot\boldsymbol{b}|$＝アミかけ部分の面積
$\|\boldsymbol{a}\|\|\boldsymbol{b}\|$＝外側の四角形の面積

定義

V の2つのベクトル $\boldsymbol{a}, \boldsymbol{b}$ について，$\boldsymbol{a}\cdot\boldsymbol{b}=0$ が成立するとき**直交する**といい $\boldsymbol{a}\perp\boldsymbol{b}$ とかく。

《説明》 定理 2.18 の(4)シュヴァルツの不等式より

$$-1\leqq\frac{\boldsymbol{a}\cdot\boldsymbol{b}}{\|\boldsymbol{a}\|\|\boldsymbol{b}\|}\leqq 1$$

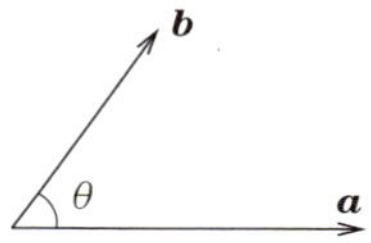

なので，内積とノルムを使い，$\boldsymbol{a}$ と $\boldsymbol{b}$ のなす角 θ を

$$\cos\theta=\frac{\boldsymbol{a}\cdot\boldsymbol{b}}{\|\boldsymbol{a}\|\|\boldsymbol{b}\|}\quad(0\leqq\theta\leqq\pi)$$

で定義することができる。

特に $\theta=\dfrac{\pi}{2}(=90^\circ)$ のとき $\cos\theta=0$ なので $\boldsymbol{a}\cdot\boldsymbol{b}=0$ となる。そこで $\boldsymbol{a}=\boldsymbol{0}$，$\boldsymbol{b}=\boldsymbol{0}$ の場合も含めて

$$\boldsymbol{a}\cdot\boldsymbol{b}=0 \quad のとき \quad \boldsymbol{a}\perp\boldsymbol{b}$$

と定義する。　(説明終)

定理 2.19

$\boldsymbol{R}^n$ の2つのベクトル $\boldsymbol{a}=\begin{bmatrix}a_1\\ \vdots\\ a_n\end{bmatrix}$，$\boldsymbol{b}=\begin{bmatrix}b_1\\ \vdots\\ b_n\end{bmatrix}$ に対して

$$\boldsymbol{a}\cdot\boldsymbol{b}={}^t\boldsymbol{a}\boldsymbol{b}=a_1b_1+a_2b_2+\cdots+a_nb_n$$

と定義すると $\boldsymbol{a}\cdot\boldsymbol{b}$ は $\boldsymbol{R}^n$ の内積である。また，このとき

$$\|\boldsymbol{a}\|=\sqrt{{a_1}^2+{a_2}^2+\cdots+{a_n}^2}$$

となる。

《説明》 空間ベクトルと同じ内積の定義である。$\boldsymbol{R}^n$ には他にも色々と内積を定義することができるが，特にこの内積を $\boldsymbol{R}^n$ の**標準内積**という。以後，$\boldsymbol{R}^n$ の内積といえば標準内積のこととする。

ᵗab は行列の積を使った表わし方ね。

(説明終)

例題 49

$\boldsymbol{R}^3$ において内積を $\boldsymbol{a}\cdot\boldsymbol{b}={}^t\boldsymbol{a}\boldsymbol{b}$（標準内積）で定義するとき

$$\boldsymbol{a}=\begin{bmatrix}1\\-2\\3\end{bmatrix},\quad \boldsymbol{b}=\begin{bmatrix}-3\\0\\1\end{bmatrix}$$

について，$\boldsymbol{a}\cdot\boldsymbol{b}$，$\|\boldsymbol{a}\|$，$\|2\boldsymbol{b}\|$，$\|\boldsymbol{a}+\boldsymbol{b}\|$ を求めてみよう。

解　内積と長さの定義より

$$\boldsymbol{a}\cdot\boldsymbol{b}=1\cdot(-3)+(-2)\cdot 0+3\cdot 1=0$$

$$\|\boldsymbol{a}\|=\sqrt{1^2+(-2)^2+3^2}=\sqrt{14}$$

$$\|2\boldsymbol{b}\|=|2|\,\|\boldsymbol{b}\|=2\sqrt{(-3)^2+0^2+1^2}=2\sqrt{10}$$

$$\boldsymbol{a}+\boldsymbol{b}=\begin{bmatrix}1\\-2\\3\end{bmatrix}+\begin{bmatrix}-3\\0\\1\end{bmatrix}=\begin{bmatrix}1+(-3)\\-2+0\\3+1\end{bmatrix}=\begin{bmatrix}-2\\-2\\4\end{bmatrix}$$

なので

$$\|\boldsymbol{a}+\boldsymbol{b}\|=\sqrt{(-2)^2+(-2)^2+4^2}=\sqrt{24}=2\sqrt{6}$$

（解終）

$\boldsymbol{R}^n$ の内積と長さ

$$\boldsymbol{a}\cdot\boldsymbol{b}={}^t\boldsymbol{a}\boldsymbol{b}=a_1b_1+\cdots+a_nb_n$$

$$\|\boldsymbol{a}\|=\sqrt{a_1{}^2+\cdots+a_n{}^2}$$

${}^tA$ は A の転置行列だから

$${}^t\begin{bmatrix}a_1\\a_2\\a_3\end{bmatrix}=[a_1\,a_2\,a_3]$$ よ！

練習問題 49　解答は p. 204

$\boldsymbol{R}^3$ の標準内積について $\boldsymbol{x}=\begin{bmatrix}-2\\1\\-2\end{bmatrix}$，$\boldsymbol{y}=\begin{bmatrix}0\\-1\\1\end{bmatrix}$ とするとき，$\boldsymbol{x}\cdot\boldsymbol{y}$，$(-3\boldsymbol{x})\cdot\boldsymbol{y}$，$\|\boldsymbol{y}\|$，$\|-3\boldsymbol{x}\|$，$\|\boldsymbol{x}-\boldsymbol{y}\|$ を求めなさい。

3.2 正規直交基底

1 正規直交基底

n 次元線形空間 V には，n 個のベクトルからなる基底 $\{\boldsymbol{v}_1, \cdots, \boldsymbol{v}_n\}$ があり

（i） $\boldsymbol{v}_1, \cdots, \boldsymbol{v}_n$ は線形独立

（ii） V のすべてのベクトル $\boldsymbol{x}$ は $\boldsymbol{v}_1, \cdots, \boldsymbol{v}_n$ の線形結合

$$\boldsymbol{x}=k_1\boldsymbol{v}_1+\cdots+k_n\boldsymbol{v}_n \quad (k_1, \cdots, k_n \in \boldsymbol{R})$$

とかける

という性質があった。そして V の基底 $\{\boldsymbol{v}_1, \cdots, \boldsymbol{v}_n\}$ の選び方は無数にあった。

そこで V を内積空間とし，内積について次の性質をもった特別な基底を考えよう。

定義

V の基底 $\{\boldsymbol{u}_1, \cdots, \boldsymbol{u}_n\}$ が

$$\boldsymbol{u}_i \cdot \boldsymbol{u}_j = \begin{cases} 1 & (i=j) \\ 0 & (i \neq j) \end{cases}$$

という性質をもつとき，**正規直交基底**という。

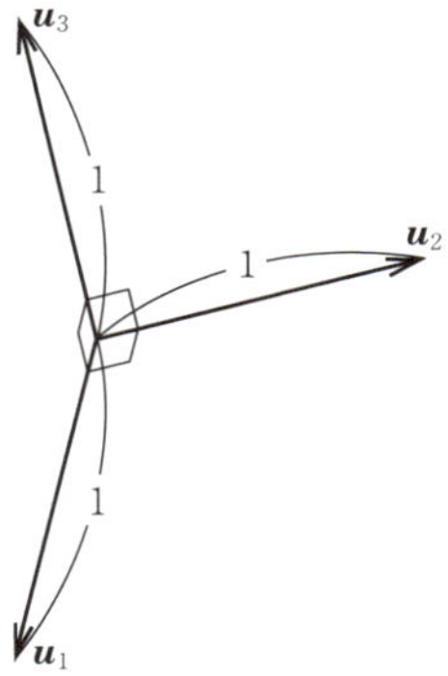

《説明》 上の定義の式をかきかえると

$$\|\boldsymbol{u}_i\|=1, \qquad \boldsymbol{u}_i \cdot \boldsymbol{u}_j=0 \quad (i \neq j)$$

となる。つまり長さが1で，お互いに直交している基底 $\{\boldsymbol{u}_1, \cdots, \boldsymbol{u}_n\}$ のこと。

$\boldsymbol{R}^2$ における標準基底 $\boldsymbol{e}_1=\begin{bmatrix}1\\0\end{bmatrix}, \quad \boldsymbol{e}_2=\begin{bmatrix}0\\1\end{bmatrix}$

$\boldsymbol{R}^3$ における標準基底 $\boldsymbol{e}_1=\begin{bmatrix}1\\0\\0\end{bmatrix}, \quad \boldsymbol{e}_2=\begin{bmatrix}0\\1\\0\end{bmatrix}, \quad \boldsymbol{e}_3=\begin{bmatrix}0\\0\\1\end{bmatrix}$

はともに正規直交基底である。

一般に正規直交基底も無数に存在する。 （説明終）

次に，内積空間 $\boldsymbol{R}^3$ の1組の基底を正規直交基底に作りかえる方法を紹介する。この方法は $\boldsymbol{R}^n$ や一般の内積空間にもそのまま拡張できる。

定理 2.20［シュミットの正規直交化法］

内積空間 $\boldsymbol{R}^3$ の基底 $\{\boldsymbol{v}_1, \boldsymbol{v}_2, \boldsymbol{v}_3\}$ に対し，次の方法で得られる $\{\boldsymbol{u}_1, \boldsymbol{u}_2, \boldsymbol{u}_3\}$ は正規直交基底である。

手順	正射影（内積計算） →	直交性（内積を0に） →	正規性（長さを1に）
①			$\boldsymbol{u}_1=\dfrac{1}{\\|\boldsymbol{v}_1\\|}\boldsymbol{v}_1$
②	$k_{12}=\boldsymbol{u}_1\cdot\boldsymbol{v}_2$	$\boldsymbol{v}_2'=\boldsymbol{v}_2-k_{12}\boldsymbol{u}_1$	$\boldsymbol{u}_2=\dfrac{1}{\\|\boldsymbol{v}_2'\\|}\boldsymbol{v}_2'$
③	$k_{13}=\boldsymbol{u}_1\cdot\boldsymbol{v}_3$ $k_{23}=\boldsymbol{u}_2\cdot\boldsymbol{v}_3$	$\boldsymbol{v}_3'=\boldsymbol{v}_3-k_{13}\boldsymbol{u}_1-k_{23}\boldsymbol{u}_2$	$\boldsymbol{u}_3=\dfrac{1}{\\|\boldsymbol{v}_3'\\|}\boldsymbol{v}_3'$

《説明》　$\boldsymbol{R}^3$ の空間ベクトルで

$$\text{一般の基底 }\{\boldsymbol{v}_1, \boldsymbol{v}_2, \boldsymbol{v}_3\}\longrightarrow\text{ 正規直交基底 }\{\boldsymbol{u}_1, \boldsymbol{u}_2, \boldsymbol{u}_3\}$$

の作り方を説明しよう。同様の方法で，一般の内積空間の基底 $\{\boldsymbol{v}_1, \cdots, \boldsymbol{v}_n\}$ から正規直交基底 $\{\boldsymbol{u}_1, \cdots, \boldsymbol{u}_n\}$ を作ることができる。

“正射影”の計算により，あるベクトルの単位ベクトルへの正射影の長さが求まる。また，“正規性”の計算により，あるベクトルを単位ベクトル（＝長さ1のベクトル）にすることができる。

以下，図を使いながら説明しよう。

① $\boldsymbol{u}_1$ の作り方

長さを1にするために $\boldsymbol{v}_1$ をその大きさで割って

$$\boldsymbol{u}_1=\frac{1}{\|\boldsymbol{v}_1\|}\boldsymbol{v}_1$$

とする。

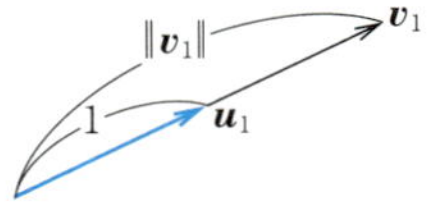

② $\boldsymbol{u}_2$ の作り方

$\boldsymbol{u}_1$ と $\boldsymbol{v}_2$ のなす角を θ とすると $\|\boldsymbol{u}_1\|=1$ なので

$$k_{12}=\boldsymbol{u}_1\cdot\boldsymbol{v}_2=\|\boldsymbol{u}_1\|\|\boldsymbol{v}_2\|\cos\theta=\|\boldsymbol{v}_2\|\cos\theta$$

したがって，

k_{12} は $\boldsymbol{v}_2$ の $\boldsymbol{u}_1$ への正射影の長さ

になるので

$$\boldsymbol{v}_2'=\boldsymbol{v}_2-k_{12}\boldsymbol{u}_1$$

とおけば $\boldsymbol{v}_2'\perp\boldsymbol{u}_1$ となる。

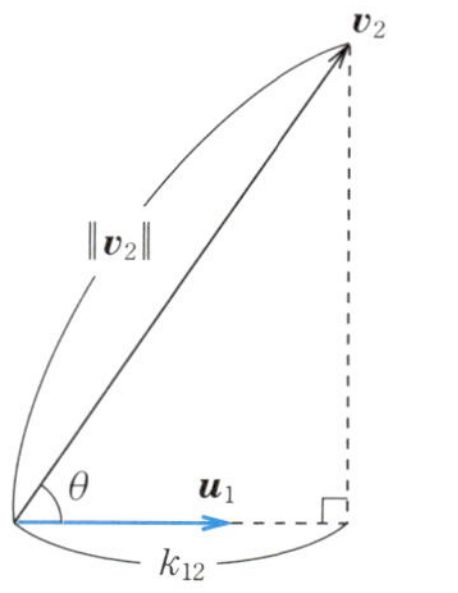

長さを 1 にするために長さで割って

$$\boldsymbol{u}_2=\frac{1}{\|\boldsymbol{v}_2'\|}\boldsymbol{v}_2'$$

とする。

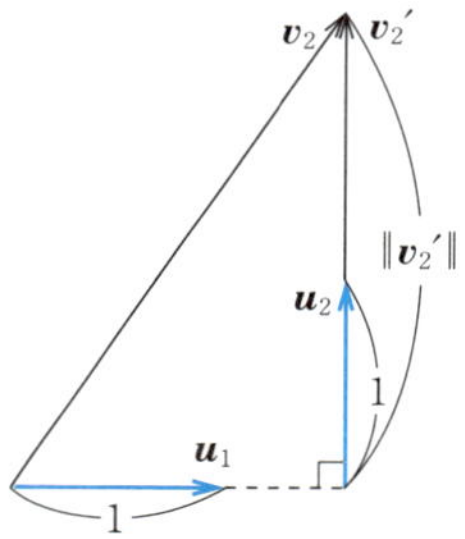

③ $\boldsymbol{u}_3$ の作り方

$\boldsymbol{u}_1$ と $\boldsymbol{v}_3$ のなす角を θ_1，$\boldsymbol{u}_2$ と $\boldsymbol{v}_3$ のなす角を θ_2 とすると $\|\boldsymbol{u}_1\|=\|\boldsymbol{u}_2\|=1$ なので

$$k_{13}=\boldsymbol{u}_1\cdot\boldsymbol{v}_3=\|\boldsymbol{u}_1\|\|\boldsymbol{v}_3\|\cos\theta_1=\|\boldsymbol{v}_3\|\cos\theta_1$$

$$k_{23}=\boldsymbol{u}_2\cdot\boldsymbol{v}_3=\|\boldsymbol{u}_2\|\|\boldsymbol{v}_3\|\cos\theta_2=\|\boldsymbol{v}_3\|\cos\theta_2$$

したがって

k_{13} は $\boldsymbol{v}_3$ の $\boldsymbol{u}_1$ への正射影の長さ

k_{23} は $\boldsymbol{v}_3$ の $\boldsymbol{u}_2$ への正射影の長さ

になるので

$$\boldsymbol{v}_3'=\boldsymbol{v}_3-k_{13}\boldsymbol{u}_1-k_{23}\boldsymbol{u}_2$$

とおくと $\boldsymbol{v}_3'\perp\boldsymbol{u}_1$，$\boldsymbol{v}_3'\perp\boldsymbol{u}_2$ となる。

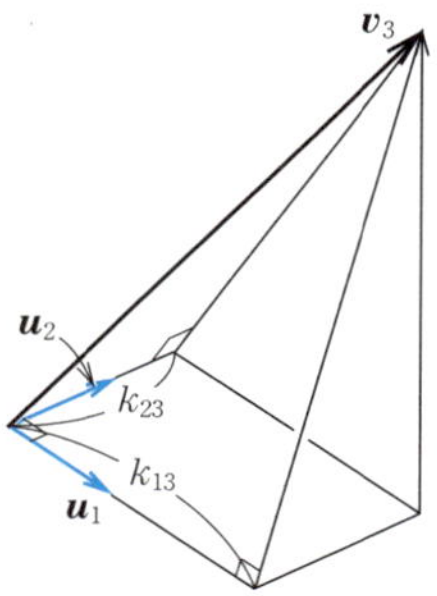

長さを 1 にするために長さで割って

$$\boldsymbol{u}_3=\frac{1}{\|\boldsymbol{v}_3'\|}\boldsymbol{v}_3'$$

とする。

以上の①②③より正規直交基底 $\{\boldsymbol{u}_1, \boldsymbol{u}_2, \boldsymbol{u}_3\}$ が出来上がる。　（説明終）

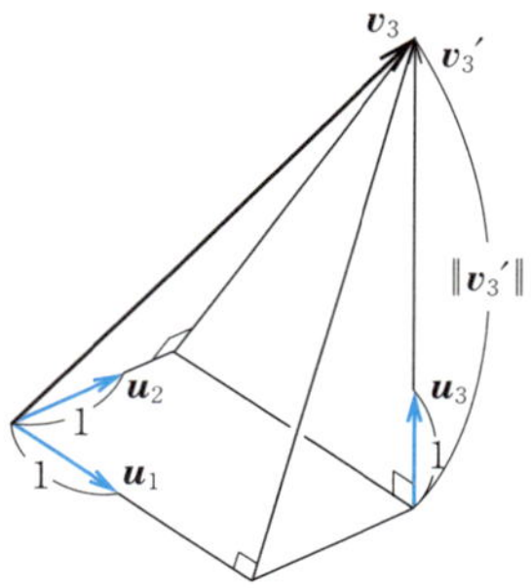

例題 50

次の $\boldsymbol{R}^3$ の基底を用いて，シュミットの正規直交化法により正規直交基底を作ろう。

$$\boldsymbol{v}_1=\begin{bmatrix}0\\1\\1\end{bmatrix},\quad \boldsymbol{v}_2=\begin{bmatrix}1\\0\\1\end{bmatrix},\quad \boldsymbol{v}_3=\begin{bmatrix}1\\1\\0\end{bmatrix}$$

解　手順通りに計算すると

① $$\boldsymbol{u}_1=\frac{1}{\|\boldsymbol{v}_1\|}\boldsymbol{v}_1=\frac{1}{\sqrt{0^2+1^2+1^2}}\begin{bmatrix}0\\1\\1\end{bmatrix}=\frac{1}{\sqrt{2}}\begin{bmatrix}0\\1\\1\end{bmatrix}$$

② $$k_{12}=\boldsymbol{u}_1\cdot\boldsymbol{v}_2=\frac{1}{\sqrt{2}}\begin{bmatrix}0\\1\\1\end{bmatrix}\cdot\begin{bmatrix}1\\0\\1\end{bmatrix}=\frac{1}{\sqrt{2}}(0\cdot1+1\cdot0+1\cdot1)$$

$$=\frac{1}{\sqrt{2}}$$

$$\boldsymbol{v}_2{}'=\boldsymbol{v}_2-k_{12}\boldsymbol{u}_1=\begin{bmatrix}1\\0\\1\end{bmatrix}-\frac{1}{\sqrt{2}}\cdot\frac{1}{\sqrt{2}}\begin{bmatrix}0\\1\\1\end{bmatrix}$$

$$=\begin{bmatrix}1\\0\\1\end{bmatrix}-\frac{1}{2}\begin{bmatrix}0\\1\\1\end{bmatrix}=\frac{1}{2}\begin{bmatrix}2-0\\0-1\\2-1\end{bmatrix}=\frac{1}{2}\begin{bmatrix}2\\-1\\1\end{bmatrix}$$

$$\boldsymbol{u}_2=\frac{1}{\|\boldsymbol{v}_2{}'\|}\boldsymbol{v}_2{}'=\frac{1}{\frac{1}{2}\sqrt{2^2+(-1)^2+1^2}}\cdot\frac{1}{2}\begin{bmatrix}2\\-1\\1\end{bmatrix}=\frac{1}{\sqrt{6}}\begin{bmatrix}2\\-1\\1\end{bmatrix}$$

③ $$k_{13}=\boldsymbol{u}_1\cdot\boldsymbol{v}_3=\frac{1}{\sqrt{2}}\begin{bmatrix}0\\1\\1\end{bmatrix}\cdot\begin{bmatrix}1\\1\\0\end{bmatrix}=\frac{1}{\sqrt{2}}(0\cdot1+1\cdot1+1\cdot0)=\frac{1}{\sqrt{2}}$$

$$k_{23}=\boldsymbol{u}_2\cdot\boldsymbol{v}_3=\frac{1}{\sqrt{6}}\begin{bmatrix}2\\-1\\1\end{bmatrix}\cdot\begin{bmatrix}1\\1\\0\end{bmatrix}=\frac{1}{\sqrt{6}}(2\cdot1-1\cdot1+1\cdot0)=\frac{1}{\sqrt{6}}$$

$$\boldsymbol{v}_3' = \boldsymbol{v}_3 - k_{13}\boldsymbol{u}_1 - k_{23}\boldsymbol{u}_2$$

$$= \begin{bmatrix} 1 \\ 1 \\ 0 \end{bmatrix} - \frac{1}{\sqrt{2}}\cdot\frac{1}{\sqrt{2}}\begin{bmatrix} 0 \\ 1 \\ 1 \end{bmatrix} - \frac{1}{\sqrt{6}}\cdot\frac{1}{\sqrt{6}}\begin{bmatrix} 2 \\ -1 \\ 1 \end{bmatrix}$$

$$= \begin{bmatrix} 1 \\ 1 \\ 0 \end{bmatrix} - \frac{1}{2}\begin{bmatrix} 0 \\ 1 \\ 1 \end{bmatrix} - \frac{1}{6}\begin{bmatrix} 2 \\ -1 \\ 1 \end{bmatrix} = \frac{1}{6}\begin{bmatrix} 6-0-2 \\ 6-3+1 \\ 0-3-1 \end{bmatrix} = \frac{1}{6}\begin{bmatrix} 4 \\ 4 \\ -4 \end{bmatrix}$$

$$= \frac{4}{6}\begin{bmatrix} 1 \\ 1 \\ -1 \end{bmatrix} = \frac{2}{3}\begin{bmatrix} 1 \\ 1 \\ -1 \end{bmatrix}$$

$$\boldsymbol{u}_3 = \frac{1}{\|\boldsymbol{v}_3'\|}\boldsymbol{v}_3' = \frac{1}{\frac{2}{3}\sqrt{1^2+1^2+(-1)^2}}\cdot\frac{2}{3}\begin{bmatrix} 1 \\ 1 \\ -1 \end{bmatrix} = \frac{1}{\sqrt{3}}\begin{bmatrix} 1 \\ 1 \\ -1 \end{bmatrix}$$

以上より正規直交基底

$$\left\{ \frac{1}{\sqrt{2}}\begin{bmatrix} 0 \\ 1 \\ 1 \end{bmatrix},\ \frac{1}{\sqrt{6}}\begin{bmatrix} 2 \\ -1 \\ 1 \end{bmatrix},\ \frac{1}{\sqrt{3}}\begin{bmatrix} 1 \\ 1 \\ -1 \end{bmatrix} \right\}$$

が得られた。

(同じ基底を使っても，正規直交化する順を変えると異なった正規直交基底が得られる。)

(解終)

練習問題 50 解答は p. 204

次の基底より正規直交基底を作りなさい。

$$\boldsymbol{v}_1 = \begin{bmatrix} 1 \\ -1 \\ 0 \end{bmatrix},\quad \boldsymbol{v}_2 = \begin{bmatrix} 0 \\ -1 \\ 1 \end{bmatrix},\quad \boldsymbol{v}_3 = \begin{bmatrix} -1 \\ 1 \\ 1 \end{bmatrix}$$

2 直交変換

V を実数上の線形空間とするとき，自分自身への線形写像

$$f: V \to V$$

を特に**線形変換**という。

定義

V を内積空間とする。線形変換 $f: V \to V$ が，内積について

$$\boldsymbol{a} \cdot \boldsymbol{b} = f(\boldsymbol{a}) \cdot f(\boldsymbol{b})$$

という性質をもつとき，f を**直交変換**という。

《**説明**》 内積を維持するような線形変換が直交変換である。

内積を維持するということは，内積で定義された“長さ”や“角”も直交変換では変わらないことになる。 （説明終）

定理 2.21

f が直交変換のとき，次の性質が成立する。

（1） $\|\boldsymbol{a}\| = \|f(\boldsymbol{a})\|$

（2） $\boldsymbol{a}$ と $\boldsymbol{b}$ のなす角 $= f(\boldsymbol{a})$ と $f(\boldsymbol{b})$ のなす角

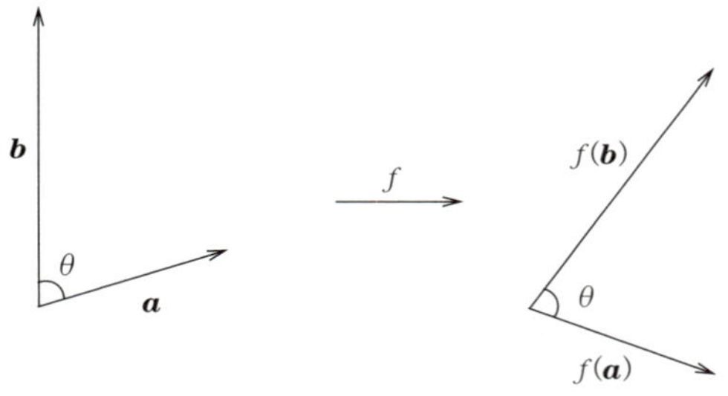

直交変換によって
図形はそのままね。

定義

線形変換 $f: \boldsymbol{R}^n \to \boldsymbol{R}^n$ が直交変換のとき，f の表現行列 U を**直交行列**という。

《**説明**》 線形変換 $f: \boldsymbol{R}^n \to \boldsymbol{R}^n$ は (n, n) 型行列，つまり正方行列を表現行列にもつ。特に f が直交変換のとき

$$f(\boldsymbol{x}) = U\boldsymbol{x}$$

となる U を直交行列という。（説明終）

定理 2.22

線形変換 $f: \boldsymbol{R}^n \to \boldsymbol{R}^n$ の表現行列を U とするとき，次の3つは同値である。

（1） U は直交行列

（2） ${}^tUU = U{}^tU = E$

（3） U を $U = [\boldsymbol{u}_1 \ \cdots \ \boldsymbol{u}_n]$ と列ベクトルで表わしたとき，$\{\boldsymbol{u}_1, \cdots, \boldsymbol{u}_n\}$ は $\boldsymbol{R}^n$ の正規直交基底である。

《**説明**》
$$f(\boldsymbol{a})\cdot f(\boldsymbol{b}) = (U\boldsymbol{a})\cdot(U\boldsymbol{b}) = {}^t(U\boldsymbol{a})(U\boldsymbol{b}) = {}^t\boldsymbol{a}({}^tUU)\boldsymbol{b}$$

が成立するので，(1)と(2)が同値であることが導ける。また

$${}^tUU \text{ の } (i, j) \text{ 成分} = {}^t\boldsymbol{u}_i\boldsymbol{u}_j = \boldsymbol{u}_i\cdot\boldsymbol{u}_j$$

であることより(2)と(3)が同値であることが導ける。

(2)(3)とも直交行列の重要な性質になっている。

（説明終）

転置

${}^tU = U$ の行と列を入れかえた行列

${}^t(AB) = {}^tB{}^tA$

$\boldsymbol{R}^n$ の内積

$\boldsymbol{x}\cdot\boldsymbol{y} = {}^t\boldsymbol{x}\boldsymbol{y}$

$\{\boldsymbol{u}_1, \cdots, \boldsymbol{u}_n\}$：正規直交基底

$$\Longleftrightarrow \begin{cases} \|\boldsymbol{u}_i\| = 1 \\ \boldsymbol{u}_i\cdot\boldsymbol{u}_j = 0 \quad (i \neq j) \end{cases}$$

3.3　固有値と固有ベクトル

定義

n 次正方行列 A に対し

$$A\boldsymbol{v}=\lambda\boldsymbol{v} \quad (\boldsymbol{v}\neq\boldsymbol{0})$$

をみたす $\boldsymbol{R}^n$ のベクトル $\boldsymbol{v}$ と実数 λ が存在するとき，λ を A の**固有値**，$\boldsymbol{v}$ を固有値 λ に属する**固有ベクトル**という。

《説明》　線形変換 $f:\boldsymbol{R}^n\to\boldsymbol{R}^n$ の表現行列を A とすると

$$f(\boldsymbol{x})=A\boldsymbol{x} \quad (\boldsymbol{x}\in\boldsymbol{R}^n)$$

とかけた。もし，ある実数 λ とあるベクトル $\boldsymbol{v}$ について $A\boldsymbol{v}=\lambda\boldsymbol{v}$ が成立するとすると，その $\boldsymbol{v}$ については

$$f(\boldsymbol{v})=A\boldsymbol{v}=\lambda\boldsymbol{v}$$

となる。つまり $\boldsymbol{v}$ は f によってそのスカラー倍 $\lambda\boldsymbol{v}$ へ写像されるのである。

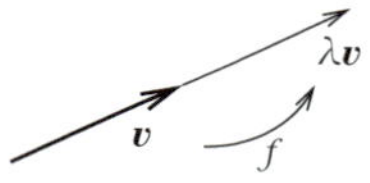

$\boldsymbol{v}$：固有値 λ に属する固有ベクトル

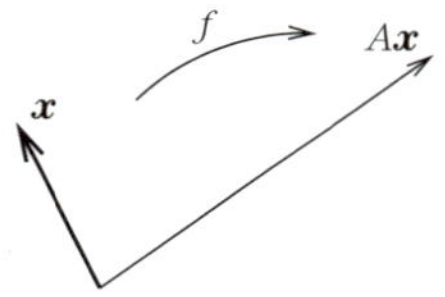

$\boldsymbol{x}$：一般のベクトル

本書では正方行列 A の成分は実数に限定しているので，$A\boldsymbol{x}=\lambda\boldsymbol{x}$ をみたす複素数 λ は固有値とはいわないことにする。　（説明終）

定理 2.23

n 次正方行列 A の固有値について次の同値関係が成立する。

$$\lambda \text{ は } A \text{ の固有値} \iff |\lambda E-A|=0 \quad (\lambda\in\boldsymbol{R})$$

《説明》　連立1次方程式 $(\lambda E-A)\boldsymbol{x}=\boldsymbol{0}$ が自明でない解をもつための必要十分条件からこの定理が導かれる。この固有値の性質 $|\lambda E-A|=0$ は正方行列 A の固有値を見つけるのに有効である。　（説明終）

定義

n 次正方行列 A に対し，x の n 次方程式

$$|xE-A|=0$$

を A の**固有方程式**という。

固有方程式は固有値を見つけるときに使ってね。

《**説明**》

$$A=\begin{bmatrix} a_{11} & a_{12} & \cdots & a_{1n} \\ a_{21} & \ddots & & \vdots \\ \vdots & & \ddots & \vdots \\ a_{n1} & \cdots & \cdots & a_{nn} \end{bmatrix}$$

のとき $|xE-A|$ を計算してみると

$$|xE-A|=\left| x\begin{bmatrix} 1 & 0 & \cdots & 0 \\ 0 & 1 & \cdots & \vdots \\ \vdots & \vdots & \ddots & \vdots \\ 0 & 0 & \cdots & 1 \end{bmatrix}-\begin{bmatrix} a_{11} & a_{12} & \cdots & a_{1n} \\ a_{21} & \ddots & & \vdots \\ \vdots & & \ddots & \vdots \\ a_{n1} & \cdots & \cdots & a_{nn} \end{bmatrix}\right|$$

$$=\left| \begin{bmatrix} x & 0 & \cdots & 0 \\ 0 & x & \cdots & \vdots \\ \vdots & \vdots & \ddots & \vdots \\ 0 & 0 & \cdots & x \end{bmatrix}-\begin{bmatrix} a_{11} & a_{12} & \cdots & a_{1n} \\ a_{21} & \ddots & & \vdots \\ \vdots & & \ddots & \vdots \\ a_{n1} & \cdots & \cdots & a_{nn} \end{bmatrix}\right|$$

$$=\begin{vmatrix} x-a_{11} & \cdots & & -a_{1n} \\ -a_{21} & x-a_{22} & & \vdots \\ \vdots & & \ddots & \vdots \\ -a_{n1} & \cdots & & x-a_{nn} \end{vmatrix}$$

となる。これを計算すれば x の n 次多項式となるので，$|xE-A|=0$ は n 次方程式。この実数解を求めれば A の固有値が求まる。　（説明終）

A の固有値 λ

$\iff$ A の固有方程式 $|xE-A|=0$ の実数解

例題 51

$A=\begin{bmatrix} 3 & 2 \\ 1 & 4 \end{bmatrix}$ の固有値を求めてみよう。

A の固有値 λ
$\iff |xE-A|=0$
の実数解

解　まず固有方程式 $|xE-A|=0$ を作ろう。

$$|xE-A|=\begin{vmatrix} x-3 & -2 \\ -1 & x-4 \end{vmatrix}$$

計算すると

$$=(x-3)(x-4)-(-2)(-1)$$
$$=x^2-7x+10$$

ゆえに固有方程式は

$$x^2-7x+10=0$$

因数分解して解くと

$$(x-5)(x-2)=0 \quad より \quad x=5, 2$$

ゆえに A の固有値は 5 と 2。　　(解終)

対角線に x をかいてあとは A の成分に“−”をつけてならべるのね。

練習問題 51　解答は p. 205

$B=\begin{bmatrix} 4 & -3 \\ -1 & 2 \end{bmatrix}$ の固有値を求めなさい。

例題 52

前頁で求めた $A=\begin{bmatrix} 3 & 2 \\ 1 & 4 \end{bmatrix}$ の固有値 5 に属する固有ベクトルを求めてみよう。

> A の固有値 λ, 固有ベクトル $\boldsymbol{v}$
> $A\boldsymbol{v}=\lambda\boldsymbol{v}$ $(\boldsymbol{v}\ne\boldsymbol{0})$

解 $\lambda=5$ に属する固有ベクトルを $\boldsymbol{v}=\begin{bmatrix} x_1 \\ x_2 \end{bmatrix}$ とおくと, $A\boldsymbol{v}=\lambda\boldsymbol{v}$ より

$$\begin{bmatrix} 3 & 2 \\ 1 & 4 \end{bmatrix}\begin{bmatrix} x_1 \\ x_2 \end{bmatrix}=5\begin{bmatrix} x_1 \\ x_2 \end{bmatrix}$$

計算すると

$$\begin{cases} 3x_1+2x_2=5x_1 \\ x_1+4x_2=5x_2 \end{cases} \therefore \begin{cases} -2x_1+2x_2=0 \\ x_1-x_2=0 \end{cases}$$

係数行列	行変形
$-2\ \ \ 2$	
$1\ -1$	
$1\ -1$	①↔②
$-2\ \ \ 2$	
$1\ -1$	
$0\ \ \ 0$	②+①×2

これを解くと右の変形結果より

$$自由度=2-\mathrm{rank}(係数行列)=2-1=1$$

最後の階段行列を方程式に直すと

$$x_1-x_2=0$$

$x_2=t$ とおくと $x_1=t$

ゆえに $\lambda=5$ に属する固有ベクトルは

$$\boldsymbol{v}=\begin{bmatrix} t \\ t \end{bmatrix}=t\begin{bmatrix} 1 \\ 1 \end{bmatrix} \quad (t は 0 以外の任意実数)$$

($\boldsymbol{v}=\boldsymbol{0}$ は固有ベクトルに入れない。)

1つの固有値に属する固有ベクトルって無数にあるんだわ。

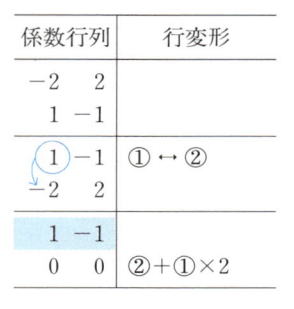

(解終)

> **── 同次連立 1 次方程式 ──**
> $A\boldsymbol{x}=\boldsymbol{0}$ （必ず解有り）
> 自由度＝未知数の数－rank A
> p. 36

練習問題 52　　　　解答は p. 205

$B=\begin{bmatrix} 4 & -3 \\ -1 & 2 \end{bmatrix}$ の大きい方の固有値に属する固有ベクトルを求めなさい。

例題 53

$$A=\begin{bmatrix}0&1&1\\1&0&1\\1&1&0\end{bmatrix}$$

（1）　A の固有方程式を求めてみよう。

（2）　A の固有値を求めてみよう。

（3）　(2)で求めた固有値に属する固有ベクトルを求めてみよう。

解　（1）　$|xE-A|$ を作ると

$$|xE-A|=\begin{vmatrix}x-0&-1&-1\\-1&x-0&-1\\-1&-1&x-0\end{vmatrix}=\begin{vmatrix}x&-1&-1\\-1&x&-1\\-1&-1&x\end{vmatrix}$$

サラスの公式で展開してもよいが，次のように工夫してなるべく因数を出すように変形すると解を求めるとき楽である。

$$\underset{①+③\times1}{\overset{①+②\times1}{=}}\begin{vmatrix}x-2&x-2&x-2\\-1&x&-1\\-1&-1&x\end{vmatrix}=(x-2)\begin{vmatrix}1&1&1\\-1&x&-1\\-1&-1&x\end{vmatrix}$$

$$\underset{③+①\times1}{\overset{②+①\times1}{=}}(x-2)\begin{vmatrix}1&1&1\\0&x+1&0\\0&0&x+1\end{vmatrix}$$

$$\underset{展開}{\overset{①'で}{=}}(x-2)\cdot1\cdot(-1)^{1+1}\begin{vmatrix}x+1&0\\0&x+1\end{vmatrix}$$

$$=(x-2)(x+1)^2$$

ゆえに A の固有方程式は $(x-2)(x+1)^2=0$

（2）　(1)で求めた固有方程式を解くと固有値が求まる。固有値は 2 と -1。

（3）　$\lambda_1=-1$，$\lambda_2=2$ とおく。

①　$\lambda_1=-1$ に属する固有ベクトルを $\boldsymbol{v}_1=\begin{bmatrix}x_1\\x_2\\x_3\end{bmatrix}$ とおくと

$$A\boldsymbol{v}_1=\lambda\boldsymbol{v}_1\quad より\quad \begin{bmatrix}0&1&1\\1&0&1\\1&1&0\end{bmatrix}\begin{bmatrix}x_1\\x_2\\x_3\end{bmatrix}=(-1)\begin{bmatrix}x_1\\x_2\\x_3\end{bmatrix}$$

計算して

$$\begin{cases} x_2+x_3=-x_1 \\ x_1 \quad +x_3=-x_2 \\ x_1+x_2 \quad =-x_3 \end{cases}$$

$$\therefore \begin{cases} x_1+x_2+x_3=0 \\ x_1+x_2+x_3=0 \\ x_1+x_2+x_3=0 \end{cases}$$

係数行列	行変形
① 1 1	
1 1 1	
1 1 1	
1 1 1	
0 0 0	②+①×(−1)
0 0 0	③+①×(−1)

これを解く。自由度=3−1=2 なので

$$x_1+x_2+x_3=0$$

において $x_1=t_1$, $x_2=t_2$ とおくと

$$x_3=-t_1-t_2$$

$$\therefore \quad \boldsymbol{v}_1=\begin{bmatrix} t_1 \\ t_2 \\ -t_1-t_2 \end{bmatrix}=\begin{bmatrix} t_1 \\ 0 \\ -t_1 \end{bmatrix}+\begin{bmatrix} 0 \\ t_2 \\ -t_2 \end{bmatrix}=t_1\begin{bmatrix} 1 \\ 0 \\ -1 \end{bmatrix}+t_2\begin{bmatrix} 0 \\ 1 \\ -1 \end{bmatrix}$$

ゆえに $\lambda_1=-1$ に属する固有ベクトルは

$$\boldsymbol{v}_1=t_1\begin{bmatrix} 1 \\ 0 \\ -1 \end{bmatrix}+t_2\begin{bmatrix} 0 \\ 1 \\ -1 \end{bmatrix}$$

（t_1, t_2 は同時には 0 にならない任意の実数）

② $\lambda_2=2$ に属する固有ベクトルを $\boldsymbol{v}_2=\begin{bmatrix} y_1 \\ y_2 \\ y_3 \end{bmatrix}$ とおくと

$$A\boldsymbol{v}_2=\lambda_2\boldsymbol{v}_2 \quad \text{より} \quad \begin{bmatrix} 0 & 1 & 1 \\ 1 & 0 & 1 \\ 1 & 1 & 0 \end{bmatrix}\begin{bmatrix} y_1 \\ y_2 \\ y_3 \end{bmatrix}=2\begin{bmatrix} y_1 \\ y_2 \\ y_3 \end{bmatrix}$$

計算して

$$\begin{cases} y_2+y_3=2y_1 \\ y_1 \quad +y_3=2y_2 \\ y_1+y_2 \quad =2y_3 \end{cases} \quad \therefore \quad \begin{cases} -2y_1+y_2+y_3=0 \\ y_1-2y_2+y_3=0 \\ y_1+y_2-2y_3=0 \end{cases}$$

（解，次頁へつづく）

これを解く。右の変形結果より

$$自由度=3-2=1$$

なので

$$\begin{cases} y_1 \quad -y_3=0 \\ \quad y_2-y_3=0 \end{cases}$$

において $y_3=t_3$ とおくと

$$y_1=t_3, \quad y_2=t_3$$

$$\therefore \quad \boldsymbol{v}_2=\begin{bmatrix} t_3 \\ t_3 \\ t_3 \end{bmatrix}=t_3\begin{bmatrix} 1 \\ 1 \\ 1 \end{bmatrix}$$

ゆえに $\lambda_2=2$ に属する固有ベクトルは

$$\boldsymbol{v}_2=t_3\begin{bmatrix} 1 \\ 1 \\ 1 \end{bmatrix}$$ （t_3 は 0 以外の任意実数）

（解終）

係数行列	行変形
−2　1　1 1　−2　1 1　1　−2	
1　−2　1 −2　1　1 1　1　−2	①↔②
1　−2　1 0　−3　3 0　3　−3	 ②+①×2 ③+①×(−1)
1　−2　1 0　−3　3 0　0　0	 ③+②×1
1　−2　1 0　1　−1 0　0　0	 $②\times\left(-\frac{1}{3}\right)$
1　0　−1 0　1　−1 0　0　0	①+②×2

練習問題 53 解答は p. 206

$$B=\begin{bmatrix} 1 & 2 & 2 \\ 2 & 1 & -2 \\ 2 & -2 & 1 \end{bmatrix}$$ について

（1）B の固有方程式を求めなさい。

（2）B の固有値を求めなさい。

（3）固有ベクトルを求めなさい。

3.4 行列の対角化

定義

正方行列 A が，$P^{-1}AP$ を対角行列とするような正則行列 P をもつとき**対角化可能**であるという。

《説明》 $i \neq j$ のときの (i, j) 成分が全部 0 である行列

$$\begin{bmatrix} a_1 & 0 & \cdots & 0 \\ 0 & a_2 & & \vdots \\ \vdots & & \ddots & \vdots \\ 0 & \cdots & \cdots & a_n \end{bmatrix}$$

を**対角行列**という。たとえば次のような行列である。

$$\begin{bmatrix} 1 & 0 \\ 0 & 2 \end{bmatrix} \qquad \begin{bmatrix} 1 & 0 & 0 \\ 0 & 2 & 0 \\ 0 & 0 & 3 \end{bmatrix}$$

行列 A が対角化可能とは，正則行列 P をみつけて

$$P^{-1}AP = \begin{bmatrix} a_1 & \cdots & 0 \\ \vdots & \ddots & \vdots \\ 0 & \cdots & a_n \end{bmatrix}$$

の形に変形できることをいう。

行列の対角化には，固有値と固有ベクトルが重要な働きをし，ある行列が対角化可能かどうかはその固有値と固有ベクトルが決定してしまう。(説明終)

定理 2.24

正方行列 A の相異なる固有値に属する固有ベクトルは線形独立である。

《説明》 固有値と固有ベクトルの重要な関係である。

A の相異なる固有値に属する固有ベクトルを $\boldsymbol{v}_1, \cdots, \boldsymbol{v}_r$ とするとき，r に関する帰納法で示すことができる。 (説明終)

定理 2.25

n 次正方行列 A が相異なる n 個の固有値をもつとき，$P^{-1}AP$ が対角行列となるような正則行列 P が存在する。

【証明】 A の相異なる n 個の固有値を

$$\lambda_1,\ \cdots,\ \lambda_n$$

それぞれに属する固有ベクトルを

$$\boldsymbol{v}_1,\ \cdots,\ \boldsymbol{v}_n$$

とすると，定理 2.24(p. 139) より $\boldsymbol{v}_1, \cdots, \boldsymbol{v}_n$ は線形独立である。

この固有ベクトルを並べて行列

$$P=[\boldsymbol{v}_1 \quad \cdots \quad \boldsymbol{v}_n]$$

を作ると，定理 2.11(p. 102) より $|P|\neq 0$ である。さらに，定理 1.15(p. 69) より P は正則行列となる。そして

$$\begin{aligned} AP &= A[\boldsymbol{v}_1 \quad \cdots \quad \boldsymbol{v}_n] \\ &= [A\boldsymbol{v}_1 \quad \cdots \quad A\boldsymbol{v}_n] \\ &= [\lambda_1\boldsymbol{v}_1 \quad \cdots \quad \lambda_n\boldsymbol{v}_n] \\ &= [\boldsymbol{v}_1 \quad \cdots \quad \boldsymbol{v}_n]\begin{bmatrix} \lambda_1 & \cdots & 0 \\ \vdots & \ddots & \vdots \\ 0 & \cdots & \lambda_n \end{bmatrix} \end{aligned}$$

$$\therefore \quad AP=P\begin{bmatrix} \lambda_1 & \cdots & 0 \\ \vdots & \ddots & \vdots \\ 0 & \cdots & \lambda_n \end{bmatrix}$$

両辺に左より P^{-1} をかけると $P^{-1}P=E$ より

$$P^{-1}AP=\begin{bmatrix} \lambda_1 & \cdots & 0 \\ \vdots & \ddots & \vdots \\ 0 & \cdots & \lambda_n \end{bmatrix}$$

と対角行列となる。　　　　　　　　　（証明終）

固有値，固有ベクトル

$A\boldsymbol{v}=\lambda\boldsymbol{v} \quad (\boldsymbol{v}\neq\boldsymbol{0})$

P：正則行列

$\Longleftrightarrow$　逆行列 P^{-1} が存在

定理 2.11

$P=[\boldsymbol{v}_1 \quad \cdots \quad \boldsymbol{v}_n]$

$\boldsymbol{v}_1, \cdots, \boldsymbol{v}_n$：線形独立

$\Longleftrightarrow$　$|P|\neq 0$

定理 1.15

P：正則　$\Longleftrightarrow$　$|P|\neq 0$

《説明》　この定理は，n 次正方行列 A が n 個の相異なる固有値をもてば，対角化可能であることを示している。また固有値に重複があっても対角化可能な行列も存在する。

定理 2.25 の証明は A が n 個の相異なる固有値をもつときの，A の対角化の方法がそのまま示されているので，下にまとめておく。今までに学んできたことを全部使って対角化していくので，忘れてしまった所は復習しながら求めていこう。　（説明終）

対角化の手順

［A が相異なる n 個の固有値をもつ場合］

①　A の固有値 $\lambda_1, \cdots, \lambda_n$ を求める。

②　$\lambda_1, \cdots, \lambda_n$ に属する固有ベクトル $\boldsymbol{v}_1, \cdots, \boldsymbol{v}_n$ を1つずつ求める。

③　$P = [\boldsymbol{v}_1 \quad \cdots \quad \boldsymbol{v}_n]$ を作ると P は正則行列となり

$$P^{-1}AP = \begin{bmatrix} \lambda_1 & \cdots & 0 \\ \vdots & \ddots & \vdots \\ 0 & \cdots & \lambda_n \end{bmatrix}$$

と対角化される。

例題 54

$A=\begin{bmatrix} 2 & 1 \\ -5 & 8 \end{bmatrix}$ を対角化しよう。

対角化の手順

① 固有値を求める。
② 固有ベクトルを求める。
③ 固有ベクトルを並べて正則行列 P を作ると $P^{-1}AP$ は対角行列

解　右頁のような表を作り，求まった値を埋めていくと便利である。

① A の固有値を求める。

A の固有方程式を作ると

$$|xE-A|=\begin{vmatrix} x-2 & -1 \\ 5 & x-8 \end{vmatrix}=(x-2)(x-8)-(-1)\cdot 5$$

$$=x^2-10x+21=(x-3)(x-7)=0$$

これを解くと2つの固有値

$$\lambda_1=3, \qquad \lambda_2=7$$

が求まる。

② それぞれの固有値に属する固有ベクトルを求める。

$\lambda_1=3$ のとき固有ベクトルを $\boldsymbol{v}_1=\begin{bmatrix} x_1 \\ x_2 \end{bmatrix}$ とおくと

$$A\boldsymbol{v}_1=3\boldsymbol{v}_1 \quad \text{より} \quad \begin{bmatrix} 2 & 1 \\ -5 & 8 \end{bmatrix}\begin{bmatrix} x_1 \\ x_2 \end{bmatrix}=3\begin{bmatrix} x_1 \\ x_2 \end{bmatrix}$$

$$\therefore \begin{cases} -x_1+x_2=0 \\ -5x_1+5x_2=0 \end{cases}$$

これを解くと $\begin{cases} x_1=t_1 \\ x_2=t_1 \end{cases}$ （t_1 は0でない任意実数）

$$\therefore \quad \boldsymbol{v}_1=\begin{bmatrix} t_1 \\ t_1 \end{bmatrix}=t_1\begin{bmatrix} 1 \\ 1 \end{bmatrix} \quad (t_1\neq 0)$$

固有値，固有ベクトル

$A\boldsymbol{v}=\lambda\boldsymbol{v} \quad (\boldsymbol{v}\neq\boldsymbol{0})$

固有方程式

$$|xE-A|=\begin{vmatrix} x-a_{11} & \cdots & -a_{1n} \\ \vdots & \ddots & \vdots \\ -a_{n1} & \cdots & x-a_{nn} \end{vmatrix}=0$$

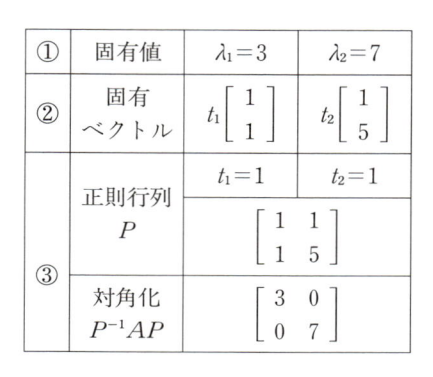

$\lambda_2=7$ のとき固有ベクトルを

$$\boldsymbol{v}_2=\begin{bmatrix} y_1 \\ y_2 \end{bmatrix}$$

とおくと $A\boldsymbol{v}_2=7\boldsymbol{v}_2$ より

$$\begin{bmatrix} 2 & 1 \\ -5 & 8 \end{bmatrix}\begin{bmatrix} y_1 \\ y_2 \end{bmatrix}=7\begin{bmatrix} y_1 \\ y_2 \end{bmatrix}$$

$$\therefore \quad \begin{cases} -5y_1+y_2=0 \\ -5y_1+y_2=0 \end{cases}$$

これを解くと

$$\begin{cases} y_1=t_2 \\ y_2=5t_2 \end{cases} \quad (t_2 \text{ は } 0 \text{ でない任意実数})$$

$$\therefore \quad \boldsymbol{v}_2=\begin{bmatrix} t_2 \\ 5t_2 \end{bmatrix}=t_2\begin{bmatrix} 1 \\ 5 \end{bmatrix} \quad (t_2 \neq 0)$$

①	固有値	$\lambda_1=3$	$\lambda_2=7$
②	固有ベクトル	$t_1\begin{bmatrix} 1 \\ 1 \end{bmatrix}$	$t_2\begin{bmatrix} 1 \\ 5 \end{bmatrix}$
③	正則行列 P	$t_1=1$	$t_2=1$
		$\begin{bmatrix} 1 & 1 \\ 1 & 5 \end{bmatrix}$	
	対角化 $P^{-1}AP$	$\begin{bmatrix} 3 & 0 \\ 0 & 7 \end{bmatrix}$	

③　正則行列 P を作る。

②で求めた固有ベクトルにおいて $t_1=1$, $t_2=1$ (0 以外ならどんな実数でもよい) として並べ

$$P=\begin{bmatrix} 1 & 1 \\ 1 & 5 \end{bmatrix}$$

とすると

$$P^{-1}AP=\begin{bmatrix} 3 & 0 \\ 0 & 7 \end{bmatrix}$$

と A は対角化される。　　　　(解終)

$\lambda_1=7$, $\lambda_2=3$ とおけば
$P=\begin{bmatrix} 1 & 1 \\ 5 & 1 \end{bmatrix}$ となり
$P^{-1}AP=\begin{bmatrix} 7 & 0 \\ 0 & 3 \end{bmatrix}$ ね。

練習問題 54 解答は p. 208

$B=\begin{bmatrix} 3 & -2 \\ -1 & 2 \end{bmatrix}$ を対角化しなさい。

例題 55

$A=\begin{bmatrix}1 & -1 & -3\\ 0 & -1 & 1\\ 0 & 3 & 1\end{bmatrix}$ を対角化しよう。

対角化の手順
① 固有値
② 固有ベクトル
③ 正則行列 P で対角化

解　① 固有方程式を作って固有値を求める。

$$|xE-A|=\begin{vmatrix}x-1 & 1 & 3\\ 0 & x+1 & -1\\ 0 & -3 & x-1\end{vmatrix}\underset{\text{展開}}{\overset{\text{①}'\text{で}}{=}}(x-1)(-1)^{1+1}\begin{vmatrix}x+1 & -1\\ -3 & x-1\end{vmatrix}$$

$$=(x-1)\{(x+1)(x-1)-(-1)(-3)\}=(x-1)(x^2-4)$$

$$=(x-1)(x+2)(x-2)=0$$

ゆえに固有値は

$$\lambda_1=1,\qquad \lambda_2=-2,\qquad \lambda_3=2$$

② それぞれに属する固有ベクトル $\boldsymbol{v}_1, \boldsymbol{v}_2, \boldsymbol{v}_3$ を求める。

・$\lambda_1=1$ のとき

$\boldsymbol{v}_1=\begin{bmatrix}x_1\\ x_2\\ x_3\end{bmatrix}$ とおくと $A\boldsymbol{v}_1=1\,\boldsymbol{v}_1$ より

$$\begin{bmatrix}1 & -1 & -3\\ 0 & -1 & 1\\ 0 & 3 & 1\end{bmatrix}\begin{bmatrix}x_1\\ x_2\\ x_3\end{bmatrix}=1\begin{bmatrix}x_1\\ x_2\\ x_3\end{bmatrix}\qquad \therefore\ \begin{cases}-x_2-3x_3=0\\ -2x_2+x_3=0\\ 3x_2=0\end{cases}$$

解くと $\begin{cases}x_1=t_1\\ x_2=0\\ x_3=0\end{cases}$

$$\therefore\quad \boldsymbol{v}_1=\begin{bmatrix}t_1\\ 0\\ 0\end{bmatrix}=t_1\begin{bmatrix}1\\ 0\\ 0\end{bmatrix}\quad (t_1\neq 0)$$

$x_2=0, x_3=0$ は確定してしまうので，
消えてしまった未知数 x_1 を
任意実数 t_1 とおくのね。

・$\lambda_2=-2$ のとき $A\boldsymbol{v}_2=(-2)\boldsymbol{v}_2$ より

$$\begin{bmatrix}1 & -1 & -3\\ 0 & -1 & 1\\ 0 & 3 & 1\end{bmatrix}\begin{bmatrix}y_1\\ y_2\\ y_3\end{bmatrix}=(-2)\begin{bmatrix}y_1\\ y_2\\ y_3\end{bmatrix}$$

$$\therefore\quad \begin{cases}3y_1-y_2-3y_3=0\\ y_2+\ y_3=0\\ 3y_2+3y_3=0\end{cases}$$

これを解いて $\begin{cases}y_1=\dfrac{2}{3}t_2\\ y_2=-t_2\\ y_3=t_2\end{cases}$

$$\therefore\quad \boldsymbol{v}_2=\frac{t_2}{3}\begin{bmatrix}2\\ -3\\ 3\end{bmatrix}\quad (t_2\neq 0)$$

①	固有値	$\lambda_1=1$	$\lambda_2=-2$	$\lambda_3=2$
②	固有ベクトル	$t_1\begin{bmatrix}1\\0\\0\end{bmatrix}$	$\frac{t_2}{3}\begin{bmatrix}2\\-3\\3\end{bmatrix}$	$t_3\begin{bmatrix}-10\\1\\3\end{bmatrix}$
③		$t_1=1$	$t_2=3$	$t_3=1$
	正規行列 P	$\begin{bmatrix}1 & 2 & -10\\ 0 & -3 & 1\\ 0 & 3 & 3\end{bmatrix}$		
	対角化 $P^{-1}AP$	$\begin{bmatrix}1 & 0 & 0\\ 0 & -2 & 0\\ 0 & 0 & 2\end{bmatrix}$		

・$\lambda_3=2$ のとき $A\boldsymbol{v}_3=2\boldsymbol{v}_3$ より

$$\begin{bmatrix}1 & -1 & -3\\ 0 & -1 & 1\\ 0 & 3 & 1\end{bmatrix}\begin{bmatrix}z_1\\ z_2\\ z_3\end{bmatrix}=2\begin{bmatrix}z_1\\ z_2\\ z_3\end{bmatrix}\qquad \therefore\quad \begin{cases}-z_1-\ z_2-3z_3=0\\ -3z_2+\ z_3=0\\ 3z_2-\ z_3=0\end{cases}$$

解くと $\begin{cases}z_1=-10t_3\\ z_2=t_3\\ z_3=3t_3\end{cases}$ $\quad\therefore\quad \boldsymbol{v}_3=t_3\begin{bmatrix}-10\\ 1\\ 3\end{bmatrix}\quad (t_3\neq 0)$

③　たとえば $t_1=1$, $t_2=3$, $t_3=1$ とおいて P を作ると

$P=\begin{bmatrix}1 & 2 & -10\\ 0 & -3 & 1\\ 0 & 3 & 3\end{bmatrix}$ となり $P^{-1}AP=\begin{bmatrix}1 & 0 & 0\\ 0 & -2 & 0\\ 0 & 0 & 2\end{bmatrix}$ と対角化される。

（解終）

練習問題 55　解答は p. 208

$B=\begin{bmatrix}4 & 2 & -7\\ 3 & 3 & -7\\ 1 & 2 & -4\end{bmatrix}$ を対角化しなさい。

定義

${}^tA=A$ が成り立つ正方行列 A を対称行列という。

転置行列
${}^tA=A$ の行と列を入れかえた行列

《説明》 ${}^tA=A$ ということは成分でいいかえると

$$a_{ij}=a_{ji} \quad (i, j=1, 2, \cdots, n)$$

ということ。つまり

$$\begin{bmatrix} 1 & 3 \\ 3 & 2 \end{bmatrix} \qquad \begin{bmatrix} 1 & 0 & 4 \\ 0 & 2 & -1 \\ 4 & -1 & 3 \end{bmatrix}$$

のように ╲ の対角線について成分が対称に並んでいる行列のことである。

（説明終）

定理 2.26

n 次対称行列の固有値は重複も数えて n 個存在する。

【証明】 $n=2$ のときのみ証明しておく。一般の場合の証明は省略。

$A=\begin{bmatrix} a & b \\ b & c \end{bmatrix}$ とすると A の固有方程式は

$$|xE-A|=\begin{vmatrix} x-a & -b \\ -b & x-c \end{vmatrix}$$
$$=(x-a)(x-c)-(-b)^2$$
$$=x^2-(a+c)x+(ac-b^2)=0$$

λ：Aの固有値
$\iff$ λ は $|xE-A|=0$ の実数解

この 2 次方程式の判別式をとると

$$D=(a+c)^2-4(ac-b^2)=a^2-2ac+c^2+4b^2=(a-c)^2+4b^2 \geqq 0$$

なので固有方程式の 2 つの解はともに実数である。したがって，A は 2 つの固有値をもつ。

（証明終）

定理 2.27

対称行列の相異なる固有値に属する固有ベクトルは直交する。

【証明】 対称行列 A の相異なる固有値を λ_1, λ_2 とし，それぞれに属する固有ベクトルを $\boldsymbol{v}_1$, $\boldsymbol{v}_2$ とすると

$$A\boldsymbol{v}_1=\lambda_1\boldsymbol{v}_1, \qquad A\boldsymbol{v}_2=\lambda_2\boldsymbol{v}_2$$

が成立する。ここで次の内積を考えると

$$\begin{aligned}\lambda_1(\boldsymbol{v}_1\cdot\boldsymbol{v}_2)&=(\lambda_1\boldsymbol{v}_1)\cdot\boldsymbol{v}_2=(A\boldsymbol{v}_1)\cdot\boldsymbol{v}_2\\&={}^t(A\boldsymbol{v}_1)\boldsymbol{v}_2=({}^t\boldsymbol{v}_1{}^tA)\boldsymbol{v}_2\\&={}^t\boldsymbol{v}_1({}^tA\boldsymbol{v}_2)\end{aligned}$$

A は対称行列なので ${}^tA=A$ が成り立つから

$$\begin{aligned}&={}^t\boldsymbol{v}_1(A\boldsymbol{v}_2)=\boldsymbol{v}_1\cdot(A\boldsymbol{v}_2)\\&=\boldsymbol{v}_1\cdot(\lambda_2\boldsymbol{v}_2)=\lambda_2(\boldsymbol{v}_1\cdot\boldsymbol{v}_2)\end{aligned}$$

$$\therefore\quad (\lambda_1-\lambda_2)(\boldsymbol{v}_1\cdot\boldsymbol{v}_2)=0$$

$\lambda_1\neq\lambda_2$ なので $\boldsymbol{v}_1\cdot\boldsymbol{v}_2=0$ $\quad\therefore\quad \boldsymbol{v}_1\perp\boldsymbol{v}_2$ (証明終)

固有値，固有ベクトル

$A\boldsymbol{v}=\lambda\boldsymbol{v}\quad(\boldsymbol{v}\neq\boldsymbol{0})$

直交

$\boldsymbol{x}\cdot\boldsymbol{y}=0 \iff \boldsymbol{x}\perp\boldsymbol{y}$

$\boldsymbol{R}^n$ の内積

$\boldsymbol{x}\cdot\boldsymbol{y}={}^t\boldsymbol{x}\boldsymbol{y}$

定理 2.28

対称行列は直交行列で対角化可能。

定理 2.22

$U=[\boldsymbol{u}_1\ \cdots\ \boldsymbol{u}_n]$：直交行列

$\iff \{\boldsymbol{u}_1, \cdots, \boldsymbol{u}_n\}$

：正規直交基底

p. 131

《説明》 A が r 重に重複した固有値をもつとき，対称行列ならば固有ベクトルの中からちょうど r 個の線形独立なベクトルを選ぶことができるので，全体でちょうど n 個の線形独立な固有ベクトル $\{\boldsymbol{v}_1, \cdots, \boldsymbol{v}_n\}$ が求まる。これをシュミットの正規直交化法(p. 126)で正規直交化し，それらを並べて

$$U=[\boldsymbol{v}_1\quad\cdots\quad\boldsymbol{v}_n]$$

とすれば U は直交行列になり，$U^{-1}AU$ は対角行列となる。

(説明終)

対角化の手順

［A が対称行列の場合］

① A の固有値 $\lambda_1, \cdots, \lambda_n$ を求める。

② $\lambda_1, \cdots, \lambda_n$ に属する線形独立な固有ベクトル $\boldsymbol{v}_1, \cdots, \boldsymbol{v}_n$ を求める。

③ $\{\boldsymbol{v}_1, \cdots, \boldsymbol{v}_n\}$ をシュミットの正規直交化法で $\boldsymbol{R}^n$ の正規直交基底 $\{\boldsymbol{u}_1, \cdots, \boldsymbol{u}_n\}$ に直す。

④ $U=[\boldsymbol{u}_1 \ \cdots \ \boldsymbol{u}_n]$ を作ると U は直交行列となり

$$U^{-1}AU=\begin{bmatrix} \lambda_1 & \cdots & 0 \\ \vdots & \ddots & \vdots \\ 0 & \cdots & \lambda_n \end{bmatrix}$$

と対角化される。

例題 56

$A=\begin{bmatrix} 2 & 2 \\ 2 & -1 \end{bmatrix}$ を直交行列で対角化してみよう。

解　上の手順に従って求め，右頁の表を埋めていこう。

① A の固有方程式を解いて固有値を求める。

$$|xE-A|=\begin{vmatrix} x-2 & -2 \\ -2 & x+1 \end{vmatrix}=(x-2)(x+1)-(-2)^2$$

$$=x^2-x-6=(x-3)(x+2)=0$$

ゆえに固有値は $\lambda_1=3$, $\lambda_2=-2$。

② それぞれに属する固有ベクトルを求める。

・$\lambda_1=3$ に属する固有ベクトルを $\boldsymbol{v}_1$ とすると $A\boldsymbol{v}_1=3\boldsymbol{v}_1$ より

$$\begin{bmatrix} 2 & 2 \\ 2 & -1 \end{bmatrix}\begin{bmatrix} x_1 \\ x_2 \end{bmatrix}=3\begin{bmatrix} x_1 \\ x_2 \end{bmatrix} \ \rightarrow \ \begin{cases} -x_1+2x_2=0 \\ 2x_1-4x_2=0 \end{cases} \ \rightarrow \ \begin{cases} x_1=2t_1 \\ x_2=t_1 \end{cases}$$

$$\therefore \quad \boldsymbol{v}_1=\begin{bmatrix} 2t_1 \\ t_1 \end{bmatrix}=t_1\begin{bmatrix} 2 \\ 1 \end{bmatrix} \quad (t_1 \neq 0)$$

・$\lambda_2=-2$ に属する固有ベクトルを $\boldsymbol{v}_2$ とすると，$A\boldsymbol{v}_2=-2\boldsymbol{v}_2$ より

$$\begin{bmatrix} 2 & 2 \\ 2 & -1 \end{bmatrix}\begin{bmatrix} y_1 \\ y_2 \end{bmatrix}=-2\begin{bmatrix} y_1 \\ y_2 \end{bmatrix}$$

$$\to \begin{cases} 4y_1+2y_2=0 \\ 2y_1+\ \ y_2=0 \end{cases}$$

$$\to \begin{cases} y_1=t_2 \\ y_2=-2t_2 \end{cases}$$

$$\therefore\quad \boldsymbol{v}_2=\begin{bmatrix} t_2 \\ -2t_2 \end{bmatrix}=t_2\begin{bmatrix} 1 \\ -2 \end{bmatrix}\quad (t_2\neq 0)$$

①	固有値	$\lambda_1=3$	$\lambda_2=-2$
②	固有ベクトル	$t_1\begin{bmatrix} 2 \\ 1 \end{bmatrix}$	$t_2\begin{bmatrix} 1 \\ -2 \end{bmatrix}$
③	正規直交化	$t_1=1/\sqrt{5}$	$t_2=1/\sqrt{5}$
		$\frac{1}{\sqrt{5}}\begin{bmatrix} 2 \\ 1 \end{bmatrix}$	$\frac{1}{\sqrt{5}}\begin{bmatrix} 1 \\ -2 \end{bmatrix}$
④	直交行列 U	$\frac{1}{\sqrt{5}}\begin{bmatrix} 2 & 1 \\ 1 & -2 \end{bmatrix}$	
	対角化 $U^{-1}AU$	$\begin{bmatrix} 3 & 0 \\ 0 & -2 \end{bmatrix}$	

③ $\{\boldsymbol{v}_1, \boldsymbol{v}_2\}$ より正規直交基底 $\{\boldsymbol{u}_1, \boldsymbol{u}_2\}$ を作る。

$\lambda_1\neq\lambda_2$ なので $\boldsymbol{v}_1$ と $\boldsymbol{v}_2$ は線形独立。ゆえに $\|\boldsymbol{v}_1\|=\|\boldsymbol{v}_2\|=1$ となるように t_1, t_2 を決めればよい。

$$\left\|\begin{bmatrix} 2 \\ 1 \end{bmatrix}\right\|=\sqrt{2^2+1^2}=\sqrt{5},\qquad \left\|\begin{bmatrix} 1 \\ -2 \end{bmatrix}\right\|=\sqrt{1^2+(-2)^2}=\sqrt{5}$$

なので $t_1=t_2=\dfrac{1}{\sqrt{5}}$ とおき

$$\boldsymbol{u}_1=\frac{1}{\sqrt{5}}\begin{bmatrix} 2 \\ 1 \end{bmatrix},\quad \boldsymbol{u}_2=\frac{1}{\sqrt{5}}\begin{bmatrix} 1 \\ -2 \end{bmatrix}$$

とすると，$\{\boldsymbol{u}_1, \boldsymbol{u}_2\}$ は $\boldsymbol{R}^2$ の正規直交基底となる。

④ $U=\dfrac{1}{\sqrt{5}}\begin{bmatrix} 2 & 1 \\ 1 & -2 \end{bmatrix}$ とおけば U は直交行列であり

$U^{-1}AU=\begin{bmatrix} 3 & 0 \\ 0 & -2 \end{bmatrix}$ と対角化される。 (解終)

練習問題 56 解答は p. 209

$B=\begin{bmatrix} -3 & 2 \\ 2 & 0 \end{bmatrix}$ を直交行列で対角化しなさい。

例題 57

$$A=\begin{bmatrix} 2 & -1 & -1 \\ -1 & 2 & -1 \\ -1 & -1 & 2 \end{bmatrix}$$ を直交行列で対角化してみよう。

> **対称行列の対角化**
> ① 固有値
> ② 固有ベクトル
> ③ 正規直交化
> ④ 直交行列 U で対角化

解 手順に従って求めていけばよい。

① A の固有方程式を解いて固有値を求める。

数値の並びに注意して計算すると

$$|xE-A|=\begin{vmatrix} x-2 & 1 & 1 \\ 1 & x-2 & 1 \\ 1 & 1 & x-2 \end{vmatrix} \underset{①'+③'\times 1}{\overset{①'+②'\times 1}{=}} \begin{vmatrix} x & 1 & 1 \\ x & x-2 & 1 \\ x & 1 & x-2 \end{vmatrix}$$

$$=x\begin{vmatrix} 1 & 1 & 1 \\ 1 & x-2 & 1 \\ 1 & 1 & x-2 \end{vmatrix} \underset{③+①\times(-1)}{\overset{②+①\times(-1)}{=}} x\begin{vmatrix} 1 & 1 & 1 \\ 0 & x-3 & 0 \\ 0 & 0 & x-3 \end{vmatrix}$$

$$\underset{\text{展開}}{\overset{①'\text{で}}{=}} x\cdot 1\cdot(-1)^{1+1}\begin{vmatrix} x-3 & 0 \\ 0 & x-3 \end{vmatrix}=x(x-3)^2=0$$

これより固有値は $\lambda_1=0$, $\lambda_2=3$, $\lambda_3=3$ となる。

② それぞれに属する固有ベクトルを求める。

・$\lambda_1=0$ の固有ベクトルを $\boldsymbol{v}_1$ とおくと $A\boldsymbol{v}_1=0\boldsymbol{v}_1$ より

$$\begin{bmatrix} 2 & -1 & -1 \\ -1 & 2 & -1 \\ -1 & -1 & 2 \end{bmatrix}\begin{bmatrix} x_1 \\ x_2 \\ x_3 \end{bmatrix}=0\begin{bmatrix} x_1 \\ x_2 \\ x_3 \end{bmatrix}$$

$$\to \begin{cases} 2x_1-x_2-x_3=0 \\ -x_1+2x_2-x_3=0 \\ -x_1-x_2+2x_3=0 \end{cases}$$

$$\xrightarrow[\text{変形より}]{\text{右の}} \begin{cases} -x_1+x_3=0 \\ x_2-x_3=0 \end{cases} \to \begin{cases} x_1=t_1 \\ x_2=t_1 \\ x_3=t_1 \end{cases}$$

$$\therefore\quad \boldsymbol{v}_1=\begin{bmatrix} t_1 \\ t_1 \\ t_1 \end{bmatrix}=t_1\begin{bmatrix} 1 \\ 1 \\ 1 \end{bmatrix}\quad (t_1\neq 0)$$

$$\begin{array}{rrr} 2 & -1 & -1 \\ -1 & 2 & -1 \\ -1 & -1 & 2 \\ \hline -1 & 2 & -1 \\ 2 & -1 & -1 \\ -1 & -1 & 2 \\ \hline -1 & 2 & -1 \\ 0 & 3 & -3 \\ 0 & -3 & 3 \\ \hline -1 & 2 & -1 \\ 0 & 1 & -1 \\ 0 & -3 & 3 \\ \hline -1 & 0 & 1 \\ 0 & 1 & -1 \\ 0 & 0 & 0 \end{array}$$

（2段目→3段目：$\times\dfrac{1}{3}$）

①	固有値	$\lambda_1=0$	$\lambda_2=\lambda_3=3$	
②	固有ベクトル	$t_1\begin{bmatrix}1\\1\\1\end{bmatrix}$	$t_2\begin{bmatrix}-1\\1\\0\end{bmatrix}+t_3\begin{bmatrix}-1\\0\\1\end{bmatrix}$	
②	線形独立なベクトル	$t_1=1$	$t_2=1$, $t_3=0$	$t_2=0$, $t_3=1$
		$\begin{bmatrix}1\\1\\1\end{bmatrix}$	$\begin{bmatrix}-1\\1\\0\end{bmatrix}$	$\begin{bmatrix}-1\\0\\1\end{bmatrix}$
③	正規直交化	$\dfrac{1}{\sqrt{3}}\begin{bmatrix}1\\1\\1\end{bmatrix}$	$\dfrac{1}{\sqrt{2}}\begin{bmatrix}-1\\1\\0\end{bmatrix}$	$\dfrac{1}{\sqrt{6}}\begin{bmatrix}-1\\-1\\2\end{bmatrix}$
④	U	$\dfrac{1}{\sqrt{6}}\begin{bmatrix}\sqrt{2} & -\sqrt{3} & -1\\ \sqrt{2} & \sqrt{3} & -1\\ \sqrt{2} & 0 & 2\end{bmatrix}$		
④	対角化 $U^{-1}AU$	$\begin{bmatrix}0&0&0\\0&3&0\\0&0&3\end{bmatrix}$		

・$\lambda_2=\lambda_3=3$ の固有ベクトルを $\boldsymbol{v}_2$ とおくと $A\boldsymbol{v}_2=3\boldsymbol{v}_2$ より

$$\begin{bmatrix}2&-1&-1\\-1&2&-1\\-1&-1&2\end{bmatrix}\begin{bmatrix}y_1\\y_2\\y_3\end{bmatrix}=3\begin{bmatrix}y_1\\y_2\\y_3\end{bmatrix}\rightarrow\begin{cases}-y_1-y_2-y_3=0\\-y_1-y_2-y_3=0\\-y_1-y_2-y_3=0\end{cases}$$

$$\rightarrow\ y_1+y_2+y_3=0\rightarrow\begin{cases}y_1=-t_2-t_3\\y_2=t_2\\y_3=t_3\end{cases}$$

$$\therefore\quad \boldsymbol{v}_2=\begin{bmatrix}-t_2-t_3\\t_2\\t_3\end{bmatrix}=\begin{bmatrix}-t_2\\t_2\\0\end{bmatrix}+\begin{bmatrix}-t_3\\0\\t_3\end{bmatrix}$$

$$=t_2\begin{bmatrix}-1\\1\\0\end{bmatrix}+t_3\begin{bmatrix}-1\\0\\1\end{bmatrix}\quad(t_2,\ t_3\ \text{は同時に}\ 0\ \text{ではない})$$

（解，次頁へつづく）

$\lambda_1=0$ の固有ベクトルから1つ，$\lambda_2=\lambda_3=3$ の固有ベクトルから線形独立なものを2つ選んでくる。たとえば

$$t_1=1 \quad ; \quad t_2=1,\ t_3=0 \quad ; \quad t_2=0,\ t_3=1$$

$$\boldsymbol{a}_1=\begin{bmatrix}1\\1\\1\end{bmatrix},\quad \boldsymbol{a}_2=\begin{bmatrix}-1\\1\\0\end{bmatrix},\quad \boldsymbol{a}_3=\begin{bmatrix}-1\\0\\1\end{bmatrix}$$

とおくと，定理2.27(p. 147)より $\boldsymbol{a}_1\perp\boldsymbol{a}_2$, $\boldsymbol{a}_1\perp\boldsymbol{a}_3$ となる。また $\boldsymbol{a}_2$ と $\boldsymbol{a}_3$ が線形独立であることもすぐわかる（$c_1\boldsymbol{a}_2+c_2\boldsymbol{a}_3=\boldsymbol{0}$ より $c_1=c_2=0$ を示す）。

③　シュミットの正規直交化法(p. 126，定理2.20)を使って $\{\boldsymbol{a}_1, \boldsymbol{a}_2, \boldsymbol{a}_3\}$ を正規直交化する。すでに $\boldsymbol{a}_1\perp\boldsymbol{a}_2$, $\boldsymbol{a}_1\perp\boldsymbol{a}_3$ なので $\boldsymbol{a}_1\cdot\boldsymbol{a}_2=\boldsymbol{a}_1\cdot\boldsymbol{a}_3=0$ が成立。

❶ $$\boldsymbol{u}_1=\frac{1}{\|\boldsymbol{a}_1\|}\boldsymbol{a}_1=\frac{1}{\sqrt{1^2+1^2+1^2}}\begin{bmatrix}1\\1\\1\end{bmatrix}=\frac{1}{\sqrt{3}}\begin{bmatrix}1\\1\\1\end{bmatrix}\left(=\frac{1}{\sqrt{3}}\boldsymbol{a}_1\right)$$

❷ $$k_{12}=\boldsymbol{u}_1\cdot\boldsymbol{a}_2=\left(\frac{1}{\sqrt{3}}\boldsymbol{a}_1\right)\cdot\boldsymbol{a}_2=0$$

$$\boldsymbol{a}_2'=\boldsymbol{a}_2-k_{12}\boldsymbol{u}_1=\begin{bmatrix}-1\\1\\0\end{bmatrix}-0\cdot\boldsymbol{u}_1=\begin{bmatrix}-1\\1\\0\end{bmatrix}\ (=\boldsymbol{a}_2)$$

$$\boldsymbol{u}_2=\frac{1}{\|\boldsymbol{a}_2'\|}\boldsymbol{a}_2'=\frac{1}{\sqrt{(-1)^2+1^2+0^2}}\begin{bmatrix}-1\\1\\0\end{bmatrix}=\frac{1}{\sqrt{2}}\begin{bmatrix}-1\\1\\0\end{bmatrix}$$

❸ $$k_{13}=\boldsymbol{u}_1\cdot\boldsymbol{a}_3=\left(\frac{1}{\sqrt{3}}\boldsymbol{a}_1\right)\cdot\boldsymbol{a}_3=0$$

$$k_{23}=\boldsymbol{u}_2\cdot\boldsymbol{a}_3=\frac{1}{\sqrt{2}}\begin{bmatrix}-1\\1\\0\end{bmatrix}\cdot\begin{bmatrix}-1\\0\\1\end{bmatrix}=\frac{1}{\sqrt{2}}\{(-1)\cdot(-1)+1\cdot0+0\cdot1\}=\frac{1}{\sqrt{2}}$$

$$\boldsymbol{a}_3'=\boldsymbol{a}_3-k_{13}\boldsymbol{u}_1-k_{23}\boldsymbol{u}_2=\begin{bmatrix}-1\\0\\1\end{bmatrix}-0\cdot\boldsymbol{u}_1-\frac{1}{\sqrt{2}}\cdot\frac{1}{\sqrt{2}}\begin{bmatrix}-1\\1\\0\end{bmatrix}$$

$$=\begin{bmatrix}-1\\0\\1\end{bmatrix}-\frac{1}{2}\begin{bmatrix}-1\\1\\0\end{bmatrix}=\frac{1}{2}\begin{bmatrix}-1\\-1\\2\end{bmatrix}$$

$$\boldsymbol{u}_3=\frac{1}{\|\boldsymbol{a}_3'\|}\boldsymbol{a}_3'=\frac{1}{\frac{1}{2}\sqrt{(-1)^2+(-1)^2+2^2}}\cdot\frac{1}{2}\begin{bmatrix}-1\\-1\\2\end{bmatrix}=\frac{1}{\sqrt{6}}\begin{bmatrix}-1\\-1\\2\end{bmatrix}$$

ゆえに正規直交化された次のベクトル $\boldsymbol{u}_1, \boldsymbol{u}_2, \boldsymbol{u}_3$ が得られた。

$$\boldsymbol{u}_1=\frac{1}{\sqrt{3}}\begin{bmatrix}1\\1\\1\end{bmatrix}=\begin{bmatrix}1/\sqrt{3}\\1/\sqrt{3}\\1/\sqrt{3}\end{bmatrix},\quad \boldsymbol{u}_2=\frac{1}{\sqrt{2}}\begin{bmatrix}-1\\1\\0\end{bmatrix}=\begin{bmatrix}-1/\sqrt{2}\\1/\sqrt{2}\\0\end{bmatrix},$$

$$\boldsymbol{u}_3=\frac{1}{\sqrt{6}}\begin{bmatrix}-1\\-1\\2\end{bmatrix}=\begin{bmatrix}-1/\sqrt{6}\\-1/\sqrt{6}\\2/\sqrt{6}\end{bmatrix}$$

④ これらを並べて直交行列 U

$$U=[\boldsymbol{u}_1\quad\boldsymbol{u}_2\quad\boldsymbol{u}_3]=\begin{bmatrix}1/\sqrt{3}&-1/\sqrt{2}&-1/\sqrt{6}\\1/\sqrt{3}&1/\sqrt{2}&-1/\sqrt{6}\\1/\sqrt{3}&0&2/\sqrt{6}\end{bmatrix}=\frac{1}{\sqrt{6}}\begin{bmatrix}\sqrt{2}&-\sqrt{3}&-1\\\sqrt{2}&\sqrt{3}&-1\\\sqrt{2}&0&2\end{bmatrix}$$

を作ると，

$$U^{-1}AU=\begin{bmatrix}0&0&0\\0&3&0\\0&0&3\end{bmatrix}$$

うわ〜　やっとできた。
今まで勉強してきたことを
全部使ってあるのね。

と対角化される。

(固有ベクトルの並べ方が異なれば，上とは違った U で対角化され，対角化の結果も異なる。)　　(解終)

練習問題 57　解答は p. 209

$B=\begin{bmatrix}1&4&-4\\4&1&4\\-4&4&1\end{bmatrix}$ を直交行列で対角化しなさい。

3.5　2次曲線の標準形

行列の対角化の応用例として，2次曲線の標準形を取り上げよう。

一般に a，b，c，d を実数として

$$ax^2+2bxy+cy^2=d$$

の形を方程式にもつ**2次曲線**を xy 平面上に描くことを考えてみよう。（ただし，係数の値によっては方程式が曲線を表わさない場合もある。）

$b=0$ の場合には

$$ax^2+cy^2=d$$

となるが，この形の方程式を2次曲線の**標準形**という。標準形の方程式をもつ曲線はそのグラフが容易に描ける。しかし，$b \neq 0$ のときは方程式を見ただけでは**だ円**か**双曲線**かさえ区別することはむずかしい。そこで一般の2次曲線の方程式を標準形に直すことを考えよう。

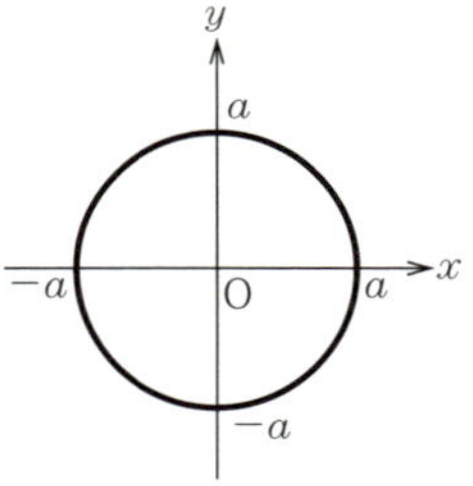

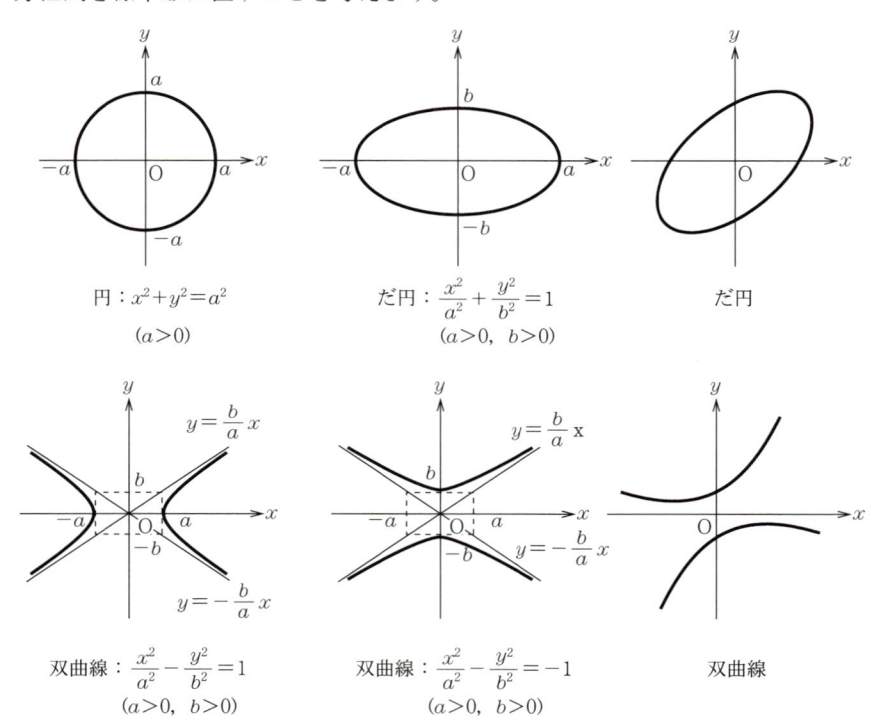

円：$x^2+y^2=a^2$
$(a>0)$

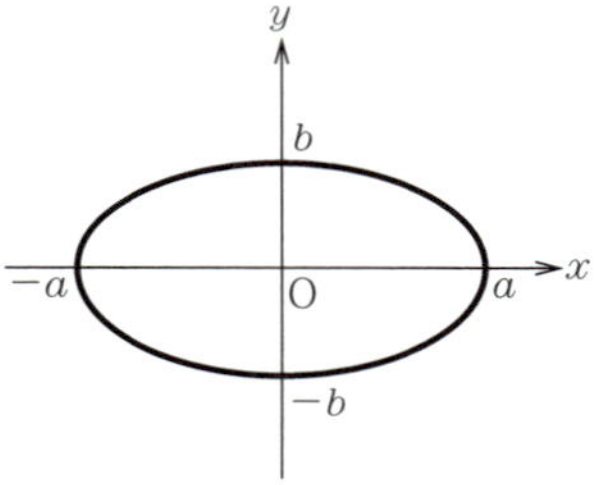

だ円：$\dfrac{x^2}{a^2}+\dfrac{y^2}{b^2}=1$
$(a>0,\ b>0)$

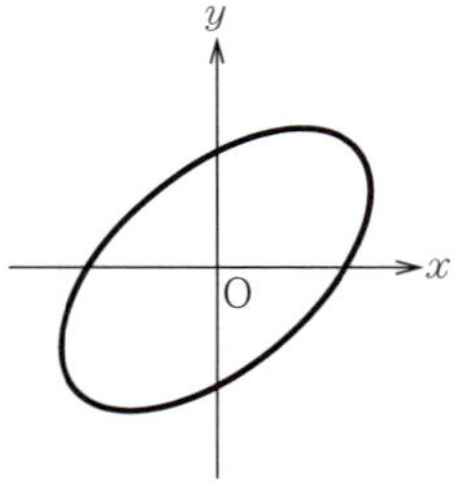

だ円

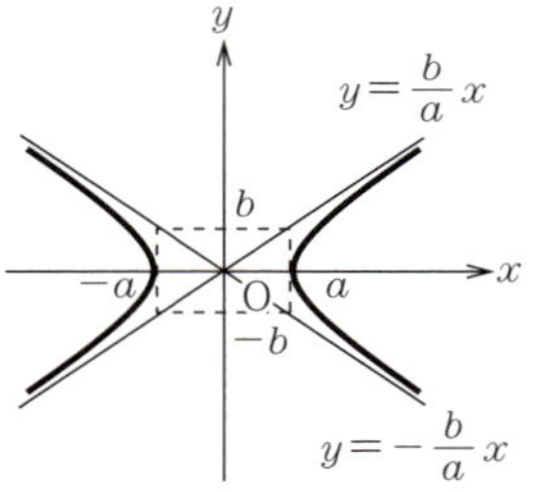

双曲線：$\dfrac{x^2}{a^2}-\dfrac{y^2}{b^2}=1$
$(a>0,\ b>0)$

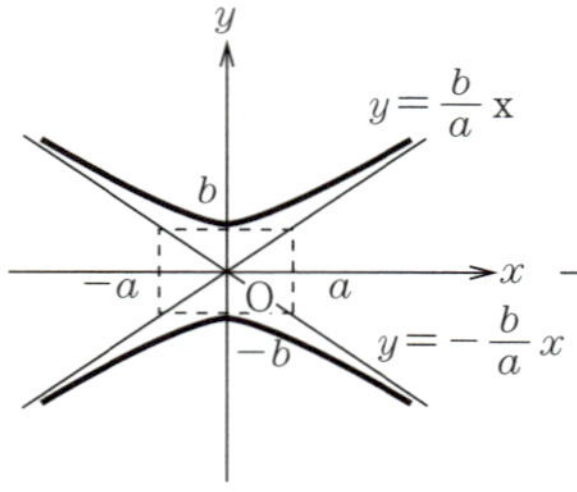

双曲線：$\dfrac{x^2}{a^2}-\dfrac{y^2}{b^2}=-1$
$(a>0,\ b>0)$

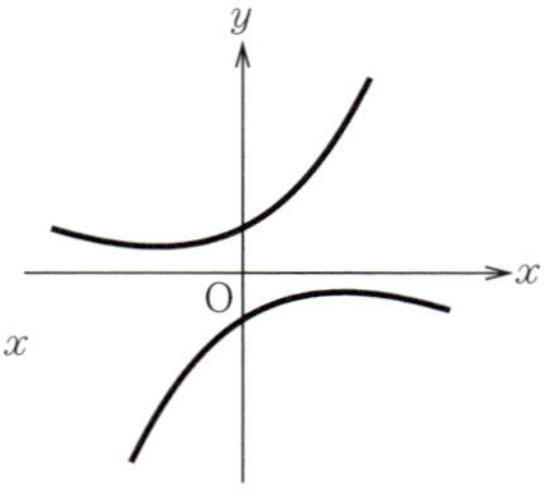

双曲線

定理 2.29

2次曲線 $ax^2+2bxy+cy^2=d$ は適当な直交変換

$$\begin{bmatrix} x \\ y \end{bmatrix} = U \begin{bmatrix} X \\ Y \end{bmatrix}$$

を行うことにより必ず標準形

$$\alpha X^2+\beta Y^2=d$$

の形となる。

> f：直交変換
> $\Longleftrightarrow$ 内積をかえない線形変換

> f：直交変換
> $\Longleftrightarrow$ $f(\boldsymbol{x})=U\boldsymbol{x}$
> U：直交行列

【証明】 2次曲線の方程式は対称行列を使って

$$[x \quad y]\begin{bmatrix} a & b \\ b & c \end{bmatrix}\begin{bmatrix} x \\ y \end{bmatrix}=d$$

とかくことができる。ここで $\boldsymbol{x}=\begin{bmatrix} x \\ y \end{bmatrix}$，$A=\begin{bmatrix} a & b \\ b & c \end{bmatrix}$ とおくと，方程式は

$${}^t\boldsymbol{x}A\boldsymbol{x}=d$$

となる。A は対称行列なので直交行列 U で

$$U^{-1}AU=\begin{bmatrix} \lambda_1 & 0 \\ 0 & \lambda_2 \end{bmatrix} \quad (\lambda_1, \lambda_2 \text{ は } A \text{ の固有値})$$

と対角化される。ここで $\boldsymbol{x}=U\boldsymbol{X}$ とおくと $\boldsymbol{X}=U^{-1}\boldsymbol{x}$ とかけるが，U^{-1} も直交行列なので，この変換は直交変換である。

上の式に代入すると

$${}^t(U\boldsymbol{X})A(U\boldsymbol{X})=d$$
$$({}^t\boldsymbol{X}{}^tU)A(U\boldsymbol{X})=d$$
$${}^t\boldsymbol{X}(U^{-1}AU)\boldsymbol{X}=d$$
$$\therefore \quad {}^t\boldsymbol{X}\begin{bmatrix} \lambda_1 & 0 \\ 0 & \lambda_2 \end{bmatrix}\boldsymbol{X}=d$$

> U：直交行列
> $\Longleftrightarrow$ ${}^tUU=U{}^tU=E$
> $\Longleftrightarrow$ ${}^tU=U^{-1}$

$\boldsymbol{X}=\begin{bmatrix} X \\ Y \end{bmatrix}$ とおいて普通の方程式に直すと

$$\lambda_1X^2+\lambda_2Y^2=d$$

と標準形になる。 (証明終)

定理 2.30

線形変換 $f: \boldsymbol{R}^2 \to \boldsymbol{R}^2$ が直交変換のとき，f の表現行列は

$$\begin{bmatrix} \cos\theta & \sin\theta \\ -\sin\theta & \cos\theta \end{bmatrix} \text{ または } \begin{bmatrix} \cos\theta & \sin\theta \\ \sin\theta & -\cos\theta \end{bmatrix}$$

の形をしている。

f：直交変換
　$\Longleftrightarrow$　f で内積は不変
　$\Longleftrightarrow$　$f(\boldsymbol{x}) = U\boldsymbol{x}$
　　　U：直交行列

《説明》　表現行列の形は f が直交変換であることから導ける。

直交変換とは内積が維持される変換であった。このことは“長さ”も“角”もそのままに変換されることなので，図形はすべて形がゆがむことなく変換される。

特にはじめの表現行列については，$f: \boldsymbol{R}^2 \to \boldsymbol{R}^2$ が

$$\begin{bmatrix} x \\ y \end{bmatrix} \longmapsto \begin{bmatrix} X \\ Y \end{bmatrix}$$

と対応しているとすると

$$\begin{bmatrix} X \\ Y \end{bmatrix} = \begin{bmatrix} \cos\theta & \sin\theta \\ -\sin\theta & \cos\theta \end{bmatrix} \begin{bmatrix} x \\ y \end{bmatrix} \quad \cdots\cdots(*)$$

が成立する。これより次の関係式が出る。

$$\therefore \quad \begin{cases} X = x\cos\theta + y\sin\theta \\ Y = -x\sin\theta + y\cos\theta \end{cases}$$

この式は xy 軸を原点のまわりに角 θ だけ回転させて XY 軸となったときの座標の変換式になっている。また直交行列 U については $U^{-1} = {}^tU$ が成立するので，(＊)をかき直すと

$$\begin{bmatrix} x \\ y \end{bmatrix} = \begin{bmatrix} \cos\theta & -\sin\theta \\ \sin\theta & \cos\theta \end{bmatrix} \begin{bmatrix} X \\ Y \end{bmatrix}$$

となる。つまり前定理 2.28 の U は

$$U = \begin{bmatrix} \cos\theta & -\sin\theta \\ \sin\theta & \cos\theta \end{bmatrix}$$

となる。　　　　　　　　　　　（説明終）

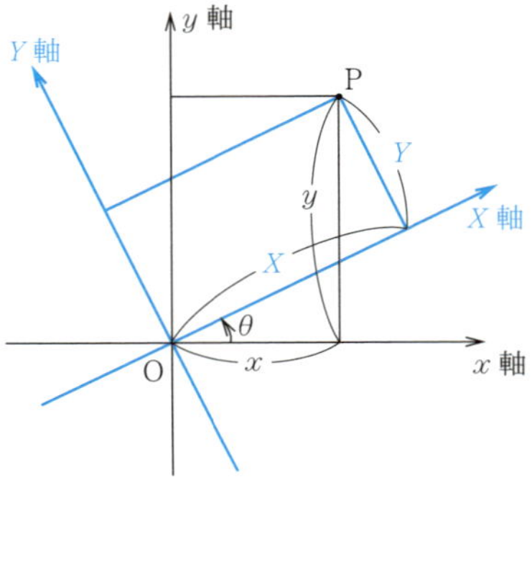

2次曲線の標準形への変形手順

$$ax^2+2bxy+cy^2=d$$

① ${}^t\boldsymbol{x}A\boldsymbol{x}=d$ の形に

$$A=\begin{bmatrix} a & b \\ b & c \end{bmatrix} \quad (係数行列)$$

② A を直交行列 U で対角化

$$U^{-1}AU=\begin{bmatrix} \lambda_1 & 0 \\ 0 & \lambda_2 \end{bmatrix} \quad (\lambda_1, \lambda_2 : A \text{ の固有値})$$

③ 直交変換 $\boldsymbol{x}=U\boldsymbol{X}$ を行って標準形へ

$$\lambda_1 X^2+\lambda_2 Y^2=d$$

$\boldsymbol{xy}$ 軸と $\boldsymbol{XY}$ 軸の関係

xy 軸 $\xrightarrow{\text{角 } \theta \text{ の回転 } f}$ XY 軸

$ax^2+2bxy+cy^2=d$ $\quad$ $\lambda_1 X^2+\lambda_2 Y^2=d$ （標準形）

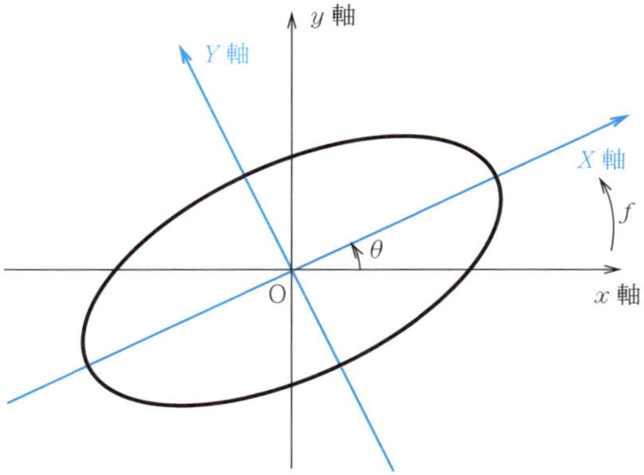

変換 $\boldsymbol{x}=U\boldsymbol{X}$

$(\boldsymbol{X}=U^{-1}\boldsymbol{x})$

$$U=\begin{bmatrix} \cos\theta & -\sin\theta \\ \sin\theta & \cos\theta \end{bmatrix}$$

例題 58

$5x^2-6xy+5y^2=4$ のグラフを描いてみよう。

解　手順に従って計算していこう。

2次曲線	$5x^2-6xy+5y^2=4$	
係数行列 A	$\begin{bmatrix} 5 & -3 \\ -3 & 5 \end{bmatrix}$	
固有値	2	8
固有ベクトル	$t_1\begin{bmatrix} 1 \\ 1 \end{bmatrix}$	$t_2\begin{bmatrix} 1 \\ -1 \end{bmatrix}$
直交行列 U $\boldsymbol{x}=U\boldsymbol{X}$	$t_1=1/\sqrt{2}$	$t_2=-1/\sqrt{2}$
	$\begin{bmatrix} 1/\sqrt{2} & -1/\sqrt{2} \\ 1/\sqrt{2} & 1/\sqrt{2} \end{bmatrix}$	
標準形	$2X^2+8Y^2=4$	

① 行列を使ってかき直すと

$$[x \quad y]\begin{bmatrix} 5 & -3 \\ -3 & 5 \end{bmatrix}\begin{bmatrix} x \\ y \end{bmatrix}=4$$

ゆえに係数行列は $A=\begin{bmatrix} 5 & -3 \\ -3 & 5 \end{bmatrix}$ である。

② 対称行列 A を直交行列 U で対角化する。

❶ A の固有方程式を解いて固有値を求める。

$$|xE-A|=\begin{vmatrix} x-5 & 3 \\ 3 & x-5 \end{vmatrix}$$
$$=(x-5)^2-3^2=x^2-10x+16$$
$$=(x-2)(x-8)=0$$

ゆえに固有値は $\lambda_1=2$, $\lambda_2=8$

❷ それぞれの固有値に属する固有ベクトルを求める。

・$\lambda_1=2$ のとき固有ベクトルを $\boldsymbol{v}_1$ とすると，$A\boldsymbol{v}_1=2\boldsymbol{v}_1$ より

$$\begin{bmatrix} 5 & -3 \\ -3 & 5 \end{bmatrix}\begin{bmatrix} x_1 \\ y_1 \end{bmatrix}=2\begin{bmatrix} x_1 \\ y_1 \end{bmatrix} \rightarrow \begin{cases} 3x_1-3y_1=0 \\ -3x_1+3y_1=0 \end{cases} \rightarrow \begin{cases} x_1=t_1 \\ y_1=t_1 \end{cases}$$

$$\therefore \quad \boldsymbol{v}_1=\begin{bmatrix} x_1 \\ y_1 \end{bmatrix}=\begin{bmatrix} t_1 \\ t_1 \end{bmatrix}=t_1\begin{bmatrix} 1 \\ 1 \end{bmatrix} \quad (t_1 \neq 0)$$

・$\lambda_2=8$ のとき固有ベクトルを $\boldsymbol{v}_2$ とすると，$A\boldsymbol{v}_2=8\boldsymbol{v}_2$ より

$$\begin{bmatrix} 5 & -3 \\ -3 & 5 \end{bmatrix}\begin{bmatrix} x_2 \\ y_2 \end{bmatrix}=8\begin{bmatrix} x_2 \\ y_2 \end{bmatrix} \rightarrow \begin{cases} -3x_2-3y_2=0 \\ -3x_2-3y_2=0 \end{cases} \rightarrow \begin{cases} x_2=t_2 \\ y_2=-t_2 \end{cases}$$

$$\therefore \quad \boldsymbol{v}_2=\begin{bmatrix} x_2 \\ y_2 \end{bmatrix}=\begin{bmatrix} t_2 \\ -t_2 \end{bmatrix}=t_2\begin{bmatrix} 1 \\ -1 \end{bmatrix} \quad (t_2 \neq 0)$$

❸ 固有ベクトルを並べて直交行列 U を作るが，$\boldsymbol{v}_1, \boldsymbol{v}_2$ はすでに直交しているので長さを１にすれば正規直交化される。

$$\left\|\begin{bmatrix}1\\1\end{bmatrix}\right\|=\sqrt{1^2+1^2}=\sqrt{2},\qquad \left\|\begin{bmatrix}1\\-1\end{bmatrix}\right\|=\sqrt{1^2+(-1)^2}=\sqrt{2}$$

なので $t_1=1/\sqrt{2}$，$t_2=1/\sqrt{2}$ とおいて

$$\boldsymbol{u}_1=\frac{1}{\sqrt{2}}\begin{bmatrix}1\\1\end{bmatrix}=\begin{bmatrix}1/\sqrt{2}\\1/\sqrt{2}\end{bmatrix},\qquad \boldsymbol{u}_2=\frac{1}{\sqrt{2}}\begin{bmatrix}1\\-1\end{bmatrix}=\begin{bmatrix}1/\sqrt{2}\\-1/\sqrt{2}\end{bmatrix}$$

とおけば

$$[\boldsymbol{u}_1\quad \boldsymbol{u}_2]=\begin{bmatrix}1/\sqrt{2} & 1/\sqrt{2}\\1/\sqrt{2} & -1/\sqrt{2}\end{bmatrix}$$

原点 O のまわりの角 θ の回転

$$\begin{bmatrix}x\\y\end{bmatrix}=\begin{bmatrix}\cos\theta & -\sin\theta\\ \sin\theta & \cos\theta\end{bmatrix}\begin{bmatrix}X\\Y\end{bmatrix}$$

は直交行列である。しかし，この行列は原点のまわりの回転となる変換の行列と「－」の位置が異なっている。変換が回転になるように「－」の位置を合わせるために，$\boldsymbol{u}_2$ における t_2 を $-1/\sqrt{2}$ にとり，

$$\boldsymbol{u}_1=\frac{1}{\sqrt{2}}\begin{bmatrix}1\\1\end{bmatrix}=\begin{bmatrix}1/\sqrt{2}\\1/\sqrt{2}\end{bmatrix},\qquad \boldsymbol{u}_2=-\frac{1}{\sqrt{2}}\begin{bmatrix}1\\-1\end{bmatrix}=\begin{bmatrix}-1/\sqrt{2}\\1/\sqrt{2}\end{bmatrix}$$

とおいて U を作ると

$$U=\begin{bmatrix}1/\sqrt{2} & -1/\sqrt{2}\\1/\sqrt{2} & 1/\sqrt{2}\end{bmatrix}$$

となる。この U を使うと A は次のように対角化される。

$$U^{-1}AU=\begin{bmatrix}2 & 0\\0 & 8\end{bmatrix}$$

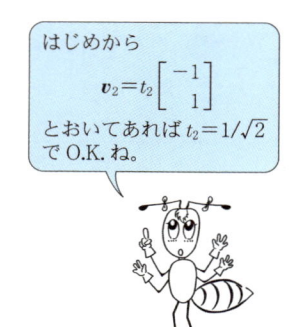

はじめから

$$\boldsymbol{v}_2=t_2\begin{bmatrix}-1\\1\end{bmatrix}$$

とおいてあれば $t_2=1/\sqrt{2}$ で O.K. ね。

③ 上で求めた U を使って $\boldsymbol{x}=U\boldsymbol{X}$ と変換すると標準形

$$2X^2+8Y^2=4$$

が求まる。

（解，次頁へつづく）

次に曲線のグラフを描こう。

原点のまわり θ の回転

$$\begin{bmatrix} x \\ y \end{bmatrix} = \begin{bmatrix} \cos\theta & -\sin\theta \\ \sin\theta & \cos\theta \end{bmatrix} \begin{bmatrix} X \\ Y \end{bmatrix}$$

まず，直交変換

$$\begin{bmatrix} x \\ y \end{bmatrix} = \begin{bmatrix} 1/\sqrt{2} & -1/\sqrt{2} \\ 1/\sqrt{2} & 1/\sqrt{2} \end{bmatrix} \begin{bmatrix} X \\ Y \end{bmatrix}$$

が原点のまわりでどのくらいの回転をするか調べる。

$$\begin{cases} \cos\theta = 1/\sqrt{2} \\ \sin\theta = 1/\sqrt{2} \end{cases} \quad (-\pi \leqq \theta \leqq \pi)$$

をみたす θ を求めると　　$\theta = \dfrac{\pi}{4}\,(=45^\circ)$

したがって，xy 軸と，それらを $\dfrac{\pi}{4}$ 回転させて XY 軸をかく。その XY 軸で方程式

$$2X^2 + 8Y^2 = 4$$

の曲線を描けばよい。

変形して

$$\frac{X^2}{(\sqrt{2})^2} + \frac{Y^2}{(1/\sqrt{2})^2} = 1$$

となるので右図のような だ円 である(p. 154 参照)。

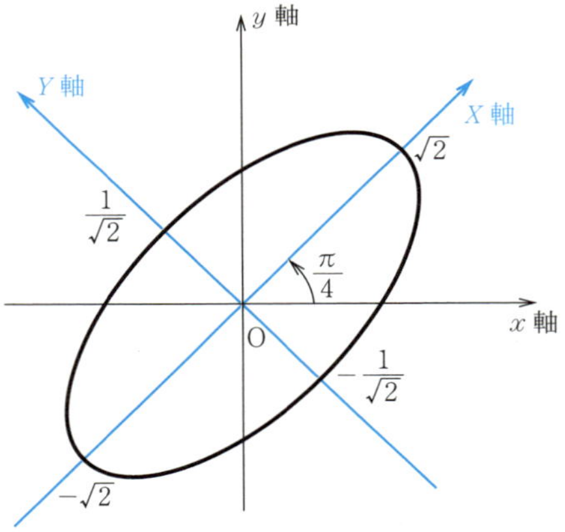
y 軸
Y 軸
X 軸
√2
1/√2
π/4
x 軸
O
−1/√2
−√2

U のとり方によっては標準形は
8X²+2Y²=4 になるけど
xy 軸に対しては同じ位置に
曲線が描けるはずよ。

練習問題 58　　解答は p. 210

$x^2 - 10\sqrt{3}\,xy + 11y^2 = 16$ のグラフを描きなさい。

総合練習 2-3

1. $\mathscr{F}=\{f\,|\,f(x)$ は $[0,1]$ で連続，$f(x)\in\boldsymbol{R}\}$ は

和 $f+g\ :(f+g)(x)=f(x)+g(x)$

スカラー倍 $kf\ :(kf)(x)=k\{f(x)\}$

と定義することにより線形空間となっていた。（p. 120 総合練習 2-2，1）

この空間において

$$f\cdot g=\int_0^1 f(x)g(x)\,dx$$

と定義すると，$f\cdot g$ は内積の公理（p. 121）

（1） $f\cdot g=g\cdot f$

（2） $(f+g)\cdot h=f\cdot h+g\cdot h$

（3） $(kf)\cdot g=k(f\cdot g)\quad (k\in\boldsymbol{R})$

（4） $f\cdot f\geqq 0$，特に $f\cdot f=0 \iff f=O$

（O は $[0,1]$ におけるゼロ関数）

をみたすことを示しなさい。また

$$f(x)=4x-3,\qquad g(x)=x^2$$

とするとき，$f\cdot g$ と $\|f\|$ を求めなさい。

2. 空間における 2 次曲面 $2x^2-y^2-z^2-4xy+4xz+8yz=3$ について

（1） 3 次の対称行列 A を使って，方程式を ${}^t\boldsymbol{x}A\boldsymbol{x}=3$ の形に表わしなさい。

（2） 直交変換 $\boldsymbol{x}=U\boldsymbol{X}$ を行って，方程式を標準形

$$\alpha X^2+\beta Y^2+\gamma Z^2=\delta$$

の形に直しなさい。

解答は p. 211

解答の章

練習問題 1 (p. 3)

（1）　行の数は 4，列の数は 3 なので，B は 4 行 3 列の行列。

（2）　(2, 3) 成分＝第 2 行かつ第 3 列の成分＝-3

$$B=\begin{bmatrix} 0 & -1 & 2 \\ -5 & 4 & -3 \\ 6 & -7 & 8 \\ -2 & 0 & -9 \end{bmatrix}$$

第 2 行

第 3 列

（3）　「4」＝第 2 行かつ第 2 列の成分＝(2, 2) 成分

練習問題 2 (p. 5)

まず，スカラー倍の方から計算して

$$与式=\begin{bmatrix} 2 & 6 \\ -4 & 1 \end{bmatrix}-\begin{bmatrix} 5\cdot 1 & 5\cdot 3 \\ 5\cdot(-2) & 5\cdot 0 \end{bmatrix}$$

$$=\begin{bmatrix} 2 & 6 \\ -4 & 1 \end{bmatrix}-\begin{bmatrix} 5 & 15 \\ -10 & 0 \end{bmatrix}$$

対応する成分どうし引くと

$$=\begin{bmatrix} 2-5 & 6-15 \\ -4-(-10) & 1-0 \end{bmatrix}$$

$$=\begin{bmatrix} -3 & -9 \\ 6 & 1 \end{bmatrix}$$

練習問題 3 (p. 7)

（1）　2 行，3 列に 0 をかくと

$$O=\begin{bmatrix} 0 & 0 & 0 \\ 0 & 0 & 0 \end{bmatrix}$$

（2）　$X_B=\begin{bmatrix} a & b & c \\ d & e & f \end{bmatrix}$ とおくと

$$X_B+B=\begin{bmatrix} 1 & -2 & 3 \\ -4 & 5 & -6 \end{bmatrix}+\begin{bmatrix} a & b & c \\ d & e & f \end{bmatrix}$$

$$=\begin{bmatrix} 1+a & -2+b & 3+c \\ -4+d & 5+e & -6+f \end{bmatrix}$$

これがゼロ行列になるためには，行列の相等の定義を使って

$1+a=0,\quad -2+b=0,\quad 3+c=0$

$-4+d=0,\quad 5+e=0,\quad -6+f=0$

これらより

$a=-1,\quad b=2,\quad c=-3$

$d=4,\quad e=-5,\quad f=6$

$$\therefore\quad X_B=\begin{bmatrix} -1 & 2 & -3 \\ 4 & -5 & 6 \end{bmatrix}$$

練習問題 4 (p. 9)

まず積が定義されるかどうか調べてみよう。

$$\underset{(2,\ 2)\text{型}}{C} \times \underset{(2,\ 3)\text{型}}{D} = (2, 3)\text{型}$$

より積 CD は定義され，結果は(2,3)型となる。

$$CD = \begin{bmatrix} 6 & 1 \\ 0 & -5 \end{bmatrix} \begin{bmatrix} 8 & -1 & 5 \\ -7 & 3 & 0 \end{bmatrix}$$

CD の (i, j) 成分＝(C の第 i 行)と(D の第 j 列)の積和

なので，計算すると

$$= \begin{bmatrix} 6\cdot8+1\cdot(-7) & 6\cdot(-1)+1\cdot3 & 6\cdot5+1\cdot0 \\ 0\cdot8+(-5)\cdot(-7) & 0\cdot(-1)+(-5)\cdot3 & 0\cdot5+(-5)\cdot0 \end{bmatrix} = \begin{bmatrix} 41 & -3 & 30 \\ 35 & -15 & 0 \end{bmatrix}$$

次に，

$$\underset{(2,\ 3)\text{型}}{D} \times \underset{(2,\ 2)\text{型}}{C}$$

なので，積 DC は定義されない。

練習問題 5 (p. 11)

(1) 左辺と右辺を別々に計算して等しくなることを確認しよう。

$$(A+B)C = \left(\begin{bmatrix} 0 & 1 \\ 0 & 1 \end{bmatrix} + \begin{bmatrix} 1 & 0 \\ 1 & 0 \end{bmatrix}\right)\begin{bmatrix} 1 & 1 \\ 1 & 1 \end{bmatrix} = \begin{bmatrix} 0+1 & 1+0 \\ 0+1 & 1+0 \end{bmatrix}\begin{bmatrix} 1 & 1 \\ 1 & 1 \end{bmatrix}$$

$$= \begin{bmatrix} 1 & 1 \\ 1 & 1 \end{bmatrix}\begin{bmatrix} 1 & 1 \\ 1 & 1 \end{bmatrix} = \begin{bmatrix} 1\cdot1+1\cdot1 & 1\cdot1+1\cdot1 \\ 1\cdot1+1\cdot1 & 1\cdot1+1\cdot1 \end{bmatrix} = \begin{bmatrix} 2 & 2 \\ 2 & 2 \end{bmatrix}$$

$$AC+BC = \begin{bmatrix} 0 & 1 \\ 0 & 1 \end{bmatrix}\begin{bmatrix} 1 & 1 \\ 1 & 1 \end{bmatrix} + \begin{bmatrix} 1 & 0 \\ 1 & 0 \end{bmatrix}\begin{bmatrix} 1 & 1 \\ 1 & 1 \end{bmatrix}$$

$$= \begin{bmatrix} 0\cdot1+1\cdot1 & 0\cdot1+1\cdot1 \\ 0\cdot1+1\cdot1 & 0\cdot1+1\cdot1 \end{bmatrix} + \begin{bmatrix} 1\cdot1+0\cdot1 & 1\cdot1+0\cdot1 \\ 1\cdot1+0\cdot1 & 1\cdot1+0\cdot1 \end{bmatrix}$$

$$= \begin{bmatrix} 1 & 1 \\ 1 & 1 \end{bmatrix} + \begin{bmatrix} 1 & 1 \\ 1 & 1 \end{bmatrix} = \begin{bmatrix} 1+1 & 1+1 \\ 1+1 & 1+1 \end{bmatrix} = \begin{bmatrix} 2 & 2 \\ 2 & 2 \end{bmatrix}$$

$$\therefore\quad (A+B)C = AC+BC$$

(2) たとえば $X = \begin{bmatrix} 0 & 1 \\ 0 & 1 \end{bmatrix}$, $Y = \begin{bmatrix} 1 & 1 \\ 0 & 0 \end{bmatrix}$ とすると

$$XY = \begin{bmatrix} 0\cdot1+1\cdot0 & 0\cdot1+1\cdot0 \\ 0\cdot1+1\cdot0 & 0\cdot1+1\cdot0 \end{bmatrix} = \begin{bmatrix} 0 & 0 \\ 0 & 0 \end{bmatrix}$$

練習問題 6 (p. 13)

$$EA=\begin{bmatrix}1&0&0\\0&1&0\\0&0&1\end{bmatrix}\begin{bmatrix}1&-2&3\\2&0&-2\\-1&3&-1\end{bmatrix}$$

$$=\begin{bmatrix}1\cdot1+0\cdot2+0\cdot(-1) & 1\cdot(-2)+0\cdot0+0\cdot3 & 1\cdot3+0\cdot(-2)+0\cdot(-1)\\0\cdot1+1\cdot2+0\cdot(-1) & 0\cdot(-2)+1\cdot0+0\cdot3 & 0\cdot3+1\cdot(-2)+0\cdot(-1)\\0\cdot1+0\cdot2+1\cdot(-1) & 0\cdot(-2)+0\cdot0+1\cdot3 & 0\cdot3+0\cdot(-2)+1\cdot(-1)\end{bmatrix}$$

$$=\begin{bmatrix}1&-2&3\\2&0&-2\\-1&3&-1\end{bmatrix}=A \qquad \therefore \quad EA=A$$

> AB の (i,j) 成分
> 　$=$(A の i 行)と(B の j 列)の積和

練習問題 7 (p. 15)

$$XA=\begin{bmatrix}2&-5\\-1&3\end{bmatrix}\begin{bmatrix}3&5\\1&2\end{bmatrix}=\begin{bmatrix}2\cdot3+(-5)\cdot1 & 2\cdot5+(-5)\cdot2\\(-1)\cdot3+3\cdot1 & (-1)\cdot5+3\cdot2\end{bmatrix}$$

$$=\begin{bmatrix}1&0\\0&1\end{bmatrix}=E \qquad \therefore \quad XA=E$$

例題 7 と合わせて，

$$AX=XA=E$$

が成立したので　$X=A^{-1}$

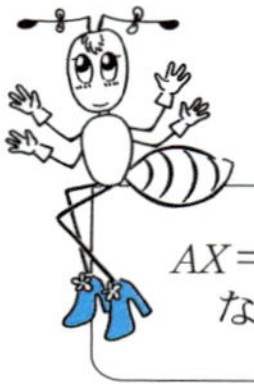

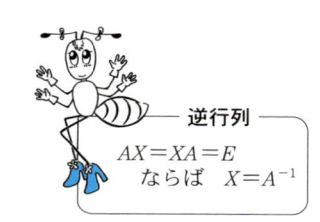

> **逆行列**
> $AX=XA=E$
> 　ならば　$X=A^{-1}$

総合練習 1-1 (p. 17)

1. (1) $5A-2B$

$$=\begin{bmatrix} 5\cdot 3 & 5\cdot(-4) \\ 5\cdot(-5) & 5\cdot 1 \\ 5\cdot 2 & 5\cdot(-2) \end{bmatrix}-\begin{bmatrix} 2\cdot(-4) & 2\cdot 0 \\ 2\cdot 1 & 2\cdot 5 \\ 2\cdot 2 & 2\cdot(-1) \end{bmatrix}$$

$$=\begin{bmatrix} 15 & -20 \\ -25 & 5 \\ 10 & -10 \end{bmatrix}-\begin{bmatrix} -8 & 0 \\ 2 & 10 \\ 4 & -2 \end{bmatrix}$$

$$=\begin{bmatrix} 15-(-8) & -20-0 \\ -25-2 & 5-10 \\ 10-4 & -10-(-2) \end{bmatrix}=\begin{bmatrix} 23 & -20 \\ -27 & -5 \\ 6 & -8 \end{bmatrix}$$

(2) 積 AC は，$(3,\ 2)$ 型×$(2,2)$ 型＝$(3,2)$ 型の行列

$$AC=\begin{bmatrix} 3 & -4 \\ -5 & 1 \\ 2 & -2 \end{bmatrix}\begin{bmatrix} -3 & 1 \\ 5 & -2 \end{bmatrix}=\begin{bmatrix} 3\cdot(-3)+(-4)\cdot 5 & 3\cdot 1+(-4)\cdot(-2) \\ (-5)\cdot(-3)+1\cdot 5 & (-5)\cdot 1+1\cdot(-2) \\ 2\cdot(-3)+(-2)\cdot 5 & 2\cdot 1+(-2)\cdot(-2) \end{bmatrix}$$

$$=\begin{bmatrix} -29 & 11 \\ 20 & -7 \\ -16 & 6 \end{bmatrix}$$

(3) ( )の中より先に計算すると

$$A+3B=\begin{bmatrix} 3 & -4 \\ -5 & 1 \\ 2 & -2 \end{bmatrix}+\begin{bmatrix} 3\cdot(-4) & 3\cdot 0 \\ 3\cdot 1 & 3\cdot 5 \\ 3\cdot 2 & 3\cdot(-1) \end{bmatrix}=\begin{bmatrix} 3 & -4 \\ -5 & 1 \\ 2 & -2 \end{bmatrix}+\begin{bmatrix} -12 & 0 \\ 3 & 15 \\ 6 & -3 \end{bmatrix}$$

$$=\begin{bmatrix} 3-12 & -4+0 \\ -5+3 & 1+15 \\ 2+6 & -2-3 \end{bmatrix}=\begin{bmatrix} -9 & -4 \\ -2 & 16 \\ 8 & -5 \end{bmatrix}$$

$(A+3B)C$ は，$(3,\ 2)$ 型×$(2,2)$ 型＝$(3,2)$ 型行列

$$(A+3B)C=\begin{bmatrix} -9 & -4 \\ -2 & 16 \\ 8 & -5 \end{bmatrix}\begin{bmatrix} -3 & 1 \\ 5 & -2 \end{bmatrix}$$

$$=\begin{bmatrix} (-9)\cdot(-3)+(-4)\cdot 5 & (-9)\cdot 1+(-4)\cdot(-2) \\ (-2)\cdot(-3)+16\cdot 5 & (-2)\cdot 1+16\cdot(-2) \\ 8\cdot(-3)+(-5)\cdot 5 & 8\cdot 1+(-5)\cdot(-2) \end{bmatrix}=\begin{bmatrix} 7 & -1 \\ 86 & -34 \\ -49 & 18 \end{bmatrix}$$

2.　まず積の行列の型を確認しておこう。

(1)　積 XY は，$(3, 1)$ 型 $\times$ $(1, 3)$ 型 $=$ $(3, 3)$ 型の行列

$$XY = \begin{bmatrix} 1 \\ -2 \\ 3 \end{bmatrix} \begin{bmatrix} -4 & 5 & -6 \end{bmatrix} = \begin{bmatrix} 1\cdot(-4) & 1\cdot 5 & 1\cdot(-6) \\ (-2)\cdot(-4) & (-2)\cdot 5 & (-2)\cdot(-6) \\ 3\cdot(-4) & 3\cdot 5 & 3\cdot(-6) \end{bmatrix}$$

$$= \begin{bmatrix} -4 & 5 & -6 \\ 8 & -10 & 12 \\ -12 & 15 & -18 \end{bmatrix}$$

(2)　積 YX は，$(1, 3)$ 型 $\times$ $(3, 1)$ 型 $=$ $(1, 1)$ 型の行列

$$YX = \begin{bmatrix} -4 & 5 & -6 \end{bmatrix} \begin{bmatrix} 1 \\ -2 \\ 3 \end{bmatrix} = \begin{bmatrix} -4\cdot 1 + 5\cdot(-2) + (-6)\cdot 3 \end{bmatrix} = \begin{bmatrix} -32 \end{bmatrix}$$

(3)　$XYZ = (XY)Z$ として計算する。(1)の結果を使うと計算結果は，

$(3, 3)$ 型 $\times$ $(3, 3)$ 型 $=$ $(3, 3)$ 型の行列

$$XYZ = (XY)Z = \begin{bmatrix} -4 & 5 & -6 \\ 8 & -10 & 12 \\ -12 & 15 & -18 \end{bmatrix} \begin{bmatrix} 1 & 0 & 1 \\ 0 & 1 & 0 \\ 1 & 0 & 1 \end{bmatrix}$$

$$= \begin{bmatrix} -4+0-6 & 0+5+0 & -4+0-6 \\ 8+0+12 & 0-10+0 & 8+0+12 \\ -12+0-18 & 0+15+0 & -12+0-18 \end{bmatrix} = \begin{bmatrix} -10 & 5 & -10 \\ 20 & -10 & 20 \\ -30 & 15 & -30 \end{bmatrix}$$

3.　$X = \begin{bmatrix} x & y \\ u & v \end{bmatrix}$ とおいて $AX = E$ となるように x, y, u, v を定めればよい。

$$AX = \begin{bmatrix} 1 & 2 \\ 3 & 4 \end{bmatrix} \begin{bmatrix} x & y \\ u & v \end{bmatrix} = \begin{bmatrix} x+2u & y+2v \\ 3x+4u & 3y+4v \end{bmatrix}$$

これが $E = \begin{bmatrix} 1 & 0 \\ 0 & 1 \end{bmatrix}$ と一致するためには，$\begin{cases} x+2u=1 & y+2v=0 \\ 3x+4u=0 & 3y+4v=1 \end{cases}$

であればよい。この連立方程式を解くと，

$$x=-2,\ \ y=1,\ \ u=\frac{3}{2},\ \ v=-\frac{1}{2} \qquad \therefore\ \ X = \begin{bmatrix} -2 & 1 \\ \frac{3}{2} & -\frac{1}{2} \end{bmatrix}$$

または $\frac{1}{2}$ を全成分からくくり出して　　$X = \frac{1}{2}\begin{bmatrix} -4 & 2 \\ 3 & -1 \end{bmatrix}$

練習問題 8 (p. 19)

（1）　未知数の数 2 つ，式の数 2 つの連立 1 次方程式。行列で表わすと

$$\begin{bmatrix} 5 & 2 \\ 1 & -1 \end{bmatrix}\begin{bmatrix} x \\ y \end{bmatrix}=\begin{bmatrix} -4 \\ 0 \end{bmatrix}$$

係数行列は $\begin{bmatrix} 5 & 2 \\ 1 & -1 \end{bmatrix}$　　拡大係数行列は $\left[\begin{array}{cc|c} 5 & 2 & -4 \\ 1 & -1 & 0 \end{array}\right]$

（2）　未知数の数 2 つ，式の数 3 つの連立 1 次方程式。惑わされずに係数を取り出すだけでよい。行列で表わすと，次の通り。

$$\begin{bmatrix} 2 & 1 \\ -3 & 2 \\ 6 & -5 \end{bmatrix}\begin{bmatrix} x \\ y \end{bmatrix}=\begin{bmatrix} 5 \\ -1 \\ -2 \end{bmatrix}$$

係数行列は $\begin{bmatrix} 2 & 1 \\ -3 & 2 \\ 6 & -5 \end{bmatrix}$　　拡大係数行列は $\left[\begin{array}{cc|c} 2 & 1 & 5 \\ -3 & 2 & -1 \\ 6 & -5 & -2 \end{array}\right]$

練習問題 9 (p. 23)

例題 9 と同じ記号を使うと

$$\begin{bmatrix} -3 & -9 & 3 \\ -5 & 0 & 1 \\ 2 & 4 & 1 \end{bmatrix} \xrightarrow{(1)\ ①\times\left(-\frac{1}{3}\right)} \begin{bmatrix} -3\times\left(-\frac{1}{3}\right) & -9\times\left(-\frac{1}{3}\right) & 3\times\left(-\frac{1}{3}\right) \\ -5 & 0 & 1 \\ 2 & 4 & 1 \end{bmatrix}$$

$$=\begin{bmatrix} 1 & 3 & -1 \\ -5 & 0 & 1 \\ 2 & 4 & 1 \end{bmatrix} \xrightarrow{(2)\ ②+①\times 5} \begin{bmatrix} 1 & 3 & -1 \\ -5+1\times 5 & 0+3\times 5 & 1+(-1)\times 5 \\ 2 & 4 & 1 \end{bmatrix}$$

$$=\begin{bmatrix} 1 & 3 & -1 \\ 0 & 15 & -4 \\ 2 & 4 & 1 \end{bmatrix} \xrightarrow{(3)\ ①\leftrightarrow③} \begin{bmatrix} 2 & 4 & 1 \\ 0 & 15 & -4 \\ 1 & 3 & -1 \end{bmatrix}$$

変形Ⅱ ⓘ＋ⓙ×k では
第 i 行だけ変わって
第 j 行はそのままね。

練習問題 10 (p. 25)

拡大係数行列を取り出し，順次変形してゆくと

$$\left[\begin{array}{cc:c} 3 & 5 & 1 \\ 1 & 2 & 1 \end{array}\right]$$

$$\xrightarrow{(1)\ ①+②\times(-3)} \left[\begin{array}{cc:c} 3+1\times(-3) & 5+2\times(-3) & 1+1\times(-3) \\ 1 & 2 & 1 \end{array}\right]$$

$$= \left[\begin{array}{cc:c} 0 & -1 & -2 \\ 1 & 2 & 1 \end{array}\right]$$

$$\xrightarrow{(2)\ ①\times(-1)} \left[\begin{array}{cc:c} 0 & 1 & 2 \\ 1 & 2 & 1 \end{array}\right]$$

$$\xrightarrow{(3)\ ②+①\times(-2)} \left[\begin{array}{cc:c} 0 & 1 & 2 \\ 1+0\times(-2) & 2+1\times(-2) & 1+2\times(-2) \end{array}\right]$$

$$= \left[\begin{array}{cc:c} 0 & 1 & 2 \\ 1 & 0 & -3 \end{array}\right]$$

$$\xrightarrow{(4)\ ①\leftrightarrow②} \left[\begin{array}{cc:c} 1 & 0 & -3 \\ 0 & 1 & 2 \end{array}\right]$$

最後の結果を連立 1 次方程式に直すと

$$\begin{cases} 1x+0y=-3 \\ 0x+1y=2 \end{cases} \quad \text{つまり} \quad \begin{cases} x=-3 \\ y=2 \end{cases}$$

(表で変形してもよい。)

練習問題 11 (p. 26)

各行列について，左端より並んでいる 0 の数を調べてみる。

X について	Y について	Z について
第 1 行　0 個	第 1 行　0 個	第 1 行　0 個
第 2 行　0 個	第 2 行　2 個	第 2 行　2 個
第 3 行　2 個		第 3 行　1 個

以上より階段行列は Y。

練習問題 12 (p. 29)

（1） 次の変形は一例にすぎない。

B	行基本変形	
$\begin{matrix} 2 & -1 & -3 \\ -1 & 2 & 1 \\ 1 & 1 & 2 \end{matrix}$		(1,1)成分に「1」をもってくる。
$\begin{matrix} ① & 1 & 2 \\ -1 & 2 & 1 \\ 2 & -1 & -3 \end{matrix}$	①↔③	「1」を使って下の数字を掃き出す。
$\begin{matrix} 1 & 1 & 2 \\ 0 & 3 & 3 \\ 0 & -3 & -7 \end{matrix}$	②＋①×1 ③＋①×(−2)	(2,2)成分に「1」を作る。
$\begin{matrix} 1 & 1 & 2 \\ 0 & ① & 1 \\ 0 & -3 & -7 \end{matrix}$	②×$\frac{1}{3}$	「1」を使って下の数字を掃き出す。
$\begin{matrix} 1 & 1 & 2 \\ 0 & 1 & 1 \\ 0 & 0 & -4 \end{matrix}$	③＋②×3	階段行列の出来上がり。

上の変形より

$$B \longrightarrow \begin{bmatrix} 1 & 1 & 2 \\ 0 & 1 & 1 \\ 0 & 0 & -4 \end{bmatrix}$$

となったので

$$\text{rank}\, B = 3$$

（2） (1, 1)成分に「1」をつくってから掃き出そう。

C	行基本変形
$\begin{matrix} 3 & 6 & -3 \\ -2 & 1 & 2 \\ -2 & 4 & 2 \end{matrix}$	
$\begin{matrix} ① & 2 & -1 \\ -2 & 1 & 2 \\ -2 & 4 & 2 \end{matrix}$	①×$\frac{1}{3}$
$\begin{matrix} 1 & 2 & -1 \\ 0 & 5 & 0 \\ 0 & 8 & 0 \end{matrix}$	②＋①×2 ③＋①×2
$\begin{matrix} 1 & 2 & -1 \\ 0 & ① & 0 \\ 0 & 8 & 0 \end{matrix}$	②×$\frac{1}{5}$
$\begin{matrix} 1 & 2 & -1 \\ 0 & 1 & 0 \\ 0 & 0 & 0 \end{matrix}$	③＋②×(−8)

上の変形より

$$C \longrightarrow \begin{bmatrix} 1 & 2 & -1 \\ 0 & 1 & 0 \\ 0 & 0 & 0 \end{bmatrix}$$

となったので

$$\text{rank}\, C = 2$$

練習問題 13 (p. 31)

変形方法はいろいろあるが，0 でない成分の残る行の数は同じになるはず。

B				行基本変形
8	−4	−3	5	
3	0	−2	3	
−5	4	1	−2	
8	−4	−3	5	
3	0	−2	3	
1	4	−3	4	③＋②×2
1	4	−3	4	①↔③
3	0	−2	3	
8	−4	−3	5	
1	4	−3	4	
0	−12	7	−9	②＋①×(−3)
0	−36	21	−27	③＋①×(−8)
1	4	−3	4	
0	−12	7	−9	
0	0	0	0	③＋②×(−3)

以上の計算より

$$B \longrightarrow \begin{bmatrix} 1 & 4 & -3 & 4 \\ 0 & -12 & 7 & -9 \\ 0 & 0 & 0 & 0 \end{bmatrix}$$

となったので

$$\mathrm{rank}\, B = 2$$

行基本変形

I. ⓘ×k ($k \neq 0$)

II. ⓘ＋ⓙ×k

III. ⓘ↔ⓙ

練習問題 14 (p. 37)

(1) 拡大係数行列を階段行列に変形した結果より

rank $A=1$

rank$[A \,\vdots\, B]=2$

なので

解なし。

A		B	変形
2	−6	1	
−1	3	2	
−1	3	2	①↔②
2	−6	1	
−1	3	2	
0	0	5	②＋①×2

(2) 拡大係数行列を階段行列に変形した結果より

rank $A=1$

rank$[A \,\vdots\, B]=1$

なので

解有り。

自由度

$=2-1=1$

A		B	変形
6	4	0	
9	6	0	
3	2	0	①×$\frac{1}{2}$
3	2	0	②×$\frac{1}{3}$
3	2	0	
0	0	0	②＋①×(−1)

階段行列を方程式に直すと

$$3x+2y=0$$

$y=k$ とおいて代入し x を求めると

$$x=-\frac{2}{3}k$$

$$\therefore \begin{cases} x=-\dfrac{2}{3}k \\ y=k \end{cases} \quad (k \text{ は任意実数})$$

練習問題 15 (p. 39)

（1）　まず拡大係数行列をなるべく簡単な階段行列に直そう。

A			B	行基本変形
3	2	4	7	
1	2	0	5	
2	1	5	8	
1	2	0	5	①↔②
3	2	4	7	
2	1	5	8	
1	2	0	5	
0	−4	4	−8	②+①×(−3)
0	−3	5	−2	③+①×(−2)
1	2	0	5	
0	1	−1	2	②×$\left(-\frac{1}{4}\right)$
0	−3	5	−2	
1	0	2	1	①+②×(−2)
0	1	−1	2	
0	0	2	4	③+②×3
1	0	2	1	
0	1	−1	2	
0	0	1	2	③×$\frac{1}{2}$
1	0	0	−3	①+③×(−2)
0	1	0	4	②+③×1
0	0	1	2	

rank A＝rank$[A \vdots B]$＝3

自由度＝3−3＝0

変形の最後を方程式に直すと

$$\begin{cases} x \qquad\quad = -3 \\ \quad y \quad\; = 4 \\ \qquad z = 2 \end{cases}$$

この1組が解である。

（2）　拡大係数行列を階段行列に直すと次のようになる。

A		B	行基本変形
2	1	0	
5	−2	3	
4	−1	1	
2	1	0	
1	−1	2	②+③×(−1)
4	−1	1	
1	−1	2	①↔②
2	1	0	
4	−1	1	
1	−1	2	
0	3	−4	②+①×(−2)
0	3	−7	③+①×(−4)
1	−1	2	
0	3	−4	
0	0	−3	③+②×(−1)

上の変形結果より

rank A＝2,　　rank$[A \vdots B]$＝3

となり，解は存在しない。

（3） 拡大係数行列を階段行列に直すと右のようになる。

変形結果より

$$\mathrm{rank}\,A = \mathrm{rank}[A \,\vdots\, B] = 2$$

なので解は存在する。自由度は

$$自由度 = 4 - 2 = 2$$

変形の最後を方程式に直すと

$$\begin{cases} a \quad -2c \quad = -1 & \cdots\cdots ① \\ -b + c + d = 4 & \cdots\cdots ② \end{cases}$$

$c = k_1$, $d = k_2$ とおいて代入すると

$$a = 2k_1 - 1$$
$$b = k_1 + k_2 - 4$$

以上より解は

$$\begin{cases} a = 2k_1 - 1 \\ b = k_1 + k_2 - 4 \\ c = k_1 \\ d = k_2 \end{cases} \quad (k_1, k_2 \text{ は任意の定数})$$

A				B	行基本変形
2	−1	−3	1	2	
−2	0	4	0	2	
3	−1	−5	1	1	
2	−1	−3	1	2	
1	0	−2	0	−1	②×$\left(-\frac{1}{2}\right)$
3	−1	−5	1	1	
1	0	−2	0	−1	①↔②
2	−1	−3	1	2	
3	−1	−5	1	1	
1	0	−2	0	−1	
0	−1	1	1	4	②+①×(−2)
0	−1	1	1	4	③+①×(−3)
1	0	−2	0	−1	
0	−1	1	1	4	
0	0	0	0	0	③+②×(−1)

①式をみるとaとcには関係があるので，この2つをk_1, k_2とおくことはできないわ。他の組み合わせなら全部大丈夫ね。

$\mathrm{rank}\,A = \mathrm{rank}[A \,\vdots\, B]$
⟺　解が存在

$自由度 = 未知数の数 - \mathrm{rank}\,A$

練習問題 16 (p. 42)

（1）

B		E		行基本変形
-3	7	1	0	
2	-5	0	1	
1	-3	1	2	①＋②×2
2	-5	0	1	
1	-3	1	2	
0	1	-2	-3	②＋①×(−2)
1	0	-5	-7	①＋②×3
0	1	-2	-3	
E		B^{-1}		

上の変形より

$$B^{-1}=\begin{bmatrix}-5 & -7\\ -2 & -3\end{bmatrix}=-\begin{bmatrix}5 & 7\\ 2 & 3\end{bmatrix}$$

（2）

C		E		行基本変形
3	2	1	0	
2	2	0	1	
1	0	1	-1	①＋②×(−1)
2	2	0	1	
1	0	1	-1	
0	2	-2	3	②＋①×(−2)
1	0	1	-1	
0	1	-1	$\frac{3}{2}$	②×$\frac{1}{2}$
E		C^{-1}		

上の変形より

$$C^{-1}=\begin{bmatrix}1 & -1\\ -1 & \frac{3}{2}\end{bmatrix}=\frac{1}{2}\begin{bmatrix}2 & -2\\ -2 & 3\end{bmatrix}$$

練習問題 17 (p. 43)

（1）

B			E			行基本変形
2	-1	5	1	0	0	
1	0	2	0	1	0	
1	5	-4	0	0	1	
1	0	2	0	1	0	①↔②
2	-1	5	1	0	0	
1	5	-4	0	0	1	
1	0	2	0	1	0	
0	-1	1	1	-2	0	②＋①×(−2)
0	5	-6	0	-1	1	③＋①×(−1)
1	0	2	0	1	0	
0	1	-1	-1	2	0	②×(−1)
0	5	-6	0	-1	1	
1	0	2	0	1	0	
0	1	-1	-1	2	0	
0	0	-1	5	-11	1	③＋②×(−5)
1	0	2	0	1	0	
0	1	-1	-1	2	0	
0	0	1	-5	11	-1	③×(−1)
1	0	0	10	-21	2	①＋③×(−2)
0	1	0	-6	13	-1	②＋③×1
0	0	1	-5	11	-1	
E			B^{-1}			

上の結果より

$$B^{-1}=\begin{bmatrix}10 & -21 & 2\\ -6 & 13 & -1\\ -5 & 11 & -1\end{bmatrix}$$

（2）　右の変形結果より

$$C^{-1}=\begin{bmatrix} -\frac{6}{5} & \frac{4}{5} & 1 \\ \frac{4}{5} & -\frac{1}{5} & -1 \\ \frac{3}{5} & -\frac{2}{5} & 0 \end{bmatrix}$$

$$=\frac{1}{5}\begin{bmatrix} -6 & 4 & 5 \\ 4 & -1 & -5 \\ 3 & -2 & 0 \end{bmatrix}$$

C			E			行基本変形
2	2	3	1	0	0	
3	3	2	0	1	0	
1	0	2	0	0	1	
1	0	2	0	0	1	①↔③
3	3	2	0	1	0	
2	2	3	1	0	0	
1	0	2	0	0	1	
0	3	−4	0	1	−3	②＋①×(−3)
0	2	−1	1	0	−2	③＋①×(−2)
1	0	2	0	0	1	
0	1	−3	−1	1	−1	②＋③×(−1)
0	2	−1	1	0	−2	
1	0	2	0	0	1	
0	1	−3	−1	1	−1	
0	0	5	3	−2	0	③＋②×(−2)
1	0	2	0	0	1	
0	1	−3	−1	1	−1	
0	0	1	$\frac{3}{5}$	$-\frac{2}{5}$	0	③×$\frac{1}{5}$
1	0	0	$-\frac{6}{5}$	$\frac{4}{5}$	1	①＋③×(−2)
0	1	0	$\frac{4}{5}$	$-\frac{1}{5}$	−1	②＋③×3
0	0	1	$\frac{3}{5}$	$-\frac{2}{5}$	0	
E			C^{-1}			

総合練習 1-2 (p. 44)

1. (1)

A				B	行基本変形
2	1	−5	3	0	
1	1	−3	2	0	
1	1	−3	2	0	①↔②
2	1	−5	3	0	
1	1	−3	2	0	
0	−1	1	−1	0	②+①×(−2)
1	1	−3	2	0	
0	1	−1	1	0	②×(−1)
1	0	−2	1	0	①+②×(−1)
0	1	−1	1	0	

上の変形より

$$\mathrm{rank}\,A=\mathrm{rank}[A \mid B]=2$$

なので解有り。

$$\text{自由度}=4-2=2$$

変形の最後の階段行列より

$$\begin{cases} s \quad -2u+v=0 \\ \quad t-\ u+v=0 \end{cases}$$

$u=k_1$, $v=k_2$ とおき，上の式に代入すると

$$\begin{cases} s=2k_1-k_2 \\ t=k_1-k_2 \\ u=k_1 \\ v=k_2 \end{cases} \quad (k_1,\ k_2 \text{は任意の定数})$$

(2)

A			B	行基本変形
2	−3	2	4	
1	1	1	2	
4	−5	3	1	
1	1	1	2	①↔②
2	−3	2	4	
4	−5	3	1	
1	1	1	2	
0	−5	0	0	②+①×(−2)
0	−9	−1	−7	③+①×(−4)
1	1	1	2	
0	1	0	0	②×$\left(-\frac{1}{5}\right)$
0	−9	−1	−7	
1	0	1	2	①+②×(−1)
0	1	0	0	
0	0	−1	−7	③+②×9
1	0	1	2	
0	1	0	0	
0	0	1	7	③×(−1)
1	0	0	−5	①+③×(−1)
0	1	0	0	
0	0	1	7	

上の結果よりすぐに

$$x=-5,\quad y=0,\quad z=7$$

（3）

A			B	行基本変形
2	1	−5	2	
2	8	−2	8	
3	5	−6	7	
2	1	−5	2	
1	4	−1	4	②$\times\frac{1}{2}$
3	5	−6	7	
1	4	−1	4	①↔②
2	1	−5	2	
3	5	−6	7	
1	4	−1	4	
0	−7	−3	−6	②+①×(−2)
0	−7	−3	−5	③+①×(−3)
1	4	−1	4	
0	−7	−3	−6	
0	0	0	1	③+②×(−1)

上の結果より

rank $A=2$,　　rank$[A \vdots B]=3$

なので解なし。

（4）

A				B	行基本変形
1	1	1	−1	−1	
2	2	1	1	0	
1	−3	−2	0	1	
1	5	3	1	−1	
1	1	1	−1	−1	
0	0	−1	3	2	②+①×(−2)
0	−4	−3	1	2	③+①×(−1)
0	4	2	2	0	④+①×(−1)
1	1	1	−1	−1	
0	0	−1	3	2	
0	−4	−3	1	2	
0	0	−1	3	2	④+③×1
1	1	1	−1	−1	
0	−4	−3	1	2	
0	0	−1	3	2	③↔②
0	0	0	0	0	④+②×(−1)
1	1	0	2	1	①+③×1
0	−4	0	−8	−4	②+③×(−3)
0	0	−1	3	2	
0	0	0	0	0	
1	1	0	2	1	
0	1	0	2	1	②$\times\left(-\frac{1}{4}\right)$
0	0	1	−3	−2	③×(−1)
0	0	0	0	0	
1	0	0	0	0	①+②×(−1)
0	1	0	2	1	
0	0	1	−3	−2	
0	0	0	0	0	

左頁の変形の結果より

$$\mathrm{rank}\,A=\mathrm{rank}[A \,\vdots\, B]=3$$

なので解は存在し

$$\text{自由度}=4-3=1$$

最後の階段行列より

$$\begin{cases} a \qquad\quad =0 \\ \quad b \quad +2d=1 \\ \qquad c-3d=-2 \end{cases}$$

$d=k$ (b または c でもよい) とおくと

$$\begin{cases} a=0 \\ b=1-2k \\ c=3k-2 \\ d=k \end{cases} \quad (k \text{ は任意の定数})$$

2. (1)

$[A \,\vdots\, E] \longrightarrow [E \,\vdots\, A^{-1}]$ の変形を行う。

A			E			行基本変形
1	1	2	1	0	0	
2	1	4	0	1	0	
3	2	4	0	0	1	
1	1	2	1	0	0	
0	−1	0	−2	1	0	②+①×(−2)
0	−1	−2	−3	0	1	③+①×(−3)
1	1	2	1	0	0	
0	1	0	2	−1	0	②×(−1)
0	1	2	3	0	−1	③×(−1)
1	0	2	−1	1	0	①+②×(−1)
0	1	0	2	−1	0	
0	0	2	1	1	−1	③+②×(−1)
1	0	0	−2	0	1	①+③×(−1)
0	1	0	2	−1	0	
0	0	2	1	1	−1	
1	0	0	−2	0	1	
0	1	0	2	−1	0	
0	0	1	$\frac{1}{2}$	$\frac{1}{2}$	$-\frac{1}{2}$	③×$\frac{1}{2}$

上の結果より

$$A^{-1}=\begin{bmatrix} -2 & 0 & 1 \\ 2 & -1 & 0 \\ \frac{1}{2} & \frac{1}{2} & -\frac{1}{2} \end{bmatrix}$$

$$=\frac{1}{2}\begin{bmatrix} -4 & 0 & 2 \\ 4 & -2 & 0 \\ 1 & 1 & -1 \end{bmatrix}$$

（2）

$[B \mid E] \longrightarrow [E \mid B^{-1}]$ の変形を行う。

B				E				行基本変形
0	1	1	1	1	0	0	0	
1	0	1	1	0	1	0	0	
1	1	0	1	0	0	1	0	
1	1	1	0	0	0	0	1	
1	0	1	1	0	1	0	0	①↔②
0	1	1	1	1	0	0	0	
1	1	0	1	0	0	1	0	
1	1	1	0	0	0	0	1	
1	0	1	1	0	1	0	0	
0	1	1	1	1	0	0	0	
0	1	-1	0	0	-1	1	0	②+①×(−1)
0	1	0	-1	0	-1	0	1	③+①×(−1)
1	0	1	1	0	1	0	0	
0	1	1	1	1	0	0	0	
0	0	-2	-1	-1	-1	1	0	③+②×(−1)
0	0	-1	-2	-1	-1	0	1	④+②×(−1)
1	0	1	1	0	1	0	0	
0	1	1	1	1	0	0	0	
0	0	2	1	1	1	-1	0	③×(−1)
0	0	1	2	1	1	0	-1	④×(−1)
1	0	1	1	0	1	0	0	
0	1	1	1	1	0	0	0	
0	0	1	2	1	1	0	-1	③↔④
0	0	2	1	1	1	-1	0	
1	0	0	-1	-1	0	0	1	①+③×(−1)
0	1	0	-1	0	-1	0	1	②+③×(−1)
0	0	1	2	1	1	0	-1	
0	0	0	-3	-1	-1	-1	2	④+③×(−2)

（右上へつづく）

（つづき）

1	0	0	-1	-1	0	0	1	
0	1	0	-1	0	-1	0	1	
0	0	1	2	1	1	0	-1	
0	0	0	1	$\frac{1}{3}$	$\frac{1}{3}$	$\frac{1}{3}$	$-\frac{2}{3}$	④×($-\frac{1}{3}$)
1	0	0	0	$-\frac{2}{3}$	$\frac{1}{3}$	$\frac{1}{3}$	$\frac{1}{3}$	①+④×1
0	1	0	0	$\frac{1}{3}$	$-\frac{2}{3}$	$\frac{1}{3}$	$\frac{1}{3}$	②+④×1
0	0	1	0	$\frac{1}{3}$	$\frac{1}{3}$	$-\frac{2}{3}$	$\frac{1}{3}$	③+④×(−2)
0	0	0	1	$\frac{1}{3}$	$\frac{1}{3}$	$\frac{1}{3}$	$-\frac{2}{3}$	

上の結果より

$$B^{-1} = \begin{bmatrix} -\frac{2}{3} & \frac{1}{3} & \frac{1}{3} & \frac{1}{3} \\ \frac{1}{3} & -\frac{2}{3} & \frac{1}{3} & \frac{1}{3} \\ \frac{1}{3} & \frac{1}{3} & -\frac{2}{3} & \frac{1}{3} \\ \frac{1}{3} & \frac{1}{3} & \frac{1}{3} & -\frac{2}{3} \end{bmatrix}$$

$$= \frac{1}{3} \begin{bmatrix} -2 & 1 & 1 & 1 \\ 1 & -2 & 1 & 1 \\ 1 & 1 & -2 & 1 \\ 1 & 1 & 1 & -2 \end{bmatrix}$$

> 変形の方法が異っても結果は同じになるはずよ。

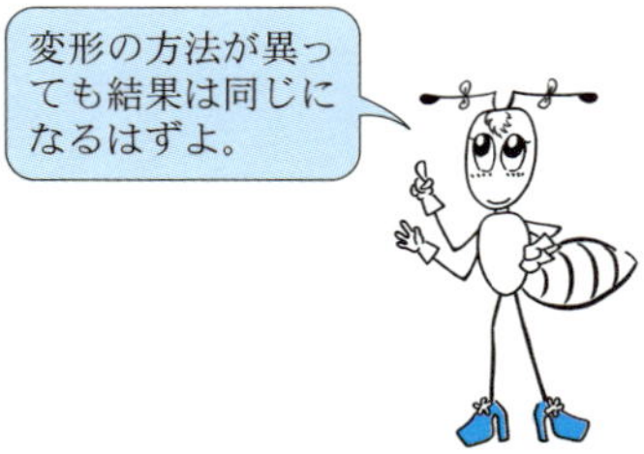

練習問題 18 (p. 46)

(1)は絶対値ではないので気をつけて。

（1）　$|-7|=-7$

（2）　$\begin{vmatrix} 3 & 2 \\ 4 & 1 \end{vmatrix}=3\cdot1-2\cdot4=-5$

（3）　$\begin{vmatrix} -2 & 0 \\ 1 & 5 \end{vmatrix}=-2\cdot5-0\cdot1=-10$

1 次の行列式

$|a|=a$

練習問題 19 (p. 47)

（1）
$$\begin{aligned}|C|&=1\cdot(-2)\cdot(-1)\\&\quad+3\cdot3\cdot(-3)+2\cdot2\cdot1\\&\quad-2\cdot(-2)\cdot(-3)\\&\quad-3\cdot2\cdot(-1)-1\cdot3\cdot1\\&=2-27+4-12+6-3\\&=-30\end{aligned}$$

（2）
$$\begin{aligned}|D|&=(-4)\cdot5\cdot1+7\cdot0\cdot3\\&\quad+(-2)\cdot0\cdot4-(-2)\cdot5\cdot3\\&\quad-7\cdot0\cdot1-(-4)\cdot0\cdot4\\&=-20+30=10\end{aligned}$$

練習問題 20 (p. 49)

（1）
$$\tilde{b}_{21}=(-1)^{2+1}\begin{vmatrix} -1 & 2 \\ 3 & 4 \end{vmatrix}$$
$$=(-1)|2|=-2$$
$$\tilde{b}_{22}=(-1)^{2+2}\begin{vmatrix} -1 & 2 \\ 3 & 4 \end{vmatrix}$$
$$=(+1)|-1|=-1$$

余因子

$\tilde{a}_{ij}=(-1)^{i+j}|a_{ij}|$

（2）
$$\tilde{c}_{22}=(-1)^{2+2}\begin{vmatrix} 2 & -3 & 2 \\ -1 & 0 & 1 \\ 3 & -2 & 3 \end{vmatrix}$$
$$=(+1)\begin{vmatrix} 2 & 2 \\ 3 & 3 \end{vmatrix}$$
$$=2\cdot3-2\cdot3=0$$
$$\tilde{c}_{32}=(-1)^{3+2}\begin{vmatrix} 2 & -3 & 2 \\ -1 & 0 & 1 \\ 3 & -2 & 3 \end{vmatrix}$$
$$=(-1)\begin{vmatrix} 2 & 2 \\ -1 & 1 \end{vmatrix}$$
$$=(-1)\{2\cdot1-2\cdot(-1)\}=-4$$

練習問題 21 (p. 51)

$$\begin{vmatrix} -1 & 2 \\ 3 & -4 \end{vmatrix} = 3\cdot(-1)^{2+1}\begin{vmatrix} -1 & 2 \\ 3 & -4 \end{vmatrix} + (-4)\cdot(-1)^{2+2}\begin{vmatrix} -1 & 2 \\ 3 & -4 \end{vmatrix}$$

$$= 3\cdot(-1)|2| + (-4)\cdot(+1)|-1|$$

$$= -6+4 = -2$$

$\begin{vmatrix} a & b \\ c & d \end{vmatrix} = ad-bc$
で計算した方が速いわ！

練習問題 22 (p. 53)

(1) $\begin{vmatrix} -1 & 3 & 4 \\ 2 & 1 & 0 \\ 6 & -3 & -2 \end{vmatrix}$

$$= 2\cdot(-1)^{2+1}\begin{vmatrix} -1 & 3 & 4 \\ 2 & 1 & 0 \\ 6 & -3 & -2 \end{vmatrix} + 1\cdot(-1)^{2+2}\begin{vmatrix} -1 & 3 & 4 \\ 2 & 1 & 0 \\ 6 & -3 & -2 \end{vmatrix} + 0$$

$$= 2\cdot(-1)\begin{vmatrix} 3 & 4 \\ -3 & -2 \end{vmatrix} + 1\cdot(+1)\begin{vmatrix} -1 & 4 \\ 6 & -2 \end{vmatrix}$$

$$= -2(-6+12) + (2-24) = -34$$

(2) $\begin{vmatrix} -1 & 3 & 4 \\ 2 & 1 & 0 \\ 6 & -3 & -2 \end{vmatrix}$

$$= 4\cdot(-1)^{1+3}\begin{vmatrix} -1 & 3 & 4 \\ 2 & 1 & 0 \\ 6 & -3 & -2 \end{vmatrix} + 0 + (-2)\cdot(-1)^{3+3}\begin{vmatrix} -1 & 3 & 4 \\ 2 & 1 & 0 \\ 6 & -3 & -2 \end{vmatrix}$$

$$= 4\cdot(+1)\begin{vmatrix} 2 & 1 \\ 6 & -3 \end{vmatrix} + (-2)\cdot(+1)\begin{vmatrix} -1 & 3 \\ 2 & 1 \end{vmatrix}$$

$$= 4(-6-6) - 2(-1-6) = -34$$

(3) 与行列式 $= (-1)\cdot 1\cdot(-2) + 3\cdot 0\cdot 6 + 4\cdot 2\cdot(-3) - 4\cdot 1\cdot 6 - 3\cdot 2\cdot(-2) - (-1)\cdot 0\cdot(-3)$

$$= 2+0-24-24+12-0 = -34$$

練習問題23 (p.55)

各自好きな行または列で展開してよい。展開する所を⬭または⬯で示す。

(1)

$$\begin{vmatrix} 3 & 4 & 1 & -5 \\ -8 & 1 & -2 & 4 \\ 0 & 0 & 1 & 0 \\ 1 & 0 & 3 & 0 \end{vmatrix} = 0+0+1\cdot(-1)^{3+3}\begin{vmatrix} 3 & 4 & -5 \\ -8 & 1 & 4 \\ 1 & 0 & 0 \end{vmatrix} + 0$$

$$= 1\cdot(-1)^{3+1}\begin{vmatrix} 4 & -5 \\ 1 & 4 \end{vmatrix}$$

$$= 21$$

(2)

$$\begin{vmatrix} 4 & 0 & 5 & 1 \\ 0 & -2 & 2 & 0 \\ -3 & 0 & 1 & -1 \\ 0 & 3 & 4 & 0 \end{vmatrix} = 0+(-2)\cdot(-1)^{2+2}\begin{vmatrix} 4 & 0 & 5 & 1 \\ 0 & -2 & 2 & 0 \\ -3 & 0 & 1 & -1 \\ 0 & 3 & 4 & 0 \end{vmatrix}$$

$$+2\cdot(-1)^{2+3}\begin{vmatrix} 4 & 0 & 5 & 1 \\ 0 & -2 & 2 & 0 \\ -3 & 0 & 1 & -1 \\ 0 & 3 & 4 & 0 \end{vmatrix} + 0$$

$$= (-2)\cdot(+1)\begin{vmatrix} 4 & 5 & 1 \\ -3 & 1 & -1 \\ 0 & 4 & 0 \end{vmatrix} + 2\cdot(-1)\begin{vmatrix} 4 & 0 & 1 \\ -3 & 0 & -1 \\ 0 & 3 & 0 \end{vmatrix}$$

$$= -2\left\{0+4\cdot(-1)^{3+2}\begin{vmatrix} 4 & 5 & 1 \\ -3 & 1 & -1 \\ 0 & 4 & 0 \end{vmatrix} + 0\right\}$$

$$-2\left\{0+0+3\cdot(-1)^{3+2}\begin{vmatrix} 4 & 0 & 1 \\ -3 & 0 & -1 \\ 0 & 3 & 0 \end{vmatrix}\right\}$$

$$= (-2)\cdot 4\cdot(-1)\begin{vmatrix} 4 & 1 \\ -3 & -1 \end{vmatrix} - 2\cdot 3\cdot(-1)\begin{vmatrix} 4 & 1 \\ -3 & -1 \end{vmatrix}$$

$$= 8(-4+3)+6(-4+3) = -14$$

練習問題 24 (p. 57)

次の変形は一例である。

$$\begin{vmatrix} -5 & 2 & 0 \\ 0 & 8 & 6 \\ 5 & 6 & 2 \end{vmatrix} = 5 \begin{vmatrix} -1 & 2 & 0 \\ 0 & 8 & 6 \\ 1 & 6 & 2 \end{vmatrix} = 5 \cdot 2 \begin{vmatrix} -1 & 1 & 0 \\ 0 & 4 & 6 \\ 1 & 3 & 2 \end{vmatrix} = 5 \cdot 2 \cdot 2 \begin{vmatrix} -1 & 1 & 0 \\ 0 & 4 & 3 \\ 1 & 3 & 1 \end{vmatrix}$$

$$= 20\{(-1)\cdot 4\cdot 1 + 1\cdot 3\cdot 1 + 0\cdot 0\cdot 3 - 0\cdot 4\cdot 1 - 1\cdot 0\cdot 1 - (-1)\cdot 3\cdot 3\}$$

$$= 20(-4+3+0-0-0+9) = 160$$

練習問題 25 (p. 59)

共通因子をくくり出して

$$\begin{vmatrix} 8 & 7 & 6 \\ 3 & 6 & 9 \\ 2 & 4 & 6 \end{vmatrix} = 3 \begin{vmatrix} 8 & 7 & 6 \\ 1 & 2 & 3 \\ 2 & 4 & 6 \end{vmatrix}$$

$$= 3 \cdot 2 \begin{vmatrix} 8 & 7 & 6 \\ 1 & 2 & 3 \\ 1 & 2 & 3 \end{vmatrix} = 6 \cdot 0 = 0$$

2つの行または2つの列が全く同じなら，計算しなくても“0”ね。

練習問題 26 (p. 61)

$$\begin{vmatrix} 2 & -1 & -1 \\ 1 & 0 & 3 \\ 1 & -3 & 2 \end{vmatrix} \overset{③'+①'\times(-3)}{=} \begin{vmatrix} 2 & -1 & -1+2\times(-3) \\ 1 & 0 & 3+1\times(-3) \\ 1 & -3 & 2+1\times(-3) \end{vmatrix} = \begin{vmatrix} 2 & -1 & -7 \\ 1 & 0 & 0 \\ 1 & -3 & -1 \end{vmatrix}$$

$$\underset{展開}{\overset{②で}{=}} 1\cdot(-1)^{2+1} \begin{vmatrix} -1 & -7 \\ -3 & -1 \end{vmatrix} + 0 + 0$$

$$= -\{(-1)\cdot(-1) - (-7)\cdot(-3)\} = 20$$

練習問題 27 (p. 63)

計算方法は無数にある。ここに書いてある方法はほんの一例にすぎない。

（1） 第 1 行に 0 を作るとすると列変形して

$$\begin{vmatrix} 1 & -1 & -1 \\ -3 & 2 & -1 \\ 1 & -2 & 3 \end{vmatrix} \underset{③'+①'\times 1}{\overset{②'+①'\times 1}{=}} \begin{vmatrix} 1 & -1+1\times 1 & -1+1\times 1 \\ -3 & 2+(-3)\times 1 & -1+(-3)\times 1 \\ 1 & -2+1\times 1 & 3+1\times 1 \end{vmatrix}$$

$$= \begin{vmatrix} 1 & 0 & 0 \\ -3 & -1 & -4 \\ 1 & -1 & 4 \end{vmatrix} \underset{展開}{\overset{①で}{=}} 1\cdot(-1)^{1+1} \begin{vmatrix} -1 & -4 \\ -1 & 4 \end{vmatrix}$$

$$= (-1)\cdot 4 - (-4)\cdot(-1) = \boxed{-8}$$

（2） “1” が 1 つもないが，共通因子を順にくくり出すと

$$\begin{vmatrix} -4 & -6 & 6 \\ 6 & 3 & 2 \\ 5 & 6 & 5 \end{vmatrix} \overset{①}{=} 2 \begin{vmatrix} -2 & -3 & 3 \\ 6 & 3 & 2 \\ 5 & 6 & 5 \end{vmatrix} \overset{②'}{=} 2\cdot 3 \begin{vmatrix} -2 & -1 & 3 \\ 6 & 1 & 2 \\ 5 & 2 & 5 \end{vmatrix}$$

第 2 列に 0 を作るとすると行変形して

$$\underset{③+②\times(-2)}{\overset{①+②\times 1}{=}} 6 \begin{vmatrix} -2+6\times 1 & -1+1\times 1 & 3+2\times 1 \\ 6 & 1 & 2 \\ 5+6\times(-2) & 2+1\times(-2) & 5+2\times(-2) \end{vmatrix}$$

$$= 6 \begin{vmatrix} 4 & 0 & 5 \\ 6 & 1 & 2 \\ -7 & 0 & 1 \end{vmatrix}$$

$$\underset{展開}{\overset{②'で}{=}} 6\cdot 1\cdot(-1)^{2+2} \begin{vmatrix} 4 & 5 \\ -7 & 1 \end{vmatrix}$$

$$= 6\{4\cdot 1 - 5\cdot(-7)\} = \boxed{234}$$

練習問題 28 (p. 64)

数字をよく見て方針を立てよう。この解はほんの一例である。

まず，くくれるものをくくっておくと

$$\begin{vmatrix} 6 & 4 & 0 & -6 \\ 9 & -1 & -2 & 0 \\ -6 & 0 & 3 & 1 \\ 0 & -1 & 1 & 2 \end{vmatrix} = 3 \begin{vmatrix} 2 & 4 & 0 & -6 \\ 3 & -1 & -2 & 0 \\ -2 & 0 & 3 & 1 \\ 0 & -1 & 1 & 2 \end{vmatrix}$$

$$= 3 \cdot 2 \begin{vmatrix} 1 & 2 & 0 & -3 \\ 3 & -1 & -2 & 0 \\ -2 & 0 & 3 & 1 \\ 0 & -1 & \textcircled{1} & 2 \end{vmatrix}$$

“0” のある所と “±1” のある所をにらんで，たとえば第 4 行に 0 を作っていくと

$$\underset{④'+③'\times(-2)}{\overset{②'+③'\times 1}{=}} 6 \begin{vmatrix} 1 & 2 & 0 & -3 \\ 3 & -3 & -2 & 4 \\ -2 & 3 & 3 & -5 \\ 0 & 0 & 1 & 0 \end{vmatrix} \underset{展開}{\overset{④で}{=}} 6 \cdot 1 \cdot (-1)^{4+3} \begin{vmatrix} \textcircled{1} & 2 & -3 \\ 3 & -3 & 4 \\ -2 & 3 & -5 \end{vmatrix}$$

“1” に注目して第 1 列に 0 を作っていくと

$$\underset{③+①\times 2}{\overset{②+①\times(-3)}{=}} -6 \begin{vmatrix} 1 & 2 & -3 \\ 0 & -9 & 13 \\ 0 & 7 & -11 \end{vmatrix} \underset{展開}{\overset{①'で}{=}} -6 \cdot 1 \cdot (-1)^{1+1} \begin{vmatrix} -9 & 13 \\ 7 & -11 \end{vmatrix}$$

$$= -6\{(-9)\cdot(-11) - 13\cdot 7\} = -48$$

練習問題 29 (p. 67)

各余因子を求めると

$$\tilde{b}_{11} = (-1)^{1+1}|8| = 8, \qquad \tilde{b}_{12} = (-1)^{1+2}|-7| = -(-7) = 7$$

$$\tilde{b}_{21} = (-1)^{2+1}|-6| = -(-6) = 6, \quad \tilde{b}_{22} = (-1)^{2+2}|5| = 5$$

$$\therefore \quad \tilde{B} = {}^t\begin{bmatrix} 8 & 7 \\ 6 & 5 \end{bmatrix} = \begin{bmatrix} 8 & 6 \\ 7 & 5 \end{bmatrix}$$

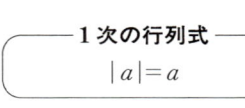

1 次の行列式

$$|a| = a$$

練習問題 30 (p. 70)

まず行列式の値を求め，正則かどうか判定しよう。

(1)　$|C|=\begin{vmatrix} 6 & -3 \\ -4 & 2 \end{vmatrix}$

$$=6\cdot 2-(-3)\cdot(-4)=0$$

ゆえに C は **正則でない** ので C^{-1} は存在しない。

(2)　$|D|=\begin{vmatrix} -2 & 3 \\ -2 & 4 \end{vmatrix}$

$$=-2\cdot 4-3\cdot(-2)=-2\neq 0$$

ゆえに D は **正則** なので D^{-1} が存在する。$\tilde{D}$ を求めるために各余因子を計算すると

$$d_{11}=(-1)^{1+1}|4|=4$$
$$d_{12}=(-1)^{1+2}|-2|=2$$
$$d_{21}=(-1)^{2+1}|3|=-3$$
$$d_{22}=(-1)^{2+2}|-2|=-2$$

$$\therefore\quad \tilde{D}={}^t\begin{bmatrix} 4 & 2 \\ -3 & -2 \end{bmatrix}=\begin{bmatrix} 4 & -3 \\ 2 & -2 \end{bmatrix}$$

$$\therefore\quad D^{-1}=\frac{1}{|D|}\tilde{D}=\frac{1}{-2}\begin{bmatrix} 4 & -3 \\ 2 & -2 \end{bmatrix}$$

外の "−" を中に入れると

$$D^{-1}=\frac{1}{2}\begin{bmatrix} -4 & 3 \\ -2 & 2 \end{bmatrix}$$

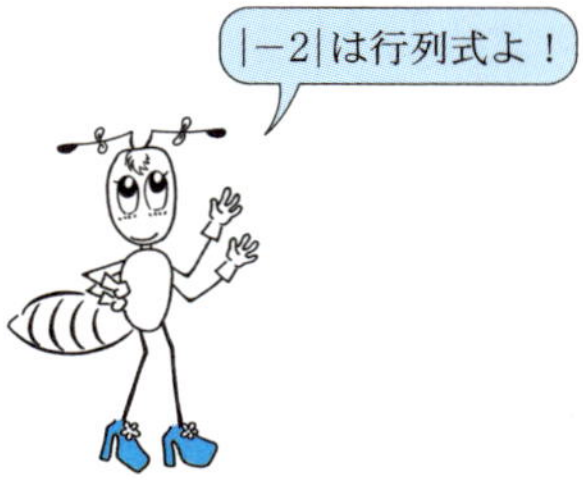

練習問題 31 (p. 73)

方程式を行列を使って表わすと

$$\begin{bmatrix} 5 & -3 \\ 3 & -2 \end{bmatrix}\begin{bmatrix} x \\ y \end{bmatrix}=\begin{bmatrix} 2 \\ -1 \end{bmatrix}$$

係数行列を A とおくと

$$|A|=\begin{vmatrix} 5 & -3 \\ 3 & -2 \end{vmatrix}$$

$$=5\cdot(-2)-(-3)\cdot 3=-1\neq 0$$

ゆえにただ 1 組の解が存在する。

クラメールの公式

$$x=\frac{|A_x|}{|A|},\qquad y=\frac{|A_y|}{|A|}$$

の分子を計算すると

$$|A_x|=\begin{vmatrix} 2 & -3 \\ -1 & -2 \end{vmatrix}$$

x の係数を定数項と入れかえる

$$=2\cdot(-2)-(-3)\cdot(-1)=-7$$

$$|A_y|=\begin{vmatrix} 5 & 2 \\ 3 & -1 \end{vmatrix}$$

y の係数を定数項と入れかえる

$$=5\cdot(-1)-2\cdot 3=-11$$

これらより

$$x=\frac{-7}{-1}=7,\qquad y=\frac{-11}{-1}=11$$

$$\therefore\quad x=7,\qquad y=11$$

総合練習 1-3 (p. 74)

1．両方の行列式とも成分に“1”が全くないので，数字をよく見て工夫しよう。以下の計算はほんの一例。3 次の行列式まで変形できたらサラスの公式を使ってもよい。①②などは行変形，①′②′ などは列変形である。

(1)
$$\begin{vmatrix} 2 & 2 & 6 \\ 3 & 2 & 5 \\ 4 & 3 & 3 \end{vmatrix} \underset{③'+②'\times(-1)}{\overset{①'+②'\times(-1)}{=}} \begin{vmatrix} 0 & 2 & 0 \\ 1 & 2 & -1 \\ 1 & 3 & -6 \end{vmatrix} \underset{展開}{\overset{①で}{=}} 2\cdot(-1)^{1+2}\begin{vmatrix} 1 & -1 \\ 1 & -6 \end{vmatrix}$$

$$= -2\{1\cdot(-6)-(-1)\cdot 1\} = 10$$

(2)
$$\begin{vmatrix} -2 & 3 & 3 & -4 \\ 3 & 4 & 0 & 2 \\ 4 & 2 & 4 & 3 \\ 7 & -2 & -3 & 5 \end{vmatrix} \overset{①'+④'\times(-1)}{=} \begin{vmatrix} 2 & 3 & 3 & -4 \\ 1 & 4 & 0 & 2 \\ 1 & 2 & 4 & 3 \\ 2 & -2 & -3 & 5 \end{vmatrix}$$

$$\underset{④'+①'\times(-2)}{\overset{②'+①'\times(-4)}{=}} \begin{vmatrix} 2 & -5 & 3 & -8 \\ 1 & 0 & 0 & 0 \\ 1 & -2 & 4 & 1 \\ 2 & -10 & -3 & 1 \end{vmatrix}$$

$$\underset{展開}{\overset{②で}{=}} 1\cdot(-1)^{2+1}\begin{vmatrix} -5 & 3 & -8 \\ -2 & 4 & 1 \\ -10 & -3 & 1 \end{vmatrix}$$

$$\underset{③+②\times(-1)}{\overset{①+②\times 8}{=}} (-1)\begin{vmatrix} -21 & 35 & 0 \\ -2 & 4 & 1 \\ -8 & -7 & 0 \end{vmatrix}$$

$$\underset{展開}{\overset{③'で}{=}} (-1)\cdot 1\cdot(-1)^{2+3}\begin{vmatrix} -21 & 35 \\ -8 & -7 \end{vmatrix} = (+1)\cdot 7\begin{vmatrix} -3 & 5 \\ -8 & -7 \end{vmatrix}$$

$$= 7\{(-3)\cdot(-7)-5\cdot(-8)\} = 427$$

2．(1)
$$|A| = \begin{vmatrix} 3 & 3 & 1 \\ 1 & 2 & -1 \\ 6 & 3 & 4 \end{vmatrix} \underset{③+①\times(-4)}{\overset{②+①\times 1}{=}} \begin{vmatrix} 3 & 3 & 1 \\ 4 & 5 & 0 \\ -6 & -9 & 0 \end{vmatrix}$$

$$\underset{展開}{\overset{③'で}{=}} 1\cdot(-1)^{1+3}\begin{vmatrix} 4 & 5 \\ -6 & -9 \end{vmatrix} = 4\cdot(-9)-5\cdot(-6) = -6 \neq 0$$

ゆえに A は正則行列である。

（2）

余因子

$$\tilde{a}_{ij}=(-1)^{i+j}\left|\ a_{ij}\ \right|$$

$$\tilde{A}={}^{t}\begin{bmatrix} \tilde{a}_{11} & \tilde{a}_{12} & \tilde{a}_{13} \\ \tilde{a}_{21} & \tilde{a}_{22} & \tilde{a}_{23} \\ \tilde{a}_{31} & \tilde{a}_{32} & \tilde{a}_{33} \end{bmatrix}$$

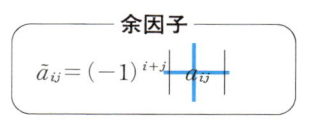

の各成分を求めておくと

$$\tilde{a}_{11}=(-1)^{1+1}\begin{vmatrix} 3 & 3 & 1 \\ 1 & 2 & -1 \\ 6 & 3 & 4 \end{vmatrix}=\begin{vmatrix} 2 & -1 \\ 3 & 4 \end{vmatrix}=11,\qquad \tilde{a}_{12}=(-1)^{1+2}\begin{vmatrix} 3 & 3 & 1 \\ 1 & 2 & -1 \\ 6 & 3 & 4 \end{vmatrix}=-\begin{vmatrix} 1 & -1 \\ 6 & 4 \end{vmatrix}=-10$$

$$\tilde{a}_{21}=(-1)^{2+1}\begin{vmatrix} 3 & 3 & 1 \\ 1 & 2 & 1 \\ 6 & 3 & 4 \end{vmatrix}=-\begin{vmatrix} 3 & 1 \\ 3 & 4 \end{vmatrix}=-9,\qquad \tilde{a}_{22}=(-1)^{2+2}\begin{vmatrix} 3 & 3 & 1 \\ 1 & 2 & 1 \\ 6 & 3 & 4 \end{vmatrix}=\begin{vmatrix} 3 & 1 \\ 6 & 4 \end{vmatrix}=6$$

$$\tilde{a}_{31}=(-1)^{3+1}\begin{vmatrix} 3 & 3 & 1 \\ 1 & 2 & -1 \\ 6 & 3 & 4 \end{vmatrix}=\begin{vmatrix} 3 & 1 \\ 2 & -1 \end{vmatrix}=-5,\qquad \tilde{a}_{32}=(-1)^{3+2}\begin{vmatrix} 3 & 3 & 1 \\ 1 & 2 & -1 \\ 6 & 3 & 4 \end{vmatrix}=-\begin{vmatrix} 3 & 1 \\ 1 & -1 \end{vmatrix}=4$$

$$\tilde{a}_{13}=(-1)^{1+3}\begin{vmatrix} 3 & 3 & 1 \\ 1 & 2 & -1 \\ 6 & 3 & 4 \end{vmatrix}=\begin{vmatrix} 1 & 2 \\ 6 & 3 \end{vmatrix}=-9$$

$$\tilde{a}_{23}=(-1)^{2+3}\begin{vmatrix} 3 & 3 & 1 \\ 1 & 2 & 1 \\ 6 & 3 & 4 \end{vmatrix}=-\begin{vmatrix} 3 & 3 \\ 6 & 3 \end{vmatrix}=9$$

$$\tilde{a}_{33}=(-1)^{3+3}\begin{vmatrix} 3 & 3 & 1 \\ 1 & 2 & -1 \\ 6 & 3 & 4 \end{vmatrix}=\begin{vmatrix} 3 & 3 \\ 1 & 2 \end{vmatrix}=3$$

各余因子を並べて余因子行列を作ると

$$\tilde{A}={}^{t}\begin{bmatrix} 11 & -10 & -9 \\ -9 & 6 & 9 \\ -5 & 4 & 3 \end{bmatrix}=\begin{bmatrix} 11 & -9 & -5 \\ -10 & 6 & 4 \\ -9 & 9 & 3 \end{bmatrix}$$

行と列を入れかえて“転置”するのを忘れないでね。

(3)　A^{-1} の公式に代入して

$$A^{-1}=\frac{1}{|A|}\tilde{A}=\frac{1}{-6}\begin{bmatrix} 11 & -9 & -5 \\ -10 & 6 & 4 \\ -9 & 9 & 3 \end{bmatrix}$$

“－”を中に入れておくと

$$A^{-1}=\frac{1}{6}\begin{bmatrix} -11 & 9 & 5 \\ 10 & -6 & -4 \\ 9 & -9 & -3 \end{bmatrix}$$

(4)

$$AA^{-1}=\begin{bmatrix} 3 & 3 & 1 \\ 1 & 2 & -1 \\ 6 & 3 & 4 \end{bmatrix}\cdot\frac{1}{6}\begin{bmatrix} -11 & 9 & 5 \\ 10 & -6 & -4 \\ 9 & -9 & -3 \end{bmatrix}$$

$$=\frac{1}{6}\begin{bmatrix} 3 & 3 & 1 \\ 1 & 2 & -1 \\ 6 & 3 & 4 \end{bmatrix}\begin{bmatrix} -11 & 9 & 5 \\ 10 & -6 & -4 \\ 9 & -9 & -3 \end{bmatrix}$$

$$=\frac{1}{6}\begin{bmatrix} 3(-11)+3\cdot10+1\cdot9 & 3\cdot9+3(-6)+1(-9) & 3\cdot5+3(-4)+1(-3) \\ 1(-11)+2\cdot10+(-1)9 & 1\cdot9+2(-6)+(-1)(-9) & 1\cdot5+2(-4)+(-1)(-3) \\ 6(-11)+3\cdot10+4\cdot9 & 6\cdot9+3(-6)+4(-9) & 6\cdot5+3(-4)+4(-3) \end{bmatrix}$$

$$=\frac{1}{6}\begin{bmatrix} 6 & 0 & 0 \\ 0 & 6 & 0 \\ 0 & 0 & 6 \end{bmatrix}=\begin{bmatrix} 1 & 0 & 0 \\ 0 & 1 & 0 \\ 0 & 0 & 1 \end{bmatrix}=E$$

$$A^{-1}A=\frac{1}{6}\begin{bmatrix} -11 & 9 & 5 \\ 10 & -6 & -4 \\ 9 & -9 & -3 \end{bmatrix}\begin{bmatrix} 3 & 3 & 1 \\ 1 & 2 & -1 \\ 6 & 3 & 4 \end{bmatrix}$$

$$=\frac{1}{6}\begin{bmatrix} -11\cdot3+9\cdot1+5\cdot6 & -11\cdot3+9\cdot2+5\cdot3 & -11\cdot1+9\cdot(-1)+5\cdot4 \\ 10\cdot3-6\cdot1-4\cdot6 & 10\cdot3-6\cdot2-4\cdot3 & 10\cdot1-6\cdot(-1)-4\cdot4 \\ 9\cdot3-9\cdot1-3\cdot6 & 9\cdot3-9\cdot2-3\cdot3 & 9\cdot1-9\cdot(-1)-3\cdot4 \end{bmatrix}$$

$$=\frac{1}{6}\begin{bmatrix} 6 & 0 & 0 \\ 0 & 6 & 0 \\ 0 & 0 & 6 \end{bmatrix}=\begin{bmatrix} 1 & 0 & 0 \\ 0 & 1 & 0 \\ 0 & 0 & 1 \end{bmatrix}=E$$

行列の積を忘れちゃったら
p.8 を見てね。

これで $AA^{-1}=A^{-1}A=E$ が確認された。

3.　行列を使って方程式をかき直すと

$$\begin{bmatrix} 3 & 2 & 4 \\ 2 & -1 & 1 \\ 2 & 1 & 4 \end{bmatrix}\begin{bmatrix} x \\ y \\ z \end{bmatrix}=\begin{bmatrix} 0 \\ 1 \\ 2 \end{bmatrix}$$

係数行列 A の行列式を求めると

$$|A|=\begin{vmatrix} 3 & 2 & 4 \\ 2 & -1 & 1 \\ 2 & 1 & 4 \end{vmatrix} \underset{②+③\times 1}{\overset{①+③\times(-2)}{=}} \begin{vmatrix} -1 & 0 & -4 \\ 4 & 0 & 5 \\ 2 & 1 & 4 \end{vmatrix} \underset{展開}{\overset{②'で}{=}} 1\cdot(-1)^{3+2}\begin{vmatrix} -1 & -4 \\ 4 & 5 \end{vmatrix}$$

$$=-11\ (\neq 0)$$

クラメールの公式の分子を計算すると

$$|A_x|=\begin{vmatrix} 0 & 2 & 4 \\ 1 & -1 & 1 \\ 2 & 1 & 4 \end{vmatrix} \overset{③+②\times(-2)}{=} \begin{vmatrix} 0 & 2 & 4 \\ 1 & -1 & 1 \\ 0 & 3 & 2 \end{vmatrix} \underset{展開}{\overset{①'で}{=}} 1\cdot(-1)^{2+1}\begin{vmatrix} 2 & 4 \\ 3 & 2 \end{vmatrix}$$

$$=8$$

$$|A_y|=\begin{vmatrix} 3 & 0 & 4 \\ 2 & 1 & 1 \\ 2 & 2 & 4 \end{vmatrix} \overset{③+②\times(-2)}{=} \begin{vmatrix} 3 & 0 & 4 \\ 2 & 1 & 1 \\ -2 & 0 & 2 \end{vmatrix} \underset{展開}{\overset{②'で}{=}} 1\cdot(-1)^{2+2}\begin{vmatrix} 3 & 4 \\ -2 & 2 \end{vmatrix}$$

$$=14$$

$$|A_z|=\begin{vmatrix} 3 & 2 & 0 \\ 2 & -1 & 1 \\ 2 & 1 & 2 \end{vmatrix} \overset{③+②\times(-2)}{=} \begin{vmatrix} 3 & 2 & 0 \\ 2 & -1 & 1 \\ -2 & 3 & 0 \end{vmatrix} \underset{展開}{\overset{③'で}{=}} 1\cdot(-1)^{2+3}\begin{vmatrix} 3 & 2 \\ -2 & 3 \end{vmatrix}$$

$$=-13$$

以上より

$$x=-\frac{8}{11},\quad y=-\frac{14}{11},\quad z=\frac{13}{11}$$

クラメールの公式

$$x=\frac{|A_x|}{|A|},\quad y=\frac{|A_y|}{|A|},\quad z=\frac{|A_z|}{|A|}$$

練習問題 32 (p.77)

（1）　$\overrightarrow{AB}$と平行かつ矢印の向きが同じになり，大きさも等しいものは

$$\overrightarrow{DC},\quad \overrightarrow{EF},\quad \overrightarrow{HG}$$

（2）　図形は立方体なので，まず

$$|\overrightarrow{EH}|=1$$

また線分 BG の長さは $\sqrt{2}$ なので

$$|\overrightarrow{BG}|=\sqrt{2}$$

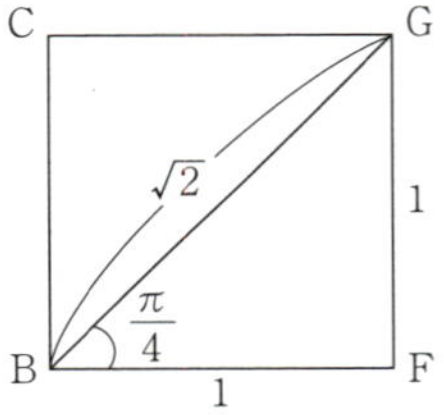

練習問題 33 (p.80)

作図の方法が異なっても，向きと大きさは同じになるはず。

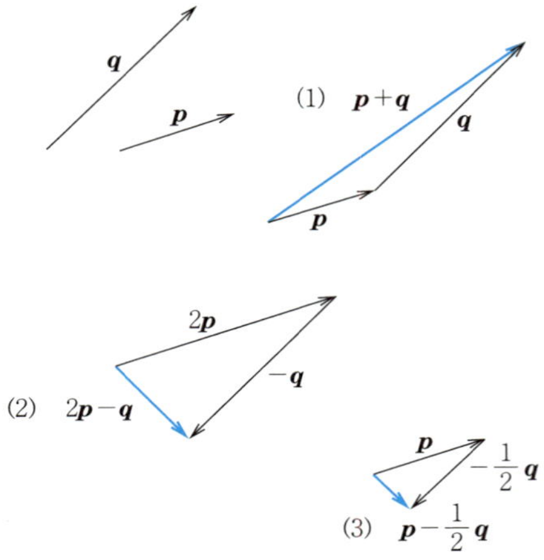

練習問題 34 (p.82)

各成分とも“終点－始点”なので

$$\overrightarrow{BA}=(-2-0,3-(-2),1-5)$$
$$=(-2,5,-4)$$

練習問題 35 (p.83)

まず $\overrightarrow{PQ}$，$\overrightarrow{QR}$ の成分表示を求めておこう。

$$\overrightarrow{PQ}=(-1-4,\ 1-2,\ 0-(-3))$$
$$=(-5,\ -1,\ 3)$$
$$\overrightarrow{QR}=(-2-(-1),\ 5-1,\ 1-0)$$
$$=(-1,\ 4,\ 1)$$

これらより

（1）　$|\overrightarrow{PQ}|=\sqrt{(-5)^2+(-1)^2+3^2}$

$$=\sqrt{35}$$

$|\overrightarrow{QR}|=\sqrt{(-1)^2+4^2+1^2}=\sqrt{18}$

$$=3\sqrt{2}$$

（2）　$2\overrightarrow{PQ}-3\overrightarrow{QR}$

$$=2(-5,\ -1,\ 3)-3(-1,\ 4,\ 1)$$
$$=(2\cdot(-5),\ 2\cdot(-1),\ 2\cdot 3)$$
$$-(3\cdot(-1),\ 3\cdot 4,\ 3\cdot 1)$$
$$=(-10,\ -2,\ 6)-(-3,\ 12,\ 3)$$
$$=(-10-(-3),\ -2-12,\ 6-3)$$
$$=(-7,\ -14,\ 3)$$

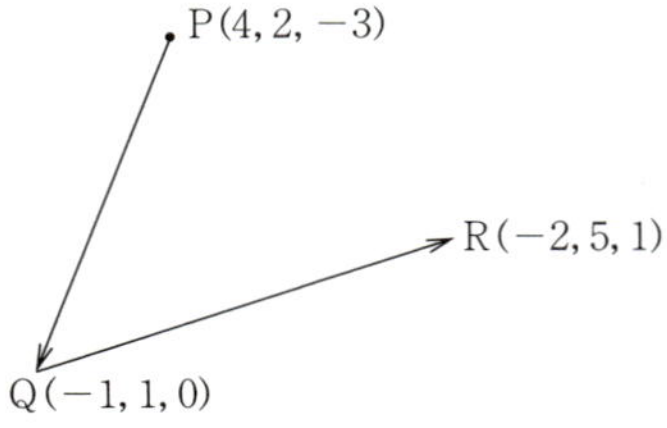

練習問題 36 (p. 84)

$|\overrightarrow{\mathrm{AC}}|=\sqrt{2}$，$\angle \mathrm{BAC}=\dfrac{\pi}{4}(=45^\circ)$ より

$$\overrightarrow{\mathrm{AB}}\cdot\overrightarrow{\mathrm{AC}}=|\overrightarrow{\mathrm{AB}}||\overrightarrow{\mathrm{AC}}|\cos\frac{\pi}{4}$$

$$=1\cdot\sqrt{2}\cdot\frac{\sqrt{2}}{2}=\frac{2}{2}=\boxed{1}$$

練習問題 37 (p. 86)

（1）　内積を成分で求める方に代入すると

$$\boldsymbol{a}\cdot\boldsymbol{b}=1\cdot(-1)+2\cdot1+1\cdot2=\boxed{3}$$

（2）　なす角 θ を使った内積の定義より

$$\boldsymbol{a}\cdot\boldsymbol{b}=|\boldsymbol{a}||\boldsymbol{b}|\cos\theta$$

これより $\cos\theta$ を計算すると

$$\cos\theta=\frac{\boldsymbol{a}\cdot\boldsymbol{b}}{|\boldsymbol{a}||\boldsymbol{b}|}$$

$$=\frac{3}{\sqrt{1^2+2^2+1^2}\sqrt{(-1)^2+1^2+2^2}}$$

$$=\frac{3}{\sqrt{6}\sqrt{6}}=\frac{3}{6}=\frac{1}{2}$$

$\cos\theta=\dfrac{1}{2}$　$(0\leqq\theta\leqq\pi)$ なので

$$\boxed{\theta=\frac{\pi}{3}(=60^\circ)}$$

（3）　$k\boldsymbol{a}=k(1, 2, 1)=(k, 2k, k)$

　$|k\boldsymbol{a}|=1$ となる k を求める。

　$\sqrt{k^2+(2k)^2+k^2}=1$　より　$\sqrt{6k^2}=1$

両辺 2 乗して　$6k^2=1$

$$k^2=\frac{1}{6}\qquad\therefore\quad\boxed{k=\pm\frac{1}{\sqrt{6}}}$$

総合練習 2-1 (p. 87)

1.　点 O を始点として，どの辺をたどって終点 H に到達するか決める。それらの辺をベクトルで表わしていけばよい。

　たとえば

$$\overrightarrow{\mathrm{OH}}=\overrightarrow{\mathrm{OB}}+\overrightarrow{\mathrm{BD}}+\overrightarrow{\mathrm{DG}}+\overrightarrow{\mathrm{GH}}$$

を考えると

$$=\boldsymbol{b}+\boldsymbol{c}+\boldsymbol{a}+\frac{1}{3}\overrightarrow{\mathrm{GE}}$$

$$=\boldsymbol{b}+\boldsymbol{c}+\boldsymbol{a}+\frac{1}{3}(-\boldsymbol{b})$$

$$=\frac{2}{3}\boldsymbol{b}+\boldsymbol{c}+\boldsymbol{a}$$

$$\therefore\quad\boxed{\overrightarrow{\mathrm{OH}}=\boldsymbol{a}+\frac{2}{3}\boldsymbol{b}+\boldsymbol{c}}$$

2.　まず $\overrightarrow{AB}$, $\overrightarrow{BC}$ を求めておこう。

$\overrightarrow{AB}=(0-1, 1-0, 1-2)=(-1, 1, -1)$

$\overrightarrow{BC}=(-1-0, 4-1, 2-1)=(-1, 3, 1)$

求めるベクトルを　$\boldsymbol{e}=(e_1, e_2, e_3)$

とおくと，題意の条件より

$$\overrightarrow{AB}\perp\boldsymbol{e}\quad\cdots\cdots①$$

$$\overrightarrow{BC}\perp\boldsymbol{e}\quad\cdots\cdots②$$

$$|\boldsymbol{e}|=1\quad\cdots\cdots③$$

となる $\boldsymbol{e}$ を求めればよい。

①より　$-e_1+e_2-e_3=0$　……①′

②より　$-e_1+3e_2+e_3=0$　……②′

③より　$\sqrt{e_1^2+e_2^2+e_3^2}=1$

2 乗して　$e_1^2+e_2^2+e_3^2=1$　…③′

①′+②′ より　$-2e_1+4e_2=0$

∴　$e_1=2e_2$

①′ に代入して　$e_3=-e_2$

③′ に代入して　$4e_2^2+e_2^2+e_2^2=1$

$6e_2^2=1,\quad e_2^2=\dfrac{1}{6}\quad ∴\quad e_2=\pm\dfrac{1}{\sqrt{6}}$

$$∴\quad e_1=\pm\frac{2}{\sqrt{6}}$$

$$e_3=-\left(\pm\frac{1}{\sqrt{6}}\right)=\mp\frac{1}{\sqrt{6}}$$

ゆえに求める単位ベクトルは 2 つあり

$\boldsymbol{e}=\left(\pm\dfrac{2}{\sqrt{6}}, \pm\dfrac{1}{\sqrt{6}}, \mp\dfrac{1}{\sqrt{6}}\right)$ (複号同順)

3.　(1)　$\overrightarrow{OP}=\overrightarrow{OA}+\overrightarrow{AP}$

とかける(下図参照)。一方，$\overrightarrow{AP}\,/\!/\,\boldsymbol{b}$ なので適当な実数 t を使って

$$\overrightarrow{AP}=t\boldsymbol{b}$$

とかける。$\overrightarrow{OA}=\boldsymbol{a}$, $\overrightarrow{OP}=\boldsymbol{p}$ として上の式に代入すると次式が成立する。

$$\boldsymbol{p}=\boldsymbol{a}+t\boldsymbol{b}$$

(t がいろいろな値をとるに従って，点 P は直線 l 上を動く。)

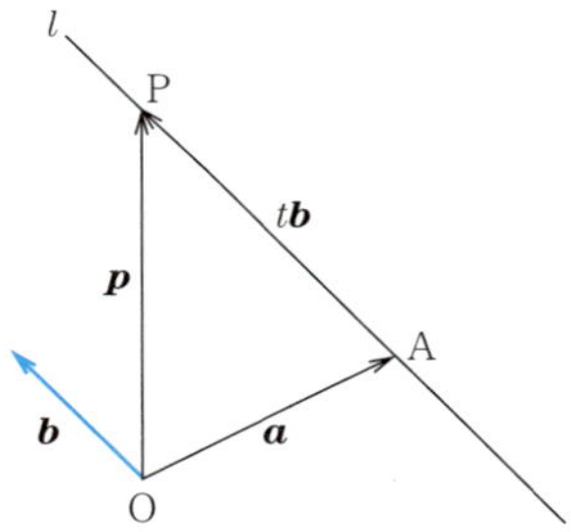

(2)　$\overrightarrow{OP}=\overrightarrow{OA}+\overrightarrow{AP}$

とかける(左下図参照)。一方，$\pi\perp\boldsymbol{n}$ であることより，$\boldsymbol{n}$ は π 上のどんなベクトルとも垂直なので

$$\overrightarrow{AP}\perp\boldsymbol{n}$$

$$∴\quad \overrightarrow{AP}\cdot\boldsymbol{n}=0$$

上式より $\overrightarrow{AP}=\overrightarrow{OP}-\overrightarrow{OA}$ なので

$$(\overrightarrow{OP}-\overrightarrow{OA})\cdot\boldsymbol{n}=0$$

$$∴\quad (\boldsymbol{p}-\boldsymbol{a})\cdot\boldsymbol{n}=0$$

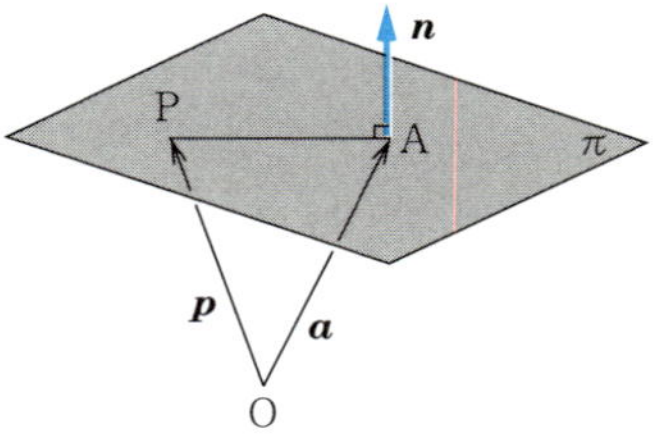

練習問題38(p.92)

これらのベクトルは一種の行列なので，行列計算と全く同じに計算してよい。

(1)　$3\boldsymbol{p}=3\begin{bmatrix}-2\\0\\3\end{bmatrix}=\begin{bmatrix}3\cdot(-2)\\3\cdot0\\3\cdot3\end{bmatrix}=\begin{bmatrix}-6\\0\\9\end{bmatrix}$

(2)　$2\boldsymbol{p}-\boldsymbol{q}=2\begin{bmatrix}-2\\0\\3\end{bmatrix}-\begin{bmatrix}4\\-1\\2\end{bmatrix}=\begin{bmatrix}2\cdot(-2)\\2\cdot0\\2\cdot3\end{bmatrix}-\begin{bmatrix}4\\-1\\2\end{bmatrix}$

$$=\begin{bmatrix}-4\\0\\6\end{bmatrix}-\begin{bmatrix}4\\-1\\2\end{bmatrix}=\begin{bmatrix}-4-4\\0-(-1)\\6-2\end{bmatrix}=\begin{bmatrix}-8\\1\\4\end{bmatrix}$$

(3)　$4\boldsymbol{q}-3\boldsymbol{p}=4\begin{bmatrix}4\\-1\\2\end{bmatrix}-3\begin{bmatrix}-2\\0\\3\end{bmatrix}=\begin{bmatrix}4\cdot4\\4\cdot(-1)\\4\cdot2\end{bmatrix}-\begin{bmatrix}3\cdot(-2)\\3\cdot0\\3\cdot3\end{bmatrix}$

$$=\begin{bmatrix}16\\-4\\8\end{bmatrix}-\begin{bmatrix}-6\\0\\9\end{bmatrix}=\begin{bmatrix}16-(-6)\\-4-0\\8-9\end{bmatrix}=\begin{bmatrix}22\\-4\\-1\end{bmatrix}$$

練習問題39(p.97)

$$k_1\boldsymbol{b}_1+k_2\boldsymbol{b}_2=\boldsymbol{0}$$

とおくと，成分を代入して

$$k_1\begin{bmatrix}3\\-2\end{bmatrix}+k_2\begin{bmatrix}5\\1\end{bmatrix}=\begin{bmatrix}0\\0\end{bmatrix}$$

計算すると

$$\begin{bmatrix}3k_1+5k_2\\-2k_1+k_2\end{bmatrix}=\begin{bmatrix}0\\0\end{bmatrix}$$

成分を比較して

$$\begin{cases}3k_1+5k_2=0\\-2k_1+\ \ k_2=0\end{cases}$$

これを掃き出し法で解くと(右表)

$$k_1=k_2=0$$

解はこれ１つだけなので $\boldsymbol{b}_1$, $\boldsymbol{b}_2$ は線形独立である。

A		B	行変形
3	5	0	
−2	1	0	
1	6	0	①＋②×1
−2	1	0	
1	6	0	
0	13	0	②＋①×2
1	6	0	
0	1	0	②×$\frac{1}{13}$
1	0	0	①＋②×(−6)
0	1	0	

練習問題 40 (p. 99)

$$k_1\boldsymbol{b}_1+k_2\boldsymbol{b}_2+k_3\boldsymbol{b}_3=\boldsymbol{0}$$

とおいて成分を代入すると

$$k_1\begin{bmatrix}3\\-2\end{bmatrix}+k_2\begin{bmatrix}5\\1\end{bmatrix}+k_3\begin{bmatrix}4\\6\end{bmatrix}=\begin{bmatrix}0\\0\end{bmatrix}$$

これを計算すると

$$\begin{bmatrix}3k_1+5k_2+4k_3\\-2k_1+k_2+6k_3\end{bmatrix}=\begin{bmatrix}0\\0\end{bmatrix}$$

$$\therefore\quad\begin{cases}3k_1+5k_2+4k_3=0\\-2k_1+\ k_2+6k_3=0\end{cases}$$

これを掃き出し法で解くと（右下表）

$$\mathrm{rank}\,A=\mathrm{rank}[A\,\vdots\,B]=2$$

なので解が存在し

$$\text{自由度}=3-2=1$$

掃き出し法の計算結果より

$$\begin{cases}k_1\qquad -2k_3=0\\\qquad k_2\ +2k_3=0\end{cases}$$

$k_3=t$ とおいて上式に代入すると

$$k_1=2t,\qquad k_2=-2t$$

$$\therefore\quad\begin{cases}k_1=2t\\k_2=-2t\quad(t\text{ は任意の実数})\\k_3=t\end{cases}$$

$t=1$（0 以外なら何でもよい）とおくと

$$k_1=2,\qquad k_2=-2,\qquad k_3=1$$

これをはじめの線形関係式に代入して

$$2\boldsymbol{b}_1-2\boldsymbol{b}_2+\boldsymbol{b}_3=\boldsymbol{0}$$

したがって $\boldsymbol{b}_1, \boldsymbol{b}_2, \boldsymbol{b}_3$ には自明でない線形関係式が成立するので線形従属である。

また，上の式を変形すると $\boldsymbol{b}_3$ は

$$\boldsymbol{b}_3=-2\boldsymbol{b}_1+2\boldsymbol{b}_2$$

と $\boldsymbol{b}_1, \boldsymbol{b}_2$ の線形結合で表わせる。

練習問題 41 (p. 101)

(1)　$k_1\boldsymbol{a}_1+k_2\boldsymbol{a}_2+k_3\boldsymbol{a}_3=\boldsymbol{0}$ とおいて成分を代入すると

$$k_1\begin{bmatrix}1\\2\\1\end{bmatrix}+k_2\begin{bmatrix}3\\5\\3\end{bmatrix}+k_3\begin{bmatrix}1\\3\\2\end{bmatrix}=\begin{bmatrix}0\\0\\0\end{bmatrix}$$

$$\therefore\quad\begin{cases}k_1+3k_2+\ k_3=0\\2k_1+5k_2+3k_3=0\\k_1+3k_2+2k_3=0\end{cases}$$

掃き出し法で計算する（右頁上）と解は

$$k_1=k_2=k_3=0$$

だけなので $\boldsymbol{a}_1, \boldsymbol{a}_2, \boldsymbol{a}_3$ は 線形独立 である。

A			B	行変形
3	5	4	0	
−2	1	6	0	
1	6	10	0	①＋②×1
−2	1	6	0	
1	6	10	0	
0	13	26	0	②＋①×2
1	6	10	0	
0	1	2	0	②×$\frac{1}{13}$
1	0	−2	0	①＋②×(−6)
0	1	2	0	

(1)の変形

A			行変形
1	3	1	
2	5	3	
1	3	2	
1	3	1	
0	−1	1	②+①×(−2)
0	0	1	③+①×(−1)
1	0	4	①+②×3
0	−1	1	
0	0	1	
1	0	0	①+③×(−4)
0	−1	0	②+③×(−1)
0	0	1	
1	0	0	
0	1	0	②×(−1)
0	0	1	

(2)の変形

A			行変形
1	3	2	
3	7	5	
2	4	3	
1	3	2	
0	−2	−1	②+①×(−3)
0	−2	−1	③+①×(−2)
1	3	2	
0	−2	−1	
0	0	0	③+②×(−1)
1	1	1	①+②×1
0	−2	−1	
0	0	0	
1	1	1	
0	2	1	②×(−1)
0	0	0	

（2）　$k_1\boldsymbol{b}_1+k_2\boldsymbol{b}_2+k_3\boldsymbol{b}_3=\boldsymbol{0}$ とおいて成分を代入すると

$$k_1\begin{bmatrix}1\\3\\2\end{bmatrix}+k_2\begin{bmatrix}3\\7\\4\end{bmatrix}+k_3\begin{bmatrix}2\\5\\3\end{bmatrix}=\begin{bmatrix}0\\0\\0\end{bmatrix}$$

$$\therefore\quad\begin{cases}k_1+3k_2+2k_3=0\\3k_1+7k_2+5k_3=0\\2k_1+4k_2+3k_3=0\end{cases}$$

掃き出し法で計算する(左下表)と

$$\begin{aligned}\text{自由度}&=\text{未知数の数}-\mathrm{rank}\,A\\&=3-2=1\end{aligned}$$

変形の最後より

$$\begin{cases}k_1+k_2+k_3=0\\2k_2+k_3=0\end{cases}$$

$k_2=t$ とおくと

$$\begin{aligned}k_3&=-2t\\k_1&=-k_2-k_3=t\end{aligned}\qquad(t\text{ は任意の実数})$$

ここで $t=1$ とおくと

$$k_1=1,\quad k_2=1,\quad k_3=-2$$

これをはじめの線形関係式に代入すると自明でない線形関係式

$$\boldsymbol{b}_1+\boldsymbol{b}_2-2\boldsymbol{b}_3=\boldsymbol{0}$$

が得られるので，$\boldsymbol{b}_1, \boldsymbol{b}_2, \boldsymbol{b}_3$ は

線形従属である。

練習問題 42 (p. 103)

ベクトルの作る行列式の値を調べればよい。

（1）　$|\boldsymbol{a}_1\ \boldsymbol{a}_2\ \boldsymbol{a}_3| = \begin{vmatrix} 1 & 3 & 1 \\ 2 & 5 & 3 \\ 1 & 3 & 2 \end{vmatrix}$

$\underset{③+①\times(-1)}{\overset{②+①\times(-2)}{=}} \begin{vmatrix} 1 & 3 & 1 \\ 0 & -1 & 1 \\ 0 & 0 & 1 \end{vmatrix}$

$\underset{展開}{\overset{①'で}{=}} 1\cdot(-1)^{1+1} \begin{vmatrix} -1 & 1 \\ 0 & 1 \end{vmatrix} = -1 \neq 0$

ゆえに $\boldsymbol{a}_1, \boldsymbol{a}_2, \boldsymbol{a}_3$ は線形独立。

（2）　$|\boldsymbol{b}_1\ \boldsymbol{b}_2\ \boldsymbol{b}_3| = \begin{vmatrix} 1 & 3 & 2 \\ 3 & 7 & 5 \\ 2 & 4 & 3 \end{vmatrix}$

$\underset{③+①\times(-2)}{\overset{②+①\times(-3)}{=}} \begin{vmatrix} 1 & 3 & 2 \\ 0 & -2 & -1 \\ 0 & -2 & -1 \end{vmatrix}$

$\underset{展開}{\overset{①'で}{=}} 1\cdot(-1)^{1+1} \begin{vmatrix} -2 & -1 \\ -2 & -1 \end{vmatrix} = 0$

ゆえに $\boldsymbol{b}_1, \boldsymbol{b}_2, \boldsymbol{b}_3$ は線形従属。

> 線形独立　$\Longleftrightarrow$　$|\boldsymbol{a}_1\ \cdots\ \boldsymbol{a}_n| \neq 0$
> 線形従属　$\Longleftrightarrow$　$|\boldsymbol{a}_1\ \cdots\ \boldsymbol{a}_n| = 0$

練習問題 43 (p. 107)

いずれも部分空間の条件（ i ）と（ ii ）が成立するかどうか調べればよい。

（1）　X は xy 平面上では半径 1 の円である。（図は右頁下）

（ i ）　$\boldsymbol{x}, \boldsymbol{x}' \in X$ とし

$\boldsymbol{x} = \begin{bmatrix} x_1 \\ x_2 \end{bmatrix} \quad (x_1{}^2 + x_2{}^2 = 1)$

$\boldsymbol{x}' = \begin{bmatrix} x_1' \\ x_2' \end{bmatrix} \quad (x_1'^2 + x_2'^2 = 1)$

とおくと

$\boldsymbol{x} + \boldsymbol{x}' = \begin{bmatrix} x_1 \\ x_2 \end{bmatrix} + \begin{bmatrix} x_1' \\ x_2' \end{bmatrix} = \begin{bmatrix} x_1 + x_1' \\ x_2 + x_2' \end{bmatrix}$

ここで成分の関係を調べると

$$\begin{aligned}
&(x_1 + x_1')^2 + (x_2 + x_2')^2 \\
&= (x_1{}^2 + 2x_1x_1' + x_1'^2) \\
&\qquad + (x_2{}^2 + 2x_2x_2' + x_2'^2) \\
&= (x_1{}^2 + x_2{}^2) + (x_1'^2 + x_2'^2) \\
&\qquad + 2(x_1x_1' + x_2x_2') \\
&= 1 + 1 + 2(x_1x_1' + x_2x_2') \\
&= 2 + 2(x_1x_1' + x_2x_2') \\
&\neq 1
\end{aligned}$$

ゆえに $\boldsymbol{x} + \boldsymbol{x}' \notin X$ なので X は $\boldsymbol{R}^2$ の部分空間ではない。

（2）　Y は xy 平面上では $x + y = 0$ （$y = -x$）の直線である。（右頁図）

（ i ）　$\boldsymbol{y}, \boldsymbol{y}' \in Y$ とし

$\boldsymbol{y} = \begin{bmatrix} y_1 \\ y_2 \end{bmatrix} \quad (y_1 + y_2 = 0)$

$\boldsymbol{y}' = \begin{bmatrix} y_1' \\ y_2' \end{bmatrix} \quad (y_1' + y_2' = 0)$

とすると

$$\boldsymbol{y}+\boldsymbol{y}'=\begin{bmatrix} y_1 \\ y_2 \end{bmatrix}+\begin{bmatrix} y_1' \\ y_2' \end{bmatrix}=\begin{bmatrix} y_1+y_1' \\ y_2+y_2' \end{bmatrix}$$

ここで成分の関係を調べると

$$(y_1+y_1')+(y_2+y_2')$$
$$=(y_1+y_2)+(y_1'+y_2')=0+0=0$$

なので $\boldsymbol{y}+\boldsymbol{y}'\in Y$。

(ii)　$\boldsymbol{y}\in Y$ と $t\in\boldsymbol{R}$ について

$$\boldsymbol{y}=\begin{bmatrix} y_1 \\ y_2 \end{bmatrix} \quad とすると \quad t\boldsymbol{y}=\begin{bmatrix} ty_1 \\ ty_2 \end{bmatrix}$$

ここで成分の関係を調べると

$$(ty_1)+(ty_2)=t(y_1+y_2)$$
$$=t\cdot 0=0$$

ゆえに $t\boldsymbol{y}\in Y$。

(i)と(ii)が成立したので Y は $\boldsymbol{R}^2$ の部分空間である。

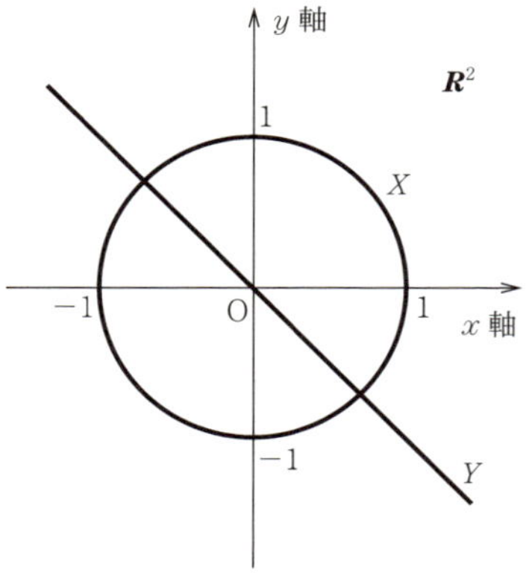

練習問題 44 (p. 111)

$\boldsymbol{a}_1$ と $\boldsymbol{a}_2$ が線形独立であれば $\boldsymbol{R}^2$ の基底になれる。2つのベクトルが作る行列式を計算すると

$$|\boldsymbol{a}_1\ \boldsymbol{a}_2|=\begin{vmatrix} 1 & 0 \\ -1 & 2 \end{vmatrix}=1\cdot 2-0\cdot(-1)$$
$$=2\neq 0$$

ゆえに $\{\boldsymbol{a}_1, \boldsymbol{a}_2\}$ は線形独立なので $\boldsymbol{R}^2$ の基底となれる。

次に $\boldsymbol{b}=k_1\boldsymbol{a}_1+k_2\boldsymbol{a}_2$ とおいて成分を代入すると

$$\begin{bmatrix} 4 \\ 2 \end{bmatrix}=k_1\begin{bmatrix} 1 \\ -1 \end{bmatrix}+k_2\begin{bmatrix} 0 \\ 2 \end{bmatrix}$$

$$\therefore \begin{cases} k_1 = 4 \\ -k_1+2k_2=2 \end{cases}$$

これを解くと

$$k_1=4, \quad k_2=3$$

$$\therefore \quad \boldsymbol{b}=4\boldsymbol{a}_1+3\boldsymbol{a}_2$$

A		B	
①1	0	4	
−1	2	2	
1	0	4	
0	2	6	$\times\frac{1}{2}$
1	0	4	
0	1	3	

練習問題 45 (p. 113)

$$|\boldsymbol{b}_1\ \boldsymbol{b}_2\ \boldsymbol{b}_3| = \begin{vmatrix} 1 & -1 & 0 \\ 0 & 4 & 2 \\ 4 & 6 & 5 \end{vmatrix} = 0$$

ゆえに $\boldsymbol{b}_1, \boldsymbol{b}_2, \boldsymbol{b}_3$ は線形従属。

$\boldsymbol{b}_1, \boldsymbol{b}_2, \boldsymbol{b}_3$ の線形関係式を求めるために

$$\ell_1\boldsymbol{b}_1 + \ell_2\boldsymbol{b}_2 + \ell_3\boldsymbol{b}_3 = \boldsymbol{0}$$

とおいて成分を代入すると

$$\ell_1\begin{bmatrix} 1 \\ 0 \\ 4 \end{bmatrix} + \ell_2\begin{bmatrix} -1 \\ 4 \\ 6 \end{bmatrix} + \ell_3\begin{bmatrix} 0 \\ 2 \\ 5 \end{bmatrix} = \begin{bmatrix} 0 \\ 0 \\ 0 \end{bmatrix}$$

$$\therefore \quad \begin{cases} \ell_1 - \ell_2 = 0 \\ 4\ell_2 + 2\ell_3 = 0 \\ 4\ell_1 + 6\ell_2 + 5\ell_3 = 0 \end{cases}$$

これを解くと

$$\ell_1 = t,\ \ \ell_2 = t,\ \ \ell_3 = -2t$$

（t は任意の定数）

$t=1$ とおいて上の式に代入すると

$$\boldsymbol{b}_1 + \boldsymbol{b}_2 - 2\boldsymbol{b}_3 = \boldsymbol{0}$$

$$\therefore \quad \boldsymbol{b}_1 = -\boldsymbol{b}_2 + 2\boldsymbol{b}_3$$

次に W の任意の元 $\boldsymbol{x}$ は

$$\boldsymbol{x} = k_1\boldsymbol{b}_1 + k_2\boldsymbol{b}_2 + k_3\boldsymbol{b}_3$$

とかけるので $\boldsymbol{b}_1$ をおきかえると

$$= (k_2 - k_1)\,\boldsymbol{b}_2 + (k_3 + 2k_1)\,\boldsymbol{b}_3$$

さらに $\boldsymbol{b}_2$ と $\boldsymbol{b}_3$ が線形独立かどうかを調べる。

$$\ell_1\boldsymbol{b}_2 + \ell_2\boldsymbol{b}_3 = \boldsymbol{0}$$

とおき成分を代入して計算すると，$\ell_1 = \ell_2 = 0$ なので線形独立。ゆえに $\{\boldsymbol{b}_2, \boldsymbol{b}_3\}$ は $\boldsymbol{R}^2$ の基底となれて，

$$\mathrm{din}\, W = 2$$

（基底は $\{\boldsymbol{b}_1, \boldsymbol{b}_2\}$，$\{\boldsymbol{b}_1, \boldsymbol{b}_3\}$ でもよい。）

練習問題 46 (p. 114)

まず Y の基底となりそうなベクトルの組を見つける。

$$Y \ni \boldsymbol{y} = \begin{bmatrix} y_1 \\ y_2 \end{bmatrix} \quad (y_1 + y_2 = 0)$$

とすると $y_1 + y_2 = 0$ より $y_2 = -y_1$ なので

$$\boldsymbol{y} = \begin{bmatrix} y_1 \\ -y_1 \end{bmatrix} = y_1\begin{bmatrix} 1 \\ -1 \end{bmatrix}$$

そこで $\boldsymbol{b} = \begin{bmatrix} 1 \\ -1 \end{bmatrix}$ とおくと $\boldsymbol{b}$ は 1 つで線形独立。そして Y の任意の元 $\boldsymbol{y}$ は

$$\boldsymbol{y} = k\boldsymbol{b} \quad (k \text{ は任意の実数})$$

とかけるので $\left\{\begin{bmatrix} 1 \\ -1 \end{bmatrix}\right\}$ が Y の 1 つの基底。

$$\therefore \quad \dim Y = 1$$

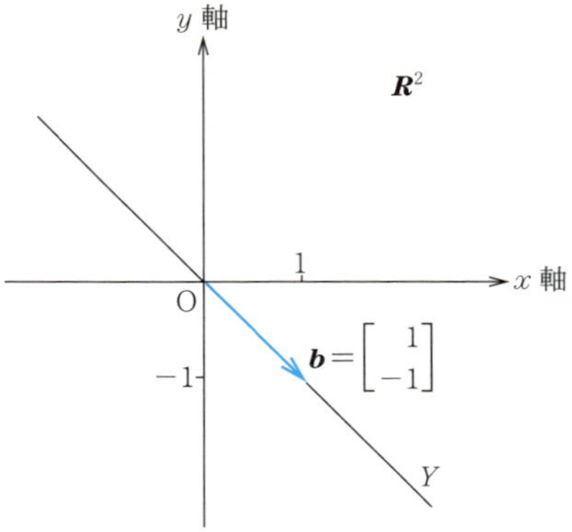

練習問題 47 (p. 117)

線形写像の定義（ⅰ）（ⅱ）が成立するかどうか調べればよい。

$$\boldsymbol{a}=\begin{bmatrix} a_1 \\ a_2 \\ a_3 \end{bmatrix},\quad \boldsymbol{b}=\begin{bmatrix} b_1 \\ b_2 \\ b_3 \end{bmatrix}\in \boldsymbol{R}^3$$

に対して

（ⅰ）
$$g(\boldsymbol{a}+\boldsymbol{b})=g\left(\begin{bmatrix} a_1+b_1 \\ a_2+b_2 \\ a_3+b_3 \end{bmatrix}\right)=\begin{bmatrix} (a_1+b_1)+(a_2+b_2) \\ (a_2+b_2)-(a_3+b_3) \end{bmatrix}$$

$$g(\boldsymbol{a})+g(\boldsymbol{b})=\begin{bmatrix} a_1+a_2 \\ a_2-a_3 \end{bmatrix}+\begin{bmatrix} b_1+b_2 \\ b_2-b_3 \end{bmatrix}=\begin{bmatrix} (a_1+a_2)+(b_1+b_2) \\ (a_2-a_3)+(b_2-b_3) \end{bmatrix}=\begin{bmatrix} (a_1+b_1)+(a_2+b_2) \\ (a_2+b_2)-(a_3+b_3) \end{bmatrix}$$

$$\therefore\quad g(\boldsymbol{a}+\boldsymbol{b})=g(\boldsymbol{a})+g(\boldsymbol{b})$$

（ⅱ）
$$g(k\boldsymbol{a})=g\left(\begin{bmatrix} ka_1 \\ ka_2 \\ ka_3 \end{bmatrix}\right)=\begin{bmatrix} ka_1+ka_2 \\ ka_2-ka_3 \end{bmatrix}$$

$$kg(\boldsymbol{a})=k\begin{bmatrix} a_1+a_2 \\ a_2-a_3 \end{bmatrix}=\begin{bmatrix} k(a_1+a_2) \\ k(a_2-a_3) \end{bmatrix}=\begin{bmatrix} ka_1+ka_2 \\ ka_2-ka_3 \end{bmatrix}$$

$$\therefore\quad g(k\boldsymbol{a})=kg(\boldsymbol{a})$$

（ⅰ）（ⅱ）より g は線形写像である。

練習問題 48 (p. 119)

$$g\left(\begin{bmatrix} x_1 \\ x_2 \\ x_3 \end{bmatrix}\right)=\begin{bmatrix} x_1+2x_2-x_3 \\ 2x_1+x_3 \\ x_1-2x_2+3x_3 \end{bmatrix}=\begin{bmatrix} 1 & 2 & -1 \\ 2 & 0 & 1 \\ 1 & -2 & 3 \end{bmatrix}\begin{bmatrix} x_1 \\ x_2 \\ x_3 \end{bmatrix}$$

とかけるので，g の表現行列 B は

$$B=\begin{bmatrix} 1 & 2 & -1 \\ 2 & 0 & 1 \\ 1 & -2 & 3 \end{bmatrix}$$

基底をきめておけば線形写像には必ず行列が１つ対応しているのよ。

総合練習 2-2 (p. 120)

1．［0, 1］で連続な実数値関数全体 $\mathcal{F}$ が線形空間をなすことの証明である。

［和の公理］

$\mathcal{F} \ni f, g$ とすると集合 $\mathcal{F}$ の定義より $f(x)$，$g(x)$ は［0, 1］で連続かつ $f(x)$，$g(x) \in \boldsymbol{R}$。

ゆえに $f(x)+g(x)$ も［0, 1］で連続かつ $f(x)+g(x) \in \boldsymbol{R}$。

$$\therefore \quad f+g \in \mathcal{F}$$

(1)　$\mathcal{F} \ni f, g$ と $x \in [0,1]$ に対して

$$(f+g)(x)=f(x)+g(x)$$
$$=g(x)+f(x)=(g+f)(x)$$

なので $f+g=g+f$

(2)　$\mathcal{F} \ni f, g, h$ と $x \in [0,1]$ に対して

$$\{(f+g)+h\}(x)=(f+g)(x)+h(x)$$
$$=\{f(x)+g(x)\}+h(x)$$
$$=f(x)+\{g(x)+h(x)\}$$
$$=f(x)+(g+h)(x)$$
$$=\{f+(g+h)\}(x)$$
$$\therefore \quad (f+g)+h=f+(g+h)$$

(3)　関数 O を $O(x)=0$（すべての $x \in [0,1]$）と定義すると $O(x)$ は［0, 1］で連続で $O(x) \in \boldsymbol{R}$ なので $O \in \mathcal{F}$。

また，
$$(f+O)(x)=f(x)+O(x)$$
$$=f(x)+0=f(x)$$
$$(O+f)(x)=O(x)+f(x)$$
$$=0+f(x)=f(x)$$
$$\therefore \quad f+O=O+f=f$$

この O がゼロベクトルとなる。

(4)　$\mathcal{F} \ni f$ に対して $\tilde{f}$ を

$$\tilde{f}(x)=-f(x) \quad (x \in [0,1])$$

で定義すると，$f(x)$ は［0, 1］で実数値をとる連続な関数なので $\tilde{f}(x)$ も同じである。ゆえに $\tilde{f} \in \mathcal{F}$。さらに

$$(f+\tilde{f})(x)=f(x)+\tilde{f}(x)$$
$$=f(x)+(-f(x))=0=O(x)$$
$$(\tilde{f}+f)(x)=\tilde{f}(x)+f(x)$$
$$=(-f(x))+f(x)=0=O(x)$$
$$\therefore \quad f+\tilde{f}=\tilde{f}+f=O$$

ゆえに $\tilde{f}$ が f の逆ベクトルである。

［スカラー倍の公理］

$\mathcal{F} \ni f$ に対して，$f(x)$ は［0, 1］で連続かつ $f(x) \in \boldsymbol{R}$。

ゆえに $k\{f(x)\}$ ($k \in \boldsymbol{R}$) も［0, 1］で連続かつ $k\{f(x)\} \in \boldsymbol{R}$。　$\therefore \quad kf \in \mathcal{F}$

$\mathcal{F} \ni f, g$；$\boldsymbol{R} \ni k, \ell$ と $x \in [0,1]$ に対して

(5)
$$(k(f+g))(x)=k\{(f+g)(x)\}$$
$$=k\{f(x)+g(x)\}$$
$$=k\{f(x)\}+k\{g(x)\}$$
$$=(kf)(x)+(kg)(x)$$
$$=(kf+kg)(x)$$
$$\therefore \quad k(f+g)=kf+kg$$

(6)
$$((k+\ell)f)(x)=(k+\ell)\{f(x)\}$$
$$=k\{f(x)\}+\ell\{f(x)\}$$
$$=(kf)(x)+(\ell f)(x)$$
$$=(kf+\ell f)(x)$$
$$\therefore \quad (k+\ell)f=kf+\ell f$$

(7)
$$((k\ell)f)(x)=(k\ell)\{f(x)\}$$
$$=k(\ell\{f(x)\})=k\{(\ell f)(x)\}$$
$$=(k(\ell f))(x) \quad \therefore \quad (k\ell)f=k(\ell f)$$

(8)
$$(1f)(x)=1\{f(x)\}=f(x)$$
$$\therefore \quad 1f=f$$

以上で

［和の公理］と［スカラー倍の公理］をすべてみたすことが示せた。

2.　線形写像 f の定義

$$f(\boldsymbol{a}+\boldsymbol{b})=f(\boldsymbol{a})+f(\boldsymbol{b})$$
$$kf(\boldsymbol{a})=f(k\boldsymbol{a})$$

を使って証明する。

(1)　$f(\boldsymbol{a}_1), \cdots, f(\boldsymbol{a}_r)$ が線形従属であることを示すには，自明でない関係

$k_1f(\boldsymbol{a}_1)+\cdots+k_rf(\boldsymbol{a}_r)=\boldsymbol{0}'$（ある $k_i\neq 0$）

（$\boldsymbol{0}'$ は V' のゼロベクトル）が成立することを示せばよい。

$\boldsymbol{a}_1, \cdots, \boldsymbol{a}_r$ は1次従属なので，自明でない線形関係

$$k_1\boldsymbol{a}_1+\cdots+k_r\boldsymbol{a}_r=\boldsymbol{0}\quad（ある\ k_i\neq 0）$$

が成立している。f で写像すると

$$f(k_1\boldsymbol{a}_1+\cdots+k_r\boldsymbol{a}_r)=f(\boldsymbol{0})$$

線形写像 f の性質より

$$f(k_1\boldsymbol{a}_1)+\cdots+f(k_r\boldsymbol{a}_r)=\boldsymbol{0}'$$
$$k_1f(\boldsymbol{a}_1)+\cdots+k_rf(\boldsymbol{a}_r)=\boldsymbol{0}'$$

ここで $k_i\neq 0$ なので，これは $f(\boldsymbol{a}_1), \cdots, f(\boldsymbol{a}_r)$ の間の自明でない線形関係。

ゆえに $f(\boldsymbol{a}_1), \cdots, f(\boldsymbol{a}_r)$ は線形従属。

(2)　$\boldsymbol{a}_1, \cdots, \boldsymbol{a}_r$ が線形独立であることを示すには

$$k_1\boldsymbol{a}_1+\cdots+k_r\boldsymbol{a}_r=\boldsymbol{0}\quad \cdots\cdots ㊕$$

ならば，必ず $k_1=\cdots=k_r=0$

であることを示せばよい。

> $\boldsymbol{a}_1, \cdots, \boldsymbol{a}_r$：線形独立
> $\iff$　$k_1\boldsymbol{a}_1+\cdots+k_r\boldsymbol{a}_r=\boldsymbol{0}$
> ならば，すべて $k_i=0$

> $\boldsymbol{a}_1, \cdots, \boldsymbol{a}_r$：線形従属
> $\iff$　$k_1\boldsymbol{a}_1+\cdots+k_r\boldsymbol{a}_r=\boldsymbol{0}$
> （ある $k_i\neq 0$）

㊕式を f で写像すると

$$f(k_1\boldsymbol{a}_1+\cdots+k_r\boldsymbol{a}_r)=f(\boldsymbol{0})$$

線形写像の性質より

$$f(k_1\boldsymbol{a}_1)+\cdots+f(k_r\boldsymbol{a}_r)=\boldsymbol{0}'$$
$$k_1f(\boldsymbol{a}_1)+\cdots+k_rf(\boldsymbol{a}_r)=\boldsymbol{0}'$$

ここで仮定より $f(\boldsymbol{a}_1), \cdots, f(\boldsymbol{a}_r)$ は線形独立なので $k_1=\cdots=k_r=0$。したがって，$\boldsymbol{a}_1, \cdots, \boldsymbol{a}_r$ も線形独立である。

3.　部分空間であるための条件

(i)　$\boldsymbol{x}, \boldsymbol{y}\in K \Rightarrow \boldsymbol{x}+\boldsymbol{y}\in K$

(ii)　$\boldsymbol{x}\in K, t\in \boldsymbol{R} \Rightarrow t\boldsymbol{x}\in K$

を示せばよい。

(i)　$\boldsymbol{x}, \boldsymbol{y}\in K$ とすると集合 K の定義より

$$f(\boldsymbol{x})=\boldsymbol{0}',\quad f(\boldsymbol{y})=\boldsymbol{0}'$$

が成立する。f は線形写像なので

$$f(\boldsymbol{x}+\boldsymbol{y})=f(\boldsymbol{x})+f(\boldsymbol{y})=\boldsymbol{0}'+\boldsymbol{0}'=\boldsymbol{0}'$$
$$\therefore\quad \boldsymbol{x}+\boldsymbol{y}\in K$$

(ii)　$\boldsymbol{x}\in K$，$t\in \boldsymbol{R}$ に対して同様に

$$f(t\boldsymbol{x})=tf(\boldsymbol{x})=t\boldsymbol{0}'=\boldsymbol{0}'$$
$$\therefore\quad t\boldsymbol{x}\in K$$

(i)(ii)が成立したので K は V の部分空間であることが示せた。

> **部分空間**
> (i)　$\boldsymbol{x}, \boldsymbol{y}\in W \Rightarrow \boldsymbol{x}+\boldsymbol{y}\in W$
> (ii)　$\boldsymbol{x}\in W, t\in \boldsymbol{R} \Rightarrow t\boldsymbol{x}\in W$

練習問題 49 (p. 124)

$$\boldsymbol{x}\cdot\boldsymbol{y} = -2\cdot 0 + 1\cdot(-1) + (-2)\cdot 1 = \boxed{-3}$$

$$(-3\boldsymbol{x})\cdot\boldsymbol{y} = (-3)(\boldsymbol{x}\cdot\boldsymbol{y}) = (-3)(-3) = \boxed{9}$$

$$\|\boldsymbol{y}\| = \sqrt{0^2 + (-1)^2 + 1^2} = \boxed{\sqrt{2}}$$

$$\|-3\boldsymbol{x}\| = |-3|\cdot\|\boldsymbol{x}\| = 3\sqrt{(-2)^2 + 1^2 + (-2)^2} = 3\sqrt{9} = \boxed{9}$$

$$\boldsymbol{x}-\boldsymbol{y} = \begin{bmatrix} -2 \\ 1 \\ -2 \end{bmatrix} - \begin{bmatrix} 0 \\ -1 \\ 1 \end{bmatrix} = \begin{bmatrix} -2-0 \\ 1-(-1) \\ -2-1 \end{bmatrix} = \begin{bmatrix} -2 \\ 2 \\ -3 \end{bmatrix}$$

より

$$\|\boldsymbol{x}-\boldsymbol{y}\| = \sqrt{(-2)^2 + 2^2 + (-3)^2} = \boxed{\sqrt{17}}$$

練習問題 50 (p. 129)

手順に従って計算する。

① $$\boldsymbol{u}_1 = \frac{1}{\|\boldsymbol{v}_1\|}\boldsymbol{v}_1 = \frac{1}{\sqrt{1^2 + (-1)^2 + 0^2}}\begin{bmatrix} 1 \\ -1 \\ 0 \end{bmatrix} = \frac{1}{\sqrt{2}}\begin{bmatrix} 1 \\ -1 \\ 0 \end{bmatrix}$$

② $$k_{12} = \boldsymbol{u}_1\cdot\boldsymbol{v}_2 = \frac{1}{\sqrt{2}}\begin{bmatrix} 1 \\ -1 \\ 0 \end{bmatrix}\cdot\begin{bmatrix} 0 \\ -1 \\ 1 \end{bmatrix} = \frac{1}{\sqrt{2}}\{1\cdot 0 + (-1)\cdot(-1) + 0\cdot 1\} = \frac{1}{\sqrt{2}}$$

$$\boldsymbol{v}_2{}' = \boldsymbol{v}_2 - k_{12}\boldsymbol{u}_1$$

$$= \begin{bmatrix} 0 \\ -1 \\ 1 \end{bmatrix} - \frac{1}{\sqrt{2}}\cdot\frac{1}{\sqrt{2}}\begin{bmatrix} 1 \\ -1 \\ 0 \end{bmatrix} = \begin{bmatrix} 0 \\ -1 \\ 1 \end{bmatrix} - \frac{1}{2}\begin{bmatrix} 1 \\ -1 \\ 0 \end{bmatrix} = \frac{1}{2}\begin{bmatrix} 0-1 \\ -2+1 \\ 2-0 \end{bmatrix} = \frac{1}{2}\begin{bmatrix} -1 \\ -1 \\ 2 \end{bmatrix}$$

$$\boldsymbol{u}_2 = \frac{1}{\|\boldsymbol{v}_2{}'\|}\boldsymbol{v}_2{}' = \frac{1}{\frac{1}{2}\sqrt{(-1)^2 + (-1)^2 + 2^2}}\cdot\frac{1}{2}\begin{bmatrix} -1 \\ -1 \\ 2 \end{bmatrix} = \frac{1}{\sqrt{6}}\begin{bmatrix} -1 \\ -1 \\ 2 \end{bmatrix}$$

③ $$k_{13} = \boldsymbol{u}_1\cdot\boldsymbol{v}_3 = \frac{1}{\sqrt{2}}\begin{bmatrix} 1 \\ -1 \\ 0 \end{bmatrix}\cdot\begin{bmatrix} -1 \\ 1 \\ 1 \end{bmatrix} = \frac{1}{\sqrt{2}}\{1\cdot(-1) + (-1)\cdot 1 + 0\cdot 1\} = -\frac{2}{\sqrt{2}} = -\sqrt{2}$$

$$k_{23} = \boldsymbol{u}_2\cdot\boldsymbol{v}_3 = \frac{1}{\sqrt{6}}\begin{bmatrix} -1 \\ -1 \\ 2 \end{bmatrix}\cdot\begin{bmatrix} -1 \\ 1 \\ 1 \end{bmatrix} = \frac{1}{\sqrt{6}}\{(-1)\cdot(-1) + (-1)\cdot 1 + 2\cdot 1\} = \frac{2}{\sqrt{6}}$$

$$\boldsymbol{v}_3{}' = \boldsymbol{v}_3 - k_{13}\boldsymbol{u}_1 - k_{23}\boldsymbol{u}_2$$

$$= \begin{bmatrix} -1 \\ 1 \\ 1 \end{bmatrix} - (-\sqrt{2})\frac{1}{\sqrt{2}}\begin{bmatrix} 1 \\ -1 \\ 0 \end{bmatrix} - \frac{2}{\sqrt{6}}\cdot\frac{1}{\sqrt{6}}\begin{bmatrix} -1 \\ -1 \\ 2 \end{bmatrix}$$

$$=\begin{bmatrix}-1\\1\\1\end{bmatrix}+\begin{bmatrix}1\\-1\\0\end{bmatrix}-\frac{2}{6}\begin{bmatrix}-1\\-1\\2\end{bmatrix}$$

$$=\begin{bmatrix}-1+1\\1-1\\1+0\end{bmatrix}-\frac{1}{3}\begin{bmatrix}-1\\-1\\2\end{bmatrix}$$

$$=\begin{bmatrix}0\\0\\1\end{bmatrix}-\frac{1}{3}\begin{bmatrix}-1\\-1\\2\end{bmatrix}$$

$$=\frac{1}{3}\begin{bmatrix}0+1\\0+1\\3-2\end{bmatrix}=\frac{1}{3}\begin{bmatrix}1\\1\\1\end{bmatrix}$$

$$\boldsymbol{u}_3=\frac{1}{\|\boldsymbol{v}_3'\|}\boldsymbol{v}_3'$$

$$=\frac{1}{\frac{1}{3}\sqrt{1^2+1^2+1^2}}\cdot\frac{1}{3}\begin{bmatrix}1\\1\\1\end{bmatrix}=\frac{1}{\sqrt{3}}\begin{bmatrix}1\\1\\1\end{bmatrix}$$

以上より正規直交基底

$$\left\{\frac{1}{\sqrt{2}}\begin{bmatrix}1\\-1\\0\end{bmatrix},\frac{1}{\sqrt{6}}\begin{bmatrix}-1\\-1\\2\end{bmatrix},\frac{1}{\sqrt{3}}\begin{bmatrix}1\\1\\1\end{bmatrix}\right\}$$

が得られる。

練習問題 51 (p. 134)

固有方程式を作って解を求める。

$$|xE-B|=\begin{vmatrix}x-4 & 3\\1 & x-2\end{vmatrix}$$

$$=(x-4)(x-2)-3\cdot1$$

$$=x^2-6x+5$$

$$=(x-5)(x-1)=0$$

これより B の固有値は5と1。

練習問題 52 (p. 135)

$\lambda=5$ に属する固有ベクトル $\boldsymbol{v}=\begin{bmatrix}x_1\\x_2\end{bmatrix}$ を求める。$B\boldsymbol{v}=5\boldsymbol{v}$ より

$$\begin{bmatrix}4 & -3\\-1 & 2\end{bmatrix}\begin{bmatrix}x_1\\x_2\end{bmatrix}=5\begin{bmatrix}x_1\\x_2\end{bmatrix}$$

これより

$$\begin{cases}4x_1-3x_2=5x_1\\-x_1+2x_2=5x_2\end{cases}\quad\therefore\quad\begin{cases}-x_1-3x_2=0\\-x_1-3x_2=0\end{cases}$$

解を求めると

$$x_1=-3t,\qquad x_2=t$$

ゆえに $\lambda=5$ に属する固有ベクトルは

$$\boldsymbol{v}=\begin{bmatrix}-3t\\t\end{bmatrix}=t\begin{bmatrix}-3\\1\end{bmatrix}$$

（t は 0 以外の任意の実数）

練習問題 53 (p. 138)

（1）　固有方程式はなるべく因数をくくり出すように変形しよう。

$$|xE-B|=\begin{vmatrix} x-1 & -2 & -2 \\ -2 & x-1 & 2 \\ -2 & 2 & x-1 \end{vmatrix}$$

$$\overset{①'+②'\times 1}{=}\begin{vmatrix} x-3 & -2 & -2 \\ x-3 & x-1 & 2 \\ 0 & 2 & x-1 \end{vmatrix}$$

$$=(x-3)\begin{vmatrix} 1 & -2 & -2 \\ 1 & x-1 & 2 \\ 0 & 2 & x-1 \end{vmatrix}$$

$$\overset{②+①\times(-1)}{=}(x-3)\begin{vmatrix} 1 & -2 & -2 \\ 0 & x+1 & 4 \\ 0 & 2 & x-1 \end{vmatrix}$$

$$\underset{\text{展開}}{\overset{①'\text{で}}{=}}(x-3)\cdot 1\cdot(-1)^{1+1}\begin{vmatrix} x+1 & 4 \\ 2 & x-1 \end{vmatrix}$$

$$=(x-3)\{(x+1)(x-1)-4\cdot 2\}$$

$$=(x-3)(x^2-9)=(x-3)(x+3)(x-3)$$

$$=(x+3)(x-3)^2$$

ゆえに B の固有方程式は $(x+3)(x-3)^2=0$

（2）　(1)の結果より B の固有値は -3 と 3

（3）　①　$\lambda_1=-3$ に属する固有ベクトルを $\boldsymbol{v}_1=\begin{bmatrix} x_1 \\ x_2 \\ x_3 \end{bmatrix}$ とおくと

$B\boldsymbol{v}_1=-3\boldsymbol{v}_1$ より

$$\begin{bmatrix} 1 & 2 & 2 \\ 2 & 1 & -2 \\ 2 & -2 & 1 \end{bmatrix}\begin{bmatrix} x_1 \\ x_2 \\ x_3 \end{bmatrix}=-3\begin{bmatrix} x_1 \\ x_2 \\ x_3 \end{bmatrix}$$

$$\rightarrow\begin{cases} x_1+2x_2+2x_3=-3x_1 \\ 2x_1+x_2-2x_3=-3x_2 \\ 2x_1-2x_2+x_3=-3x_3 \end{cases}$$

$$\rightarrow\begin{cases} 4x_1+2x_2+2x_3=0 \\ 2x_1+4x_2-2x_3=0 \\ 2x_1-2x_2+4x_3=0 \end{cases}\xrightarrow{\text{右上の変形より}}\begin{cases} x_1 \qquad +x_3=0 \\ \quad -x_2+x_3=0 \end{cases}$$

自由度$=3-2=1$ なので

$$\begin{array}{rrrl} 4 & 2 & 2 & \times\frac{1}{2} \\ 2 & 4 & -2 & \times\frac{1}{2} \\ 2 & -2 & 4 & \times\frac{1}{2} \\ \hline 2 & 1 & 1 & \\ 1 & 2 & -1 & \\ 1 & -1 & 2 & \\ \hline 1 & 2 & -1 & \\ 2 & 1 & 1 & \\ 1 & -1 & 2 & \\ \hline 1 & 2 & -1 & \\ 0 & -3 & 3 & \times\frac{1}{3} \\ 0 & -3 & 3 & \times\frac{1}{3} \\ \hline 1 & 2 & -1 & \\ 0 & -1 & 1 & \\ 0 & -1 & 1 & \\ \hline 1 & 2 & -1 & \\ 0 & -1 & 1 & \\ 0 & 0 & 0 & \\ \hline 1 & 0 & 1 & \\ 0 & -1 & 1 & \\ 0 & 0 & 0 & \end{array}$$

$x_3=t_1$　とおくと　$x_1=-t_1,\quad x_2=t_1$

$$\therefore\quad \boldsymbol{v}_1=\begin{bmatrix}-t_1\\ t_1\\ t_1\end{bmatrix}=t_1\begin{bmatrix}-1\\ 1\\ 1\end{bmatrix}\quad (t_1\text{ は }0\text{ でない実数})$$

② $\lambda_2=3$ に属する固有ベクトルを $\boldsymbol{v}_2=\begin{bmatrix}y_1\\ y_2\\ y_3\end{bmatrix}$ とおくと

$B\boldsymbol{v}_2=3\boldsymbol{v}_2$ より

$$\begin{bmatrix}1&2&2\\ 2&1&-2\\ 2&-2&1\end{bmatrix}\begin{bmatrix}y_1\\ y_2\\ y_3\end{bmatrix}=3\begin{bmatrix}y_1\\ y_2\\ y_3\end{bmatrix}\rightarrow\begin{cases}y_1+2y_2+2y_3=3y_1\\ 2y_1+y_2-2y_3=3y_2\\ 2y_1-2y_2+y_3=3y_3\end{cases}$$

$$\rightarrow\begin{cases}-2y_1+2y_2+2y_3=0\\ 2y_1-2y_2-2y_3=0\\ 2y_1-2y_2-2y_3=0\end{cases}\xrightarrow{\text{右の変形より}}\ -y_1+y_2+y_3=0$$

−2	2	2	
2	−2	−2	
2	−2	−2	
−2	2	2	$\times\frac{1}{2}$
0	0	0	
0	0	0	
−1	1	1	
0	0	0	
0	0	0	

自由度$=3-1=2$ なので

$y_2=t_2,\quad y_3=t_3$　とおくと　$y_1=t_2+t_3$

$$\therefore\quad \boldsymbol{v}_2=\begin{bmatrix}t_2+t_3\\ t_2\\ t_3\end{bmatrix}=\begin{bmatrix}t_2\\ t_2\\ 0\end{bmatrix}+\begin{bmatrix}t_3\\ 0\\ t_3\end{bmatrix}$$

$$=t_2\begin{bmatrix}1\\ 1\\ 0\end{bmatrix}+t_3\begin{bmatrix}1\\ 0\\ 1\end{bmatrix}\quad (t_2,\ t_3\text{ は同時には }0\text{ にならない実数})$$

$\boldsymbol{v}_1=t_1\begin{bmatrix}1\\ -1\\ -1\end{bmatrix}$

$\boldsymbol{v}_2=t_2\begin{bmatrix}1\\ 0\\ 1\end{bmatrix}+t_3\begin{bmatrix}0\\ 1\\ -1\end{bmatrix}$ や $t_2\begin{bmatrix}1\\ 1\\ 0\end{bmatrix}+t_3\begin{bmatrix}0\\ -1\\ 1\end{bmatrix}$

でもいいわね。

練習問題 54 (p. 143)

固有値の並べ方や固有ベクトルの選び方（任意実数の値の取り方）などにより異なった P, $P^{-1}BP$ となる。解答はその一例である。（以下も同様）

固有値	1	4
固有ベクトル	$t_1\begin{bmatrix}1\\1\end{bmatrix}$	$t_2\begin{bmatrix}-2\\1\end{bmatrix}$
P	$t_1=1$	$t_2=1$
	$\begin{bmatrix}1 & -2\\1 & 1\end{bmatrix}$	
$P^{-1}BP$	$\begin{bmatrix}1 & 0\\0 & 4\end{bmatrix}$	

練習問題 55 (p. 145)

固有方程式の変形のみ示しておく。

$$|xE-B|=\begin{vmatrix}x-4 & -2 & 7\\-3 & x-3 & 7\\-1 & -2 & x+4\end{vmatrix}$$

$$\underset{①'+③'\times 1}{\overset{①'+②'\times 1}{=}}\begin{vmatrix}x+1 & -2 & 7\\x+1 & x-3 & 7\\x+1 & -2 & x+4\end{vmatrix}$$

$$=(x+1)\begin{vmatrix}1 & -2 & 7\\1 & x-3 & 7\\1 & -2 & x+4\end{vmatrix}$$

$$\underset{③+①\times(-1)}{\overset{②+①\times(-1)}{=}}(x+1)\begin{vmatrix}1 & -2 & 7\\0 & x-1 & 0\\0 & 0 & x-3\end{vmatrix}$$

$$=(x+1)(x-1)(x-3)=0$$

固有値	−1	1	3
固有ベクトル	$t_1\begin{bmatrix}1\\1\\1\end{bmatrix}$	$t_2\begin{bmatrix}1\\2\\1\end{bmatrix}$	$\frac{t_3}{7}\begin{bmatrix}7\\7\\3\end{bmatrix}$
P	$t_1=1$	$t_2=1$	$t_3=7$
	$\begin{bmatrix}1 & 1 & 7\\1 & 2 & 7\\1 & 1 & 3\end{bmatrix}$		
$P^{-1}BP$	$\begin{bmatrix}-1 & 0 & 0\\0 & 1 & 0\\0 & 0 & 3\end{bmatrix}$		

練習問題 56 (p. 149)

固有値	1	−4
固有ベクトル	$t_1\begin{bmatrix}1\\2\end{bmatrix}$	$t_2\begin{bmatrix}-2\\1\end{bmatrix}$
正規直交化	$t_1=1/\sqrt{5}$	$t_2=1/\sqrt{5}$
	$\dfrac{1}{\sqrt{5}}\begin{bmatrix}1\\2\end{bmatrix}$	$\dfrac{1}{\sqrt{5}}\begin{bmatrix}-2\\1\end{bmatrix}$
U	$\dfrac{1}{\sqrt{5}}\begin{bmatrix}1&-2\\2&1\end{bmatrix}$	
$U^{-1}BU$	$\begin{bmatrix}1&0\\0&-4\end{bmatrix}$	

固有値と固有ベクトルが対応していれば，どんな並べ方も O.K. よ。

練習問題 57 (p. 153)

$$|xE-B|=\begin{vmatrix}x-1&-4&4\\-4&x-1&-4\\4&-4&x-1\end{vmatrix}$$

$$\overset{①'+②'\times 1}{=}\begin{vmatrix}x-5&-4&4\\x-5&x-1&-4\\0&-4&x-1\end{vmatrix}$$

$$=(x-5)\begin{vmatrix}1&-4&4\\1&x-1&-4\\0&-4&x-1\end{vmatrix}$$

$$\overset{②+①\times(-1)}{=}(x-5)\begin{vmatrix}1&-4&4\\0&x+3&-8\\0&-4&x-1\end{vmatrix}$$

$$=(x-5)(x^2+2x-35)$$

$$=(x-5)^2(x+7)=0$$

固有値	5		−7
固有ベクトル	$t_1\begin{bmatrix}1\\0\\-1\end{bmatrix}+t_2\begin{bmatrix}0\\1\\1\end{bmatrix}$		$t_3\begin{bmatrix}1\\-1\\1\end{bmatrix}$
線形独立なベクトル	$t_1=1$ $t_2=0$	$t_1=0$ $t_2=1$	$t_3=1$
	$\begin{bmatrix}1\\0\\-1\end{bmatrix}$	$\begin{bmatrix}0\\1\\1\end{bmatrix}$	$\begin{bmatrix}1\\-1\\1\end{bmatrix}$
正規直交化	$\dfrac{1}{\sqrt{2}}\begin{bmatrix}1\\0\\-1\end{bmatrix}$	$\dfrac{1}{\sqrt{6}}\begin{bmatrix}1\\2\\1\end{bmatrix}$	$\dfrac{1}{\sqrt{3}}\begin{bmatrix}1\\-1\\1\end{bmatrix}$
U	$\dfrac{1}{\sqrt{6}}\begin{bmatrix}\sqrt{3}&1&\sqrt{2}\\0&2&-\sqrt{2}\\-\sqrt{3}&1&\sqrt{2}\end{bmatrix}$		
$U^{-1}BU$	$\begin{bmatrix}5&0&0\\0&5&0\\0&0&-7\end{bmatrix}$		

練習問題 58 (p. 160)

2 次曲線	$x^2-10\sqrt{3}\,xy+11y^2=16$	
係数行列 A	$\begin{bmatrix} 1 & -5\sqrt{3} \\ -5\sqrt{3} & 11 \end{bmatrix}$	
固有値	16	-4
固有ベクトル	$t_1\begin{bmatrix} -1 \\ \sqrt{3} \end{bmatrix}$	$t_2\begin{bmatrix} \sqrt{3} \\ 1 \end{bmatrix}$
直交行列 U $\boldsymbol{x}=U\boldsymbol{X}$	$t_1=-1/2$	$t_2=1/2$
	$\begin{bmatrix} 1/2 & \sqrt{3}/2 \\ -\sqrt{3}/2 & 1/2 \end{bmatrix}$	
標準形	$16X^2-4Y^2=16$	

$$\begin{cases} \cos\theta=\dfrac{1}{2} \\ \sin\theta=-\dfrac{\sqrt{3}}{2} \end{cases} \quad (-\pi\leqq\theta\leqq\pi)$$

をみたす θ は $-\dfrac{\pi}{3}(=-60^\circ)$。つまり xy 軸を $-\dfrac{\pi}{3}$ 回転させると XY 軸になり，XY 軸での方程式が

$$16X^2-4Y^2=16$$

変形すると

$$X^2-\frac{Y^2}{2^2}=1$$

ゆえに右上図のような双曲線である。

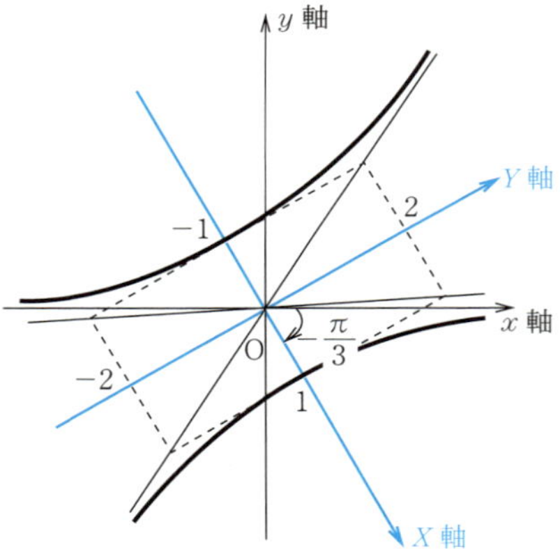

原点のまわり θ の回転

$$\begin{bmatrix} x \\ y \end{bmatrix}=\begin{bmatrix} \cos\theta & -\sin\theta \\ \sin\theta & \cos\theta \end{bmatrix}\begin{bmatrix} X \\ Y \end{bmatrix}$$

総合練習 2-3 (p. 161)

1.　(1)〜(4)はすべて定積分の性質から導かれる。

（1）　$f\cdot g=\int_0^1 f(x)g(x)\,dx$

$$=\int_0^1 g(x)f(x)\,dx=g\cdot f$$

（2）　$(f+g)\cdot h=\int_0^1 (f+g)(x)\cdot h(x)\,dx$

$$=\int_0^1 \{f(x)+g(x)\}h(x)\,dx$$

$$=\int_0^1 \{f(x)h(x)+g(x)h(x)\}dx$$

$$=\int_0^1 f(x)h(x)\,dx+\int_0^1 g(x)h(x)\,dx$$

$$=f\cdot h+g\cdot h$$

（3）　$(kf)\cdot g=\int_0^1 (kf)(x)\cdot g(x)\,dx$

$$=\int_0^1 k\{f(x)\}\cdot g(x)\,dx$$

$$=k\int_0^1 f(x)g(x)\,dx$$

$$=k(f\cdot g)$$

（4）　$f\cdot f=\int_0^1 f(x)f(x)\,dx$

$$=\int_0^1 \{f(x)\}^2dx\geqq 0$$

また $\{f(x)\}^2\geqq 0$ なので

$$f\cdot f=0 \iff \{f(x)\}^2=0 \quad (0\leqq x\leqq 1)$$

$$\iff f(x)=0 \quad (0\leqq x\leqq 1)$$

$$\iff f=O$$

次に $f(x)=4x-3$, $g(x)=x^2$ のとき，内積の定義に代入して計算すると

$$f\cdot g=\int_0^1 f(x)g(x)\,dx$$

$$=\int_0^1 (4x-3)x^2dx$$

$$=\int_0^1 (4x^3-3x^2)\,dx$$

$$=[x^4-x^3]_0^1=0$$

$$\|f\|^2=f\cdot f=\int_0^1 f(x)f(x)\,dx$$

$$=\int_0^1 (4x-3)^2dx=\left[\frac{1}{12}(4x-3)^3\right]_0^1$$

$$=\frac{1}{12}\{1^3-(-3)^3\}=\frac{7}{3}$$

$$\therefore\quad \|f\|=\sqrt{f\cdot f}=\sqrt{\frac{7}{3}}=\frac{\sqrt{21}}{3}$$

2．（１） x^2, y^2, z^2 の係数を対角線上に，他の係数は２で割って対称に並べ，係数行列 A を作る。

$$[x \quad y \quad z]\begin{bmatrix} 2 & -2 & 2 \\ -2 & -1 & 4 \\ 2 & 4 & -1 \end{bmatrix}\begin{bmatrix} x \\ y \\ z \end{bmatrix}=3$$

（２） (1)で求めた対称行列 A を直交行列 U で対角化すればよい。

固有方程式の変形は

$$|xE-A|=\begin{vmatrix} x-2 & 2 & -2 \\ 2 & x+1 & -4 \\ -2 & -4 & x+1 \end{vmatrix}$$

$$\overset{③+②\times 1}{=}\begin{vmatrix} x-2 & 2 & -2 \\ 2 & x+1 & -4 \\ 0 & x-3 & x-3 \end{vmatrix}$$

$$=(x-3)\begin{vmatrix} x-2 & 2 & -2 \\ 2 & x+1 & -4 \\ 0 & 1 & 1 \end{vmatrix}$$

$$\overset{②'+③'\times(-1)}{=}(x-3)\begin{vmatrix} x-2 & 4 & -2 \\ 2 & x+5 & -4 \\ 0 & 0 & 1 \end{vmatrix}$$

$$\underset{展開}{\overset{③で}{=}}(x-3)\cdot 1\cdot(-1)^{3+3}\begin{vmatrix} x-2 & 4 \\ 2 & x+5 \end{vmatrix}$$

$$=(x-3)(x^2+3x-18)$$

$$=(x-3)^2(x+6)$$

$$=0$$

となる。

2次曲面	$2x^2-y^2-z^2-4xy+4xz+8yz=3$		
係数行列 A	$\begin{bmatrix} 2 & -2 & 2 \\ -2 & -1 & 4 \\ 2 & 4 & -1 \end{bmatrix}$		
固有値	3		−6
固 有 ベクトル	$t_1\begin{bmatrix} -2 \\ 1 \\ 0 \end{bmatrix}+t_2\begin{bmatrix} 2 \\ 0 \\ 1 \end{bmatrix}$		$t_3\begin{bmatrix} 1 \\ 2 \\ -2 \end{bmatrix}$
線形独立なベクトル	$t_1=1$, $t_2=0$	$t_1=0$, $t_2=1$	$t_3=1$
	$\begin{bmatrix} -2 \\ 1 \\ 0 \end{bmatrix}$	$\begin{bmatrix} 2 \\ 0 \\ 1 \end{bmatrix}$	$\begin{bmatrix} 1 \\ 2 \\ -2 \end{bmatrix}$
正 規 直交化	$\frac{1}{\sqrt{5}}\begin{bmatrix} -2 \\ 1 \\ 0 \end{bmatrix}$	$\frac{1}{3\sqrt{5}}\begin{bmatrix} 2 \\ 4 \\ 5 \end{bmatrix}$	$\frac{1}{3}\begin{bmatrix} 1 \\ 2 \\ -2 \end{bmatrix}$
直交行列 U	$\frac{1}{3\sqrt{5}}\begin{bmatrix} -6 & 2 & \sqrt{5} \\ 3 & 4 & 2\sqrt{5} \\ 0 & 5 & -2\sqrt{5} \end{bmatrix}$		
対角化 $U^{-1}AU$	$\begin{bmatrix} 3 & 0 & 0 \\ 0 & 3 & 0 \\ 0 & 0 & -6 \end{bmatrix}$		
標準形	$3X^2+3Y^2-6Z^2=3$		

得られた標準形 $3X^2+3Y^2-6Z^2=3$ より

$$X^2+Y^2-2Z^2=1$$

これは一葉双曲面とよばれる曲面である(右図)。

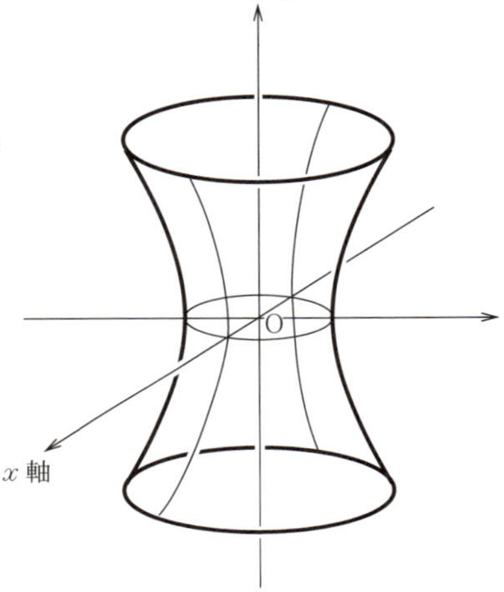

一葉双曲面：$\dfrac{x^2}{a^2}+\dfrac{y^2}{b^2}-\dfrac{z^2}{c^2}=1$

これでおしまい。
線形代数のこと忘れてしまったら，
またこの本を見てね。

索　　引

著者略歴

石 村 園 子　（いしむら　そのこ）

元 千葉工業大学教授

著　書 『やさしく学べる微分積分』（共立出版）
『やさしく学べる基礎数学―線形代数・微分積分―』（共立出版）
『やさしく学べる微分方程式』（共立出版）
『やさしく学べる統計学』（共立出版）
『やさしく学べる離散数学』（共立出版）
『やさしく学べるラプラス変数・フーリエ解析(増補版)』（共立出版）
『大学新入生のための数学入門(増補版)』（共立出版）
『大学新入生のための微分積分入門』（共立出版）
『大学新入生のための線形代数入門』（共立出版）
『工学系学生のための数学入門』（共立出版）
他

やさしく学べる線形代数

2000年10月25日　初版 1 刷発行
2025年 2 月 1 日　初版111刷発行

検印廃止

NDC 411.3

ISBN 978-4-320-01660-6

著　者　石村園子　© 2000

発行所　**共立出版株式会社**／南條光章
東京都文京区小日向 4 丁目 6 番19号
電話　東京(03)3947-2511 番（代表）
郵便番号112-0006
振替口座 00110-2-57035 番
URL　www.kyoritsu-pub.co.jp

印刷所　中央印刷株式会社

製本所　協栄製本

一般社団法人
自然科学書協会
会員

Printed in Japan

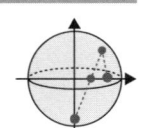

連立１次方程式	空間ベクトル

連立１次方程式

連立１次方程式（未知数の数 n，式の数 m）

$$\begin{cases} a_{11}x_1 + \cdots + a_{1n}x_n = b_1 \\ \quad \vdots \qquad\qquad \vdots \qquad \vdots \\ a_{m1}x_1 + \cdots + a_{mn}x_n = b_m \end{cases} \iff AX = B$$

$$A = \begin{bmatrix} a_{11} & \cdots & a_{1n} \\ \vdots & & \vdots \\ a_{m1} & \cdots & a_{mn} \end{bmatrix}$$

$$X = \begin{bmatrix} x_1 \\ \vdots \\ x_n \end{bmatrix}, \quad B = \begin{bmatrix} b_1 \\ \vdots \\ b_m \end{bmatrix}$$

A：**係数行列**，$[A \mid B]$：**拡大係数行列**

係数行列，拡大係数行列と解の関係

rank A＝rank$[A \mid B]=r$ のとき解あり

自由度$=n-r=0$ のとき，ただ１組の解

自由度$=n-r>0$ のとき，無数の解

rank $A \neq$ rank$[A \mid B]$のとき解なし

クラメールの公式

（A が n 次正方行列で $|A| \neq 0$ の場合）

$$x_i = \frac{|A_i|}{|A|} \quad (i = 1, 2, \cdots, n)$$

$$\text{ただし} \quad A_i = \begin{bmatrix} a_{11} \cdots & b_1 & \cdots a_{1n} \\ \vdots & \vdots & \vdots \\ a_{n1} \cdots & b_n & \cdots a_{nn} \end{bmatrix}$$

（A の第 i 列を B でおきかえた行列）

空間ベクトル

ベクトル（向きと大きさをもつ量）

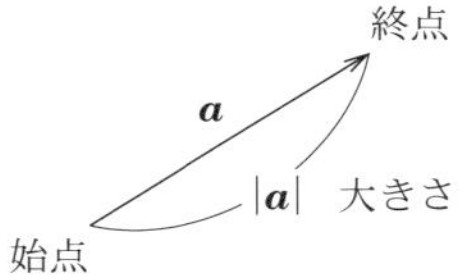

和と差

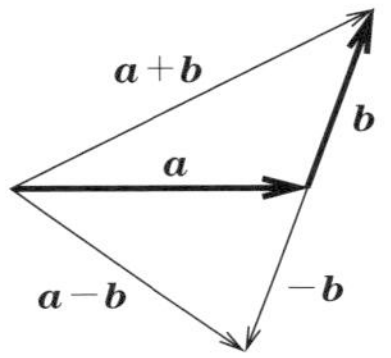

スカラー倍

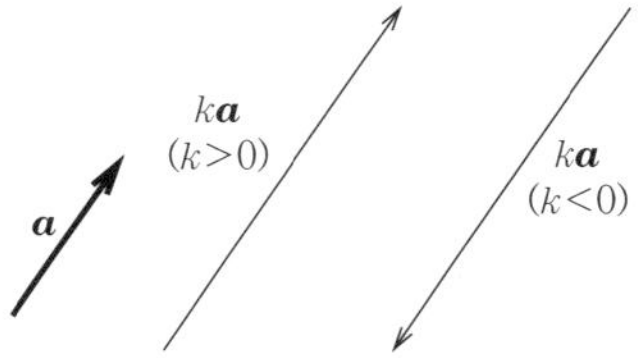

位置ベクトル（始点を原点 O にとる）

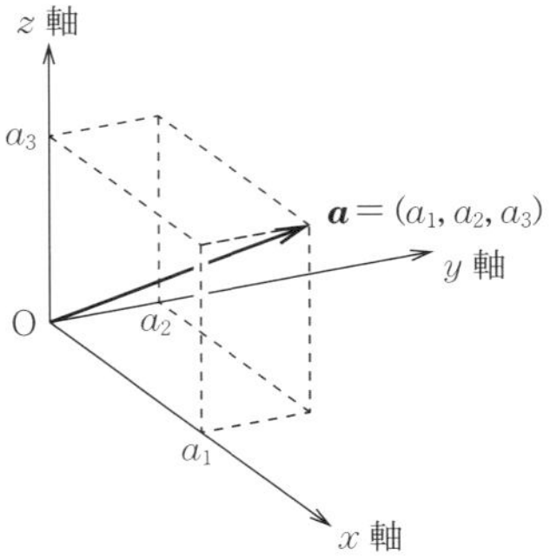